Methodik zur Arbeitsvorbereitung mittels Maschinensteuerungs- und Sensordaten für extrusionsbasierte additive Verfahren

Methodology for Work Preparation using Machine Control and Sensor Data for Extrusion-based Additive Manufacturing

Von der Fakultät für Maschinenwesen
der Rheinisch-Westfälischen Technischen Hochschule Aachen
zur Erlangung des akademischen Grades einer
Doktorin der Ingenieurwissenschaften
genehmigte Dissertation

vorgelegt von

Lea Kadenyeka Niwar

Berichter:

Univ.-Prof. Dr.-Ing. Dipl.-Wirt. Ing. Günther Schuh
apl. Prof. Dr.-Ing. Wolfgang Boos

Tag der mündlichen Prüfung: 17. Juni 2025

ERGEBNISSE AUS DER PRODUKTIONSTECHNIK

Lea Niwar

Methodik zur Arbeitsvorbereitung mittels Maschinensteuerungs- und Sensordaten für extrusionsbasierte additive Verfahren

Herausgeber:
Prof. Dr.-Ing. Dipl.-Wirt. Ing. G. Schuh
Prof. Dr.-Ing. C. Brecher
Prof. Dr.-Ing. R. H. Schmitt

Band 23/2025

WZL | RWTH AACHEN UNIVERSITY

Fraunhofer IPT

Bibliografische Information der Deutschen Nationalbibliothek
Die Deutsche Nationalbibliothek verzeichnet diese Publikation in der Deutschen Nationalbibliografie; detaillierte bibliografische Daten sind im Internet über https://portal.dnb.de abrufbar.

Lea Niwar:

Methodik zur Arbeitsvorbereitung mittels Maschinensteuerungs- und Sensordaten für extrusionsbasierte additive Verfahren

1. Auflage, 2026

Gedruckt auf holz- und säurefreiem Papier, 100% chlorfrei gebleicht.

Wissenschaftsverlag des Instituts für Industriekommunikation und Fachmedien an der RWTH Aachen
Steinbachstr. 25, 52074 Aachen, Deutschland
Internet: www.apprimus-verlag.de, E-Mail: info@apprimus-verlag.de

Druck: CPI Druckdienstleistungen GmbH
Ferdinand-Jühlke-Straße 7 | 99095 Erfurt | Deutschland

ISBN 978-3-98555-315-0

Vorwort

Die vorliegende Arbeit entstand in den Jahren 2019 bis 2024 während meiner Tätigkeit als wissenschaftliche Mitarbeiterin am Lehrstuhl für Produktionssystematik am Werkzeugmaschinenlabor (WZL) der Rheinisch-Westfälischen Technischen Hochschule (RWTH) Aachen.

Ein besonderer Dank gilt meinem Doktorvater Herrn Professor Günther Schuh. Seine inspirierende Leidenschaft für die Produktionstechnik und die von ihm geschaffene Ausbildung haben den Entstehungsprozesses dieser Arbeit maßgeblich geprägt. Wenn ich selber gezweifelt habe, dann war er sich sicher, dass es mir möglich ist diese Dissertationsprozess auch hochschwanger oder mit Baby und Kleinkind abzuschließen. In gleicher Weise gilt mein Dank Herrn Professor Boos für die Übernahme des Koreferats.

Ebenso möchte ich meinen ehemaligen Kollegen am Lehrstuhl für Produktionssystematik danken. Für die langjährige wissenschaftliche Betreuung und Unterstützung möchte ich mich bei meinen beiden Oberingenieuren Dr. Georg Bergweiler und Dr. Gerret Lukas bedanken. Ein besonderer Dank gilt meinen Kollegen aus der Gruppe additive Fertigungssysteme Jan Schenk, Julian Stender, Christophe Franck und unserer studentischen Hilfskraft Daniel Sylvester für die tatkräftige Unterstützung während der Umsetzung des praktischen Teils dieser Arbeit. Meinen ehemaligen Kollegen Dr. Julian Trisjono, Jan-Marvin Schäfer und Christoph Frey danke ich für die anregenden Diskussionen im Entstehungsprozess dieser Arbeit, sowie Jonas Kenfenheuer und Thomas Eberius ihre immer wiederkehrende organisatorische Unterstützung.

Mein allergrößter Dank gilt meinen Eltern, meinem Bruder David und meiner besten Freundin Magdalena für ihre Unterstützung und ihren Einsatz während meiner gesamten akademischen Laufbahn. Mein ebenso großer Dank gilt dem jahrelangen und liebevollen Rückhalt meines Mannes Julian. Nur durch deine Rücksichtnahme, deinen Verzicht auf sehr viel gemeinsame Zeit sowie dein Dasein als liebevoller und unvergleichlicher Vater unserer Kinder, war es mir möglich diese Dissertation zu verfassen. Zuletzt danke ich meinen beiden Kindern, die sowohl ungeboren, als auch geboren immer ein wichtiger und treibender Teil dieses Dissertationsprozesses waren und immer wieder auf viel gemeinsame Zeit mit ihrer Mutter verzichten mussten.

Aachen im Juli 2025 Lea Kadenyeka Niwar

Kurzzusammenfassung

Die kunststoffverarbeitende Industrie befindet sich in einem Paradigmenwechsel von der Massenproduktion kurzlebiger, nicht abbaubarer Produkte hin zu einer nachhaltigen Produktionsweise, die auf die wirtschaftliche und ökologische Herstellung sowie die möglichst lange Kreislaufführung von Kunststoffen abzielt. Additive Fertigungsverfahren, insbesondere extrusionsbasierte Methoden, stellen eine vielversprechende Technologie dar, um eine nachhaltigere Kunststoffproduktion zu ermöglichen. Sie bieten durch die werkzeuglose Fertigung das Potential die Fertigung von Konsumgütern und technischen Produkten in kleinen bis mittleren Stückzahlen wirtschaftlich zu gestalten. Für die großformatige, extrusionsbasierte additive Fertigung lassen sich unterschiedliche zukunftsweisende industrielle Anwendungsszenarien ableiten. Diese Szenarien positionieren die großformatige, extrusionsbasierte additive Fertigung als ebenbürtiges Kunststoffverarbeitungsverfahren mit Zukunftsperspektiven für OEMs und Zulieferer.

Großformatige extrusionsbasierte additive Fertigungsverfahren stehen jedoch vor der Herausforderung, den notwendigen technologischen Reifegrad für diese industriellen Anwendungsszenarien zu erreichen. Die Technologien sind komplex, da eine Vielzahl von Prozessparametern, deren Kombinationen und Wirkzusammenhänge eine bedeutende Rolle für den erfolgreichen Fertigungsprozess spielen. Diese sind aufgrund der vergleichsweise jungen Technologien weniger erforscht als bei lange etablierten konventionellen Verfahren. Die Arbeitsvorbereitung, mit ihren Schritten der Kalibrierung der Anlagentechnik und der empirischen Prozessentwicklung vor der Fertigung mehrerer Bauteile oder großer, komplexer Bauteile, erfordert tiefes Expertenwissen. Das Ziel, strukturell einwandfreie Bauteile mit allen geforderten Eigenschaften zu fertigen, ist nur mit Hilfe aufwändiger Arbeitsvorbereitung erreichbar, was oft langwierige Inbetriebnahmen oder den Einsatz von Dienstleistern zur Fertigung erfordert. Um mit der schnellen technologischen Entwicklung Schritt zu halten, ist eine automatisierte Arbeitsvorbereitung erforderlich, die große Datenmengen aus Prozess- und Fertigungsparametern verarbeiten und auswerten kann.

Das Ziel dieser Dissertation ist daher, die Anlagenhersteller und industriellen Nutzenden extrusionsbasierter additiver Fertigungsverfahren mit Hilfe von Methoden des maschinellen Lernens systematisch zu befähigen eine schnelle Einstellung optimaler Prozessparameter zu ermöglichen. Dafür wird eine Methodik entwickelt, welche die vier Methodikschritte Analyse von prozessinternen Daten, Integration von Sensortechnik, Prozessanalyse und Prozessoptimierung ausgehend von und rückführend in die Arbeitsvorbereitung extrusionsbasierter additiver Fertigungsverfahren, umfasst. Damit die Methodik zur Arbeitsvorbereitung in der Praxis adäquat genutzt werden kann, bauen diese Schritte jeweils aufeinander auf, bieten den Nutzenden aber auch bei nicht Vollendung der Methodik einen Mehrwert und Erkenntnisgewinn für die Arbeitsvorbereitung extrusionsbasierter additiver Anlagentechnik. Eine Validierung der Methodik anhand zweier praktischer Beispiele ermöglichen der industriellen Praxis, mit Hilfe der Methodik eine Prozessoptimierung der Arbeitsvorbereitung extrusionsbasierter additiver Fertigungsverfahren zu realisieren.

Abstract

The plastics processing industry is undergoing a paradigm shift from the mass production of short-lived, non-degradable products to a sustainable production method aimed at the economical and ecological manufacturing as well as the longest possible recycling of plastics. Additive manufacturing processes, especially extrusion-based technologies, are a promising technology for enabling more sustainable plastics production. Thanks to tool-free production, they offer the potential to make the manufacturing of consumer goods and technical products in small to medium quantities more economical. Various forward-looking industrial application scenarios can be derived for large-format, extrusion-based additive manufacturing. These scenarios position large-format, extrusion-based additive manufacturing as an equal plastics processing method with future prospects for OEMs and suppliers.

However, extrusion-based additive manufacturing processes face the challenge of achieving the necessary level of technological maturity for these industrial application scenarios. The technologies are complex, as a large number of process parameters, their combinations and interactions play a significant role in the successful manufacturing process. Due to the comparatively young technologies, these are less researched than in long-established conventional processes. The work preparation, with its steps of calibrating the plant technology and the empirical process development prior to the manufacturing of multiple components or large, complex components, requires deep expert knowledge. The goal of producing structurally flawless components with all the required properties can only be achieved with the help of elaborate work preparation, which often requires lengthy commissioning or the use of service providers. In order to keep pace with rapid technological development, automated work preparation is required that can process and analyse large amounts of data from process and production parameters.

The aim of this dissertation is therefore to enable system manufacturers and users of extrusion-based additive manufacturing processes to quickly set optimal process parameters with the help of machine learning methods with a systemic approach. To this end, a methodology is being developed that comprises the four methodological analysis of internal process data, integration of sensor technology, process analysis and process optimisation starting from and feeding back into the work preparation of extrusion-based additive manufacturing processes. To ensure that the methodology for work preparation can be adequately used in practice, the steps build on each other, but also offer added value and knowledge gain for the work preparation of extrusion-based additive plant technology even if the methodology is not completed. Validation of the methodology using two practical examples enables industrial practice to use the methodology to optimise the process of work preparation for extrusion-based additive manufacturing processes.

I Inhaltsverzeichnis

II Abkürzungsverzeichnis

Abkürzung	Beschreibung
ABS	Acrylnitril-Butadien-Styrol
ACAM	Additive Manufacturing GmbH
AE	Akustik Emissionssensor
ANOVA	Analysis of Variance
BPNN	Back-Propagation Neural Network
DAQ	Schnittstelle zur Datenerfassung
DB	Datenbank
DIFFER	Dutch Institute for Fundamental Energy Research
DP	Polykristalliner Diamant
DT	Entscheidungsbaum
EDA	Explorative Datenanalyse
FC	Fuzzy-C-Mittelwert-Algorithmus
FFF	Fused Filament Fabrication
HCAE	Hybrid Convolutional Auto-Encoder
HTO	Hyperparametertuning
KDD	Knowledge discovery in databases
kNN	K-Nächste-Nachbarn
LSSVM	Least Square Vector Maschine
MEX	Materialextrusion
ML	Maschinelles Lernen

MLP	Mehrschichtiges Perzeptron
MNN	Mehrschichtige Neuronale Netz
MSDF	Multi-Sensordatenfusion
OID	Optische Inkremental Drehgeber
PC	Polycarbonat
PE	Polyethylen
PETG	Polyethylenterephthalatl
PLA	Polyactid
PRISMA	Preferred Reporting Items for Systematic Reviews and Meta- Analyses
RFC	Zufallswald-Verfahren
SVM	Support Vektor Machines
SVM	Support-Vektor-Maschine
TPU	Thermoplastisches Polyurethan

III Abbildungsverzeichnis

IV Tabellenverzeichnis

1 Einleitung

Die kunststoffverarbeitende Industrie stand viele Jahre für die Fertigung kurzlebiger, nicht abbaubarer Produkte, die in großem Maßstab produziert, konsumiert und entsorgt werden. Heute befindet sich die kunststoffverarbeitende Industrie in einem Paradigmenwechsel: Von der Massenproduktion nicht abbaubarer Abfälle hinzu einer nachhaltigen Produktion, in der Kunststoffe wirtschaftlich und umweltfreundlich zugleich produziert und möglichst lange in einem kontinuierlichen Kreislauf gehalten werden. Konventionelle Kunststoffverarbeitungsverfahren sind jedoch bisher dazu ausgelegt worden, die Massenproduktion kurzlebiger Produkte zu ermöglichen. Ihr ökonomisches und ökologisches Potential wird erst mit dem Einsatz für die Massenproduktion vollständig genutzt. Besonders um in geringeren Stückzahlen komplexe Geometrien zu realisieren oder neue Materialien zu verarbeiten, muss jedoch zunächst in teure Werkzeuge investiert oder durch den großen benötigten Materialeinsatz viel Ausschuss produziert werden. Aus diesem Grund gelingt es der kunststoffverarbeitenden Industrie bisher nur langsam den Paradigmenwechsel zu einer nachhaltigen Produktion zu meistern.

1.1 Ausgangssituation

Die Kunststoffverarbeitungsverfahren haben mit den additiven Fertigungsverfahren eine weitere Technologie dazugewonnen. Die additiven Fertigungsverfahren gelten neben der Digitalisierung als starke treibende Kraft für disruptive Veränderung in der kunststoffverarbeitenden Industrie. Die Technologien der additiven Fertigungsverfahren werden in der Kunststoffverarbeitung als Wegbereiter für eine nachhaltige Produktion betitelt.[1] Mit kontinuierlicher Verbesserung der Technologien bieten kunststoffverarbeitende additive Fertigungsverfahren die Möglichkeit Konsumgüter und technologische Produkte ökonomisch in einer niedrigen bis mittleren Stückzahl zu fertigen.[2] Das Produktionsvolumen additiver Fertigungsverfahren hat seit dem Jahr 2018 stetig zugenommen und der Anteil der Kleinserienfertigung unter 1.000 Bauteile ist gesunken. Gegenläufig dazu ist der Anteil der Stückzahlen von Bauteilen über 10.000 von 2 % auf 32 % gestiegen. Weiterhin ist der Anteil der Bauteile mit einer Stückzahl über 100.000 von 4 % auf 24 % im Jahr 2023 gestiegen.[3] An diesem Trend wird deutlich, wie sich das Produktionsvolumen der Technologien im letzten Jahrzehnt verändert hat. Im Sinne der nachhaltigen Produktion bieten additive Ferti-

[1] Vgl. Sardon H. et al., (2022), Sustainable Additive Manufacturing of Plastics, S. 1983

[2] Vgl. Liu et al., (2019), Industrial Case Studies of Design for Plastic Additive Manufacturing for End-Use Consumer Products, S.10

[3] Vgl. Essentium Inc (2023), Essentium Survey, S. 3

gungsverfahren für Stückzahlen von 10.000 bis 100.000 durch ihre direkte oder indirekte Anwendung die Möglichkeit, ohne Werkzeuge und mit geringem Ausschuss, Rezyklate oder biobasierte Kunststoffe zu verarbeiten.[4]

Extrusionsbasierte additive Fertigungsverfahren sind die meistverbreiteten additiven Fertigungsverfahren.[5] Unterschieden wird hier zwischen klein- und großformatiger Anlagentechnik. Entscheidend für diese Definition ist der zur Verfügung stehende Bauraum der Anlagentechnik. Ab einem Volumen von 1 m^3 kann eine Anlagentechnik als Großformat bezeichnet werden. Großformatige extrusionsbasierte additive Verfahren lassen sich sowohl technologisch als auch in ihrer Anwendung mit den Verfahren der konventionellen Kunststoffverarbeitung vergleichen. Sie kann entweder für große Bauteile oder viele Bauteile auf einer Fläche genutzt werden. Für diese extrusionsbasierten additiven Fertigungsverfahren ergeben sich langfristig vier Szenarien der industriellen Anwendung im Großformat: Die Fertigung von Klein- bis Großserien für kleine Bauteile auf großer Fläche, die hybride Fertigung in Kombination mit konventionellen Fertigungsverfahren, die Linien Integration in konventionelle Fertigungslinien und die der Sonderanwendungen der Extrusion mit der Verarbeitung von z. B. Elastomeren.[6] Alle vier Szenarien bauen auf den Vorteil der werkzeuglosen Fertigung und der Reduktion von Ausschuss durch den gezielten Einsatz des Materials im Endbauteil.

Das erste Szenario ist die Fertigung von Klein – bis Großserien. Die Fertigung von Klein- bis Großserien mit extrusionsbasierten additiven Fertigungsverfahren bildet eine direkte Alternative zur konventionellen Fertigung im Spritzgießverfahren. Es können Bauteile mit einer erhöhten Komplexität in ihrer Geometrie gefertigt werden, die im Spritzgießverfahren ein Werkzeug benötigen[7]. Technologisch kann aufgrund des kleineren Aufbaus der Extrusionseinheit und der werkzeuglosen Fertigung das Prozessfenster für neue Materialien mit wesentlich geringeren Ausschussraten, als in konventionellen kunststoffverarbeitenden Verfahren realisiert werden.[8]

Ein weiteres Szenario ist die hybride Fertigung. Hier wird die extrusionsbasierte additive Fertigung ausschließlich auf Basis ihrer technologischen Vorteile zur Individualisierung bzw. Realisierung komplexer Geometrien auf bereits existierenden konventionellen Bauteilen genutzt. Es exis-

---

[4] Vgl. Baechler C., (2013), Distributed recycling of waste polymer into RepRap feedstock, S. 118-125

[5] Vgl. PignatelLI F. et al., (2022), An application- and market-oriented review on large format additive manufacturing, focusing on polymer pellet-based 3D printing, S. 1363 - 1367

[6] Vgl. Lichtenthäler K., (2021), Ressourcenschonende additive Fertigung von Schweißvorrichtungen im Karroseriebau, S. 65-66; Vgl. Nofar M. et al., (2022), Foam 3D Printing of Thermoplastics: A Symbiosis of Additive Manufacturing and Foaming Technology, S.1-18; Vgl. PignatelLI F. et al., (2022), An application- and market-oriented review on large format additive manufacturing, focusing on polymer pellet-based 3D printing, S. 1363-1377

[7] Vgl. Duffner E., (2016), Industrielle additive Fertigung funktionsfähiger Kunststoffteile, S. 22

[8] Vgl. Hohenstein S., (2023), Multidirektionaler Aufbau in der additiven Fertigung von Kunststoffen S. 209 - 210

tieren also konventionell gefertigte Bauteile, welche anschließend zur Änderung oder Individualisierung mit einem additiv gefertigten Aufbau versehen werden. Auch hier ist es möglich, Teile eines Bauteils aus nachhaltigen Materialien zu fertigen oder Geometrien mit diesen Materialien zu realisieren, die konventionell nicht realisierbar sind.[9]

Einen ähnlichen Ansatz verfolgt das Szenario der Linien Integration extrusionsbasierter additiver Verfahren. Dieses Szenario verfolgt den Ansatz, grundsätzlich die additive Fertigung und ihre Verfahren als gleichwertig zu konventionellen Fertigungsverfahren zu betrachten und diese auch wie andere Verfahren in einer Fertigungslinie zu integrieren. Hier ist die extrusionsbasierte additive Fertigung Teil eines Produktionssystems und wird nicht als geschlossenes System betrachtet, welches für sich alleine eingesetzt wird. Dieses Szenario kann auch in Kombination mit der hybriden Fertigung betrachtet werden.[10]

Ein letztes Szenario bildet der Einsatz in Sonderanwendungen bzw. Teilbereichen der Extrusion. Ein Beispiel dafür ist die Verarbeitung von Elastomeren, wie z. B. die Kautschuk Extrusion oder Schaumextrusion. Hier werden konventionelle extrusionsbasierte Herstellungsverfahren direkt durch die extrusionsbasierten additiven Fertigung ersetzt. Gründe dafür können ebenfalls die Reduktion von Ausschuss, aber auch die Realisierung von komplexeren Geometrien sowie die Möglichkeit der Individualisierung sein.[11]

Alle vier Szenarien ordnen die großformatige extrusionsbasierte additive Fertigung als gleichwertiges kunststoffverarbeitendes Verfahren im Vergleich zu den konventionellen Verfahren ein. Die vier Szenarien bilden mögliche Zukunftsszenarien für die technologische Weiterentwicklung im direkten Bezug zur industriellen Anwendung extrusionsbasierter additiver Verfahren. Das vergleichsweise junge Verfahren dient dann als Verarbeitungsverfahren für OEMs, aber auch Zulieferer verschiedener Industrien.

---

[9] Vgl. PignatelLI F. et al., (2022), An application- and market-oriented review on large format additive

manufacturing, focusing on polymer pellet-based 3D printing, S. 1363 -1377

[10] Vgl. Weflen E. et al., (2021), Hybrid additive and subtractive manufacturing of multi-material objects, S. 1860

[11] Vgl. Nofar M. et al., (2022), Foam 3D Printing of Thermoplastics: A Symbiosis of Additive Manufacturing and Foaming Technology, S.17 -18

1.2 Problemstellung

Die beschriebene Ausgangssituation stellt die extrusionsbasierten additiven Fertigungsverfahren vor die Herausforderung, den entsprechenden technologischen Reifegrad für diese langfristigen Szenarien zu erreichen. Die Technologien weisen nicht nur eine große Anzahl an Parametern auf, die für die erfolgreiche Umsetzung eines Bauteils eine Rolle spielen, sondern auch die Kombinationen und Variablen der ausschlaggebenden Parameter sind aufgrund der jungen und sich rasant weiter entwickelten Technologien weniger erforscht und technologisch ausgereift als bei konventionellen Fertigungsverfahren.[12] Die Komplexität der Zusammenhänge zwischen den geometrischen Bauteileigenschaften und den Fertigungs- und Prozessparametern nimmt für die großformatige extrusionsbasierte additive Fertigung aufgrund der Skalierung deutlich zu.[13] Besonders die Arbeitsvorbereitung mit ihrer Arbeitsplanung und -steuerung mehrerer Bauteile auf einer Fläche oder eines großen, komplexen Bauteils erfordert tiefes Expertenwissen und genaue Kenntnisse über die verwendete Anlagentechnik.

Das Ziel, Bauteile zu fertigen, die in jeder Hinsicht strukturell einwandfrei sind und alle geforderten Qualitäten aufweisen, erweist sich als ein Ziel, welches nur mit einer langen Arbeitsvorbereitung erreichbar ist.[14] Dies führt dazu, dass Anlagenhersteller oftmals langwierige Inbetriebnahmen begleiten müssen oder aber interne und externe Dienstleister große Zeiträume benötigen, um eine Anlagentechnik wirtschaftlich und ökologisch nachhaltig zu betreiben.

Die Herausforderung der Arbeitsvorbereitung extrusionsbasierter additiver Fertigungsverfahren ist an einem zentralen Beispiel erklärbar: Die Fertigung von mehreren Schweißvorrichtungen auf einer großformatigen Baufläche. Abbildung 1.1 zeigt beispielhaft eine Schweißvorrichtung aus einem Vorrichtungssatz. Ein ganzer Satz Vorrichtungen, bestehend aus 18 unterschiedlichen Bauteilen, kann auf der Fläche einer Großformatanlagentechnik als ein einzelner Fertigungsschritt gefertigt werden.

---

[12] Vgl. Dey et al., (2019), A Systematic Survey of FDM Process Parameter Optimizaton and Their Influence on Part Characteristic, S. 1- 30

[13] Vgl. Compton et al., (2017), Thermal analysis of additive manufacturing of large-scale

thermoplastic polymer composites, S. 78

[14] Vgl. Rayna, (2016) From rapid prototyping to home fabrication: how 3D printing is changing business model innovation, S. 21, Vgl. De Anton J., (2023), Defining Production Planning Problems in Additive Manufacturing, S. 193 - 194

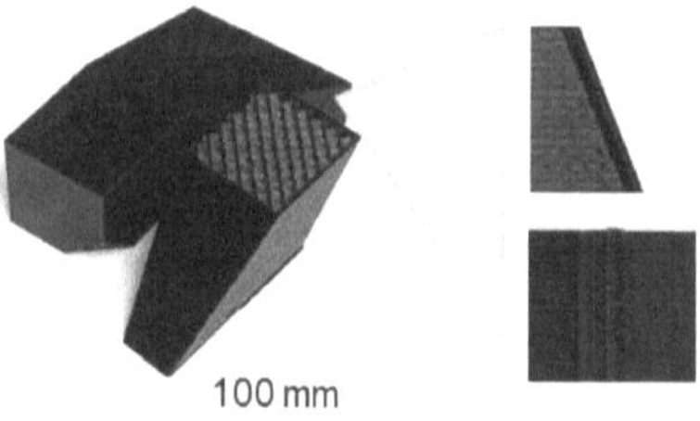

Abbildung 1.1: Schweißvorrichtung aus dem Forschungsprojekt „LoCoMo"[15]

Die Geometrie der Schweißvorrichtungen muss vor allem im Bereich der Bohrungen den Anforderungen an eine hohe Lagetoleranz der Schraubverbindungen gerecht werden. LICHTENTHÄLER zeigt mit seiner Arbeit, dass die Fertigung der Schweißvorrichtungen technologisch und ressourcenschonend möglich ist. Dabei kommen sowohl biologisch abbaubare Materialien, als auch eine insgesamt Material einsparende Konstruktion und Auslegung der Bauteile zum Einsatz. Die Arbeitsvorbereitung, mit den für additive Verfahren typischen Herausforderungen, stellt sich als ein zeitintensiver Schritt in der Prozesskette heraus.[16] So muss zunächst sowohl das entsprechende Prozessfenster für das Material als auch für die Wandstärke, im Sinne der mechanischen Auslegung für Steifigkeit und Festigkeit iteriert werden. Bisherige Lösungen für ähnliche Problemstellungen und Beispiele aus der konventionellen Kunststoffverarbeitung basieren auf Jahrzehnte langer praktischer und wissenschaftlicher Erfahrung, die mit Hilfe von experimentellen Versuchen und entwickelten Versuchsplänen, kleinschrittig die optimalen Prozessfenster ermitteln. Aufgrund der sich rapide wandelnden Technologie der extrusionsbasierten additiven Fertigung, wird jedoch ein ebenso schneller und anpassungsfähiger Lösungsweg benötigt. Ermöglicht werden muss die Verarbeitung und Auswertung von großen Datenmengen aus Prozess- und Fertigungsparametern, sowie das abschließende Aufzeigen von Zusammenhängen und deren Interpretation. Damit muss eine automatisierte Arbeitsvorbereitung im Sinne der Kalibrierung der Anlagentechnik und der empirischen Prozessentwicklung geschaffen werden.

1.3 Zielsetzung

Somit ergeben sich für extrusionsbasierte additive Verfahren zwei Herausforderungen in Bezug auf die Arbeitsvorbereitung: Zum einen die Kalibrierung der Anlagentechnik und zum anderen die empirische Prozessentwicklung. Ziel ist es eine technologische und methodische Lösung zu finden, die es Nutzenden ermöglicht die Prozessparameter des optimalen Prozessfensters für das

---

[15] Vgl. Eigene Darstellung

[16] Vgl. Lichtenthäler K., (2021), Ressourcenschonende additive Fertigung von Schweißvorrichtungen im Karosseriebau, S. 173-174

jeweilige Bauteil und Material in möglichst kurzer Zeit einzustellen. Der werkzeuglose Fertigungsprozess und die freie Fertigung im Bauraum der Anlagentechnik erschweren dieses Ziel. Es resultieren die genannten signifikanten Abweichungen zwischen eingestellten Prozessparametern und eigentlichen Fertigungsparametern und eine dementsprechend große Datenmenge während des gesamten Fertigungsprozesses.[17]

Ein möglicher Lösungsweg um entsprechend große Datenmengen automatisiert zu verarbeiten sind Methoden des maschinellen Lernens. Methoden des maschinellen Lernens ermöglichen das Erkennen von unbekannten Zusammenhängen und die Verarbeitung von miteinander interagierenden Parametern.[18] Jedoch ist es notwendig, besonders im Hinblick auf die Anwendung dieser Methoden, ein allgemeines und systematisiertes Vorgehen zu priorisieren. Zum Zeitpunkt der Veröffentlichung der vorliegenden Arbeit existiert keine Lösung, welche die Problemstellung anforderungsgerecht adressiert. Die bisherigen Lösungsansätze beziehen sich vordergründig auf Teilbereiche der Zielstellung und fokussieren keine systematische Reihenfolge in ihrem Vorgehen und exkludieren die Endanwender der Lösungen durch ihre mangelnde Reproduzierbarkeit.[19] Aus Sicht des Anlagenherstellers ist es wichtig, sich zunächst auf die bestehenden Parameter der Anlagentechnik zu fokussieren und erst anschließend nach Auswertung dieser Ergebnisse kostengünstige und zielgerichtete zusätzliche Sensortechnik zur Erweiterung der Datenmenge zu integrieren. Aus Sicht der Endanwender und internen und externen Dienstleistern, ist es notwendig, eine Echtzeit-Überwachung mit Fokus auf die Arbeitsvorbereitung des Fertigungsprozesses zu nutzen, um den Fertigungsprozess zu überwachen und kontrollieren zu können. Die Perspektiven der Anlagenhersteller und internen und externen Dienstleister liefern die Rahmenbedingungen dieser Methodik. Abschließend soll die Nutzung der Methodik und der Einfluss der Methodik auf das Geschäftsmodell des Anlagenherstellers validiert werden. Die handlungsleitende Forschungsfrage dieser Dissertation lautet daher:

> Wie muss eine Methodik für die Arbeitsvorbereitung extrusionsbasierter additiver Verfahren mittels Maschinensteuerungs- und Sensordaten unter Berücksichtigung der Teilbereiche der Kalibrierung und der empirischen Prozessentwicklung für extrusionsbasierte additive Anlagentechnik aufgebaut sein?

---

[17] Vgl. Dey et al., (2019), A Systematic Survey of FDM Process Parameter Optimizaton and Their Influence on Part Characteristic, S. 1- 2

[18] Vgl. Cleve J., Lämmel U., (2024), Data Mining, Datenanalyse für Künstliche Intelligenz, S. 1-2

[19] Vgl. Cummings I.T. et al., (2017), A Framework for AM Process Monitoring & Control; Vgl. Moretti M. et al., (2020), Towards the development of a smart fused filament fabrication system using multi-sensor data fusion for in-process monitoring; Vgl. Shakeri Z., (2021), Mathematical Modeling and Optimization of Fused Filament Fabrication (FFF) Process Parameters for Shape Deviation Control of Polyamide 6 Using Tanguchi Method;

1.4 Forschungsansatz

Der Forschungsansatz dieser Arbeit beschreibt das methodische Vorgehen mit dem Ziel, Erkenntnis zu generieren. Dabei bildet das allgemeine Forschungsverständnis des Lehrstuhls für Produktionssystematik am Werkzeugmaschinenlabor WZL der RWTH Aachen University die Grundlage dieses Ansatzes. Das Forschungsverständnis basiert wiederum auf dem wissenschaftstheoretischen Ansatz für Betriebswirtschaftslehre nach ULRICH et al[20] und dem forschungsmethodischen Vorgehen nach Kubicek. Vorangegangene Arbeiten des Lehrstuhls für Produktionssystematik wie beispielsweise BOSHOF[21], GRABERG[22] oder LUKAS[23] dienen als Grundlage der Anwendung dieses Ansatzes, in denen das Vorgehen bereits angewendet wurde.

1.4.1 Wissenschaftstheoretische Einordnung

Der Forschungsansatz bedarf zunächst einer wissenschaftstheoretischen Einordnung und einer Erläuterung der Forschungsmethodologie des Vorgehens. Abschließend wird der heuristische Bezugsrahmen dieser Arbeit hergeleitet. Grundlage bildet die, in Abbildung 1.2 dargestellte, Wissenschaftssystematik nach ULRICH und HILL.[24] Unterschieden wird in dieser Systematik nach Formalwissenschaft und Realwissenschaft.

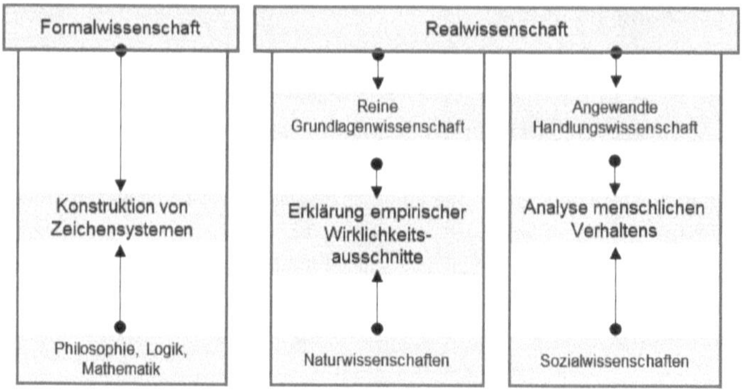

Abbildung 1.2: Wissenschaftssystematik nach ULRICH und HILL[25]

[20] Vgl. Ulrich P. et al., (1984), Schriftenreihe Unternehmung und Unternehmensführung, S. 151-154

[21] Vgl. Boshof J., (2022), Definition und Auslegung von datenbasierten Dienstleistungen im Werkzeugbau

[22] Vgl. Graberg T., (2023), Operationalisierung von digitalen Schatten im Werkzeugbau

[23] Vgl. Lukas G., (2024), Gestaltungsmodell zur thermischen Auslegung additiver Prototypenwerkzeuge aus Kunststoff

[24] Vgl. Ulrich P., Hill W., (1976), Wissenschaftstheoretische Grundlagen der Betriebswirtschaftslehre, S. 305

[25] Vgl. Carnap R., (1935), Formalwissenschaft und Realwissenschaft, S.30

CARNAP[26] formuliert den Unterschied zwischen Formalwissenschaft und Realwissenschaft, als Formulierung von analytischen Formalwissenschaft und synthetischen Realwissenschaft Sätzen. Die Formalwissenschaften definieren sich durch die Konstruktion von Zeichensystemen wie Philosophie, Logik oder Mathematik, sowie der Wissenschaftslogik. CARNAP definiert die Formalwissenschaft als reine Syntax und beschreibt sie als die Aufstellung und Verwendung rein analytischer Sätze der Wissenschaft.[27]

Innerhalb der Realwissenschaften wird wiederum zwischen Grundlagenwissenschaften und Handlungswissenschaften unterschieden. Die Grundlagenwissenschaften eignen sich zur Erklärung empirischer Wirklichkeitsausschnitte wie der Naturwissenschaft. Die Handlungswissenschaften dagegen eigenen sich zur Analyse menschlicher Handlungsalternativen wie den Sozialwissenschaften. ULRICH und HILL definieren die Realwissenschaften als die Wissenschaft zur Beschreibung, Erklärung und Gestaltung von jeweils theoretischen Zielen im Sinne der Grundlagenwissenschaften und von praktischen Zielen im Sinne der Handlungswissenschaften. ULRICH und HILL ordnen die Betriebswirtschaftslehre den Realwissenschaften zu. Die Ingenieurwissenschaften als interdisziplinäre Wissenschaft ordnen sich nicht unumstritten der Grundlagenwissenschaft zu.[28]

1.4.2 Forschungsmethodik

Die Forschungsmethodik ist ein weiterer Bestandteil des Forschungsprozesses und beschreibt die Art und Weise der Gewinnung von Erkenntnissen innerhalb dieser Arbeit. Das Forschungsvorhaben verwendet den Systemansatz nach ULRICH et al. als zugrundeliegende Wissenschaftstheorie. Daher verfolgt die vorliegende Arbeit den forschungsmethodischen Ansatz der explorativen Forschung.[29] Die explorative Forschung basiert auf systematischem Erfahrungswissen, analytischen Lösungen und theoretischen Aussagen. Abbildung 1.3 zeigt den für diese Arbeit aufgestellten Forschungszyklus nach TOMCZAK, welcher für die explorative Forschung verwendet wird.[30]

---

[26] Vgl. ebd, S. 31

[27] Vgl. ebd, S. 32, 35

[28] Vgl. Ulrich P., Hill W., (1976), Wissenschaftstheoretische Grundlagen der Betriebswirtschaftslehre, S. 305

[29] Vgl. Ulrich P., Fluri E., (2007), Management, S. 169

[30] Vgl. Tomczak T., (1992), Forschungsmethoden in der Marketingwissenschaft, S. 84

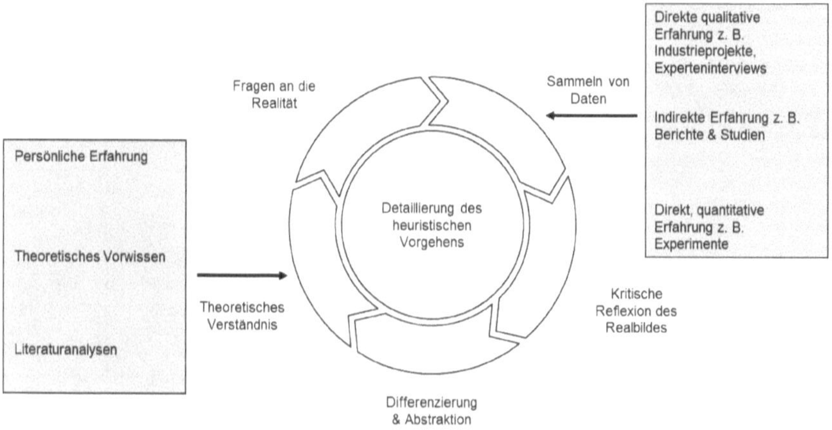

Abbildung 1.3: Vorgehen mit der Forschungsmethodik

Für das explorative Forschungsvorgehen nach KUBICEK werden wissenschaftliche Aussagen in einem iterativen Lernprozess entwickelt. Der Ansatz fundiert sowohl auf einer Zusammensetzung aus gewonnenem Erfahrungswissen, als auch der kreativen Umsetzung in theoretischen Aussagen. Basierend auf theoretischem Verständnis ist es das Ziel mit dem Forschungsvorgehen Fragen an die Realität zu stellen, um die daraus gewonnen Erkenntnisse in der Theorie zu verarbeiten. Die Verarbeitung der Theorie führt schließlich zu neuen Erkenntnissen in der Realität.[31]

1.4.3 Heuristischer Bezugsrahmen

Für die Anwendung der Forschungssystematik ist die Aufstellung eines heuristischen Bezugsrahmens erforderlich. Dieser bildet den Mittelpunkt des explorativen Forschungsprozesses. Basierend auf der in Kapitel 1.2 erläuterten Problemstellung wird der heuristische Bezugsrahmen dieser Arbeit entwickelt. Dieser heuristische Bezugsrahmen, bestehend aus sieben Teilen ist in Abbildung 1.4 dargestellt.

[31] Vgl. Kubicek H., (1976), Heuristische Bezugsrahmen und heuristisch angelegte Forschungsdesign als Elemente einer Konstruktionsstrategie empirischer Forschung, S. 7

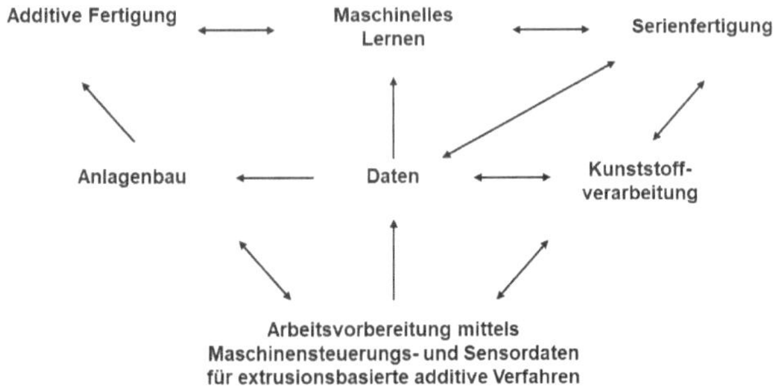

Abbildung 1.4: Heuristischer Bezugsrahmen

Das Themenfeld der Daten besitzt eine zentrale Stellung innerhalb des heuristischen Bezugsrahmens. Die Gewinnung und Verarbeitung von Daten spielt für die Produktion eine immer zentralere Rolle. Mittels Daten können Fertigungs- und Produktionsprozesse verstanden, aber auch Methoden des maschinellen Lernens für die Lösung spezifischer Problemstellungen angewendet werden. Die Kombination der Themenfelder additive Fertigungs Branche und Serienfertigung wird daher auch durch das Themenfeld des maschinellen Lernens befähigt, da das maschinelle Lernen wiederum der Schlüssel für die additive Fertigung hin zur Serienfertigung sein könnte. Die Themenfelder Kunststoffverarbeitung und Anlagenbau stellen schließlich den Kern der Methodik zur Arbeitsvorbereitung mittels Maschinensteuerungs- und Sensordaten für extrusionsbasierte additive Verfahren dar.

1.5 Struktur der Arbeit

Die Einordnung der vorliegenden Arbeit in die explorative Forschung in Anlehnung an die Strategie der angewandten Forschung nach ULRICH et al. ist in Abbildung 1.5 dargestellt.[32] In einem ersten Schritt erfolgt die Ableitung des Praxisbedarfs, aus dem dann analytische Regeln und Modelle abgeleitet werden. Die Gliederung dieser Arbeit erfolgt in sieben Kapiteln.

[32] Ulrich P., Fluri E., (2007), Management, S. 192

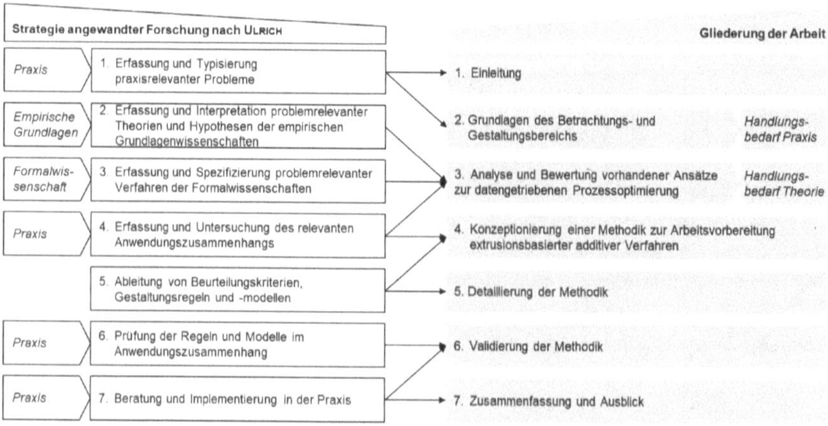

Abbildung 1.5: Gliederung der Arbeit folgend der Strategie angewandter Forschung nach ULRICH[33]

Im ersten Kapitel erfolgt die Beschreibung der Ausgangssituation und die Einführung in die Problemstellung. Aus dieser erfolgt dann die Ableitung der handlungsleitenden Forschungsfrage, anhand derer die Arbeit ausgerichtet werden soll. Abschließend wird im ersten Kapitel der Aufbau der Arbeit dargestellt.

Im zweiten Kapitel erfolgt die Beschreibung der für diese Arbeit relevanten Grundlagen des Betrachtungs- und Gestaltungsbereichs. Die einzelnen Themenbereiche gliedern sich in additive Fertigung, extrusionsbasierte additive Verfahren, maschinelles Lernen und abschließend die Ableitung des Handlungsbedarfs aus der Praxis. Für die genannten Themenbereiche werden die relevanten Begrifflichkeiten erläutert und in ihren jeweiligen Kontext eingeordnet. Mit Hilfe des zweiten Kapitels werden die Voraussetzungen beschrieben, um eine Arbeitsvorbereitung für extrusionsbasierte additive Verfahren mittels Maschinensteuerungs- und Sensordaten zu erreichen. Daraus wird abschließend der Handlungsbedarf aus der Praxis abgeleitet und die Szenarien für die Praxis erläutert.

Auf Basis des zweiten Kapitels werden im dritten Kapitel zunächst ein Bewertungssystem und anschließend ein Anforderungssystem an eine Methodik zur Arbeitsvorbereitung mittels Maschinensteuerungs- und Sensordaten definiert. Im Anschluss folgt eine systematische Literaturrecherche zu ausgewählten Schlagwörtern des Anforderungssystems. Es werden die gefundenen relevanten Ansätze aus der Literatur vorgestellt und als potentielle Lösungsansätze hinsichtlich der definierten Anforderungen analysiert. Abschließend wird auch ein Handlungsbedarf aus

[33] Eigene Darstellung nach Ulrich P., Fluri E., (2007), Management, S. 192

der Theorie abgeleitet und die übergeordnete Forschungsfrage, sowie die drei untergeordneten Forschungsfragen hergeleitet.

Auf Grundlage der zuvor hergeleiteten Handlungsbedarfe aus Praxis und Theorie erfolgt im vierten Kapitel die Ableitung der zu entwickelnden Methodik und die Konzeptionierung dieser Methodik zur Beantwortung der Forschungsfrage. Im ersten Schritt werden die Grundlagen zur Konzeptionierung einer Methodik erläutert und die Merkmale der Methodik beschrieben. Dann erfolgt die Herleitung und Konzeption der Methodik, hier wird mit Hilfe von definierten vorbereitenden Schritten zur Prozessoptimierung bestehender Anlagentechnik zunächst ein Ordnungsrahmen und anschließend ein Grobkonzept der Methodik hergeleitet. Das Grobkonzept umfasst bereits die Definition der spezifischen Methodikschritte zur Lösung der handlungsleitenden Forschungsfrage und deren Unterforschungsfragen. Die einzelnen spezifischen Methodikschritte werden anschließend noch beschrieben und das Kapitel mit einem Zwischenfazit zur Konzeptionierung der Methodik abgeschlossen.

Im fünften Kapitel werden die einzelnen Schritte des zuvor definierten Grobkonzepts inhaltlich detailliert und ausgearbeitet. Die Beschreibung der Wechselwirkungen zwischen den Methodikschritten erfolgt jeweils zum Ende und zu Beginn eines jeweiligen Methodikschritts. Die Ausarbeitung und die Ergebnisse eines einzelnen Methodikschritts bilden die detaillierte Gesamtmethodik, die zur Beantwortung der handlungsleitenden Forschungsfrage und ihren Unterforschungsfragen dient.

Im Rahmen des sechsten Kapitels erfolgt die Validierung der entwickelten Methodik zur Arbeitsvorbereitung mittels Maschinensteuerungs- und Sensordaten extrusionsbasierter additiver Verfahren. Hierfür werden zwei Fallbeispiele aus der Praxis verwendet, welche die entwickelten Modelle validieren. Zunächst wird die jeweilige Ausgangssituation der Unternehmen erläutert. Anschließend erfolgt eine Beschreibung der unternehmensspezifischen Anwendung der Methodik bzw. die Beschreibung der Auswirkungen der Methodik auf das Geschäftsmodell. Darauf aufbauend werden die Ergebnisse der Fallbeispiele anhand der gestellten Anforderungen kritisch reflektiert.

Abschließend wird im siebten Kapitel, dem letzten Kapitel dieser Arbeit, zunächst ein gesamtheitliches Fazit gezogen. Es folgt die Zusammenfassung der Ergebnisse dieser Arbeit. Darüber hinaus wird ein Ausblick für den Bedarf zukünftiger Forschungsaktivitäten im Anwendungskontext gegeben.

2 Grundlagen des Betrachtungs- und des Gestaltungsbereichs

Ziel des zweiten Kapitels ist die Beschreibung und Erklärung relevanter Betrachtungs- und Gestaltungsbereiche, um ein grundlegendes Verständnis für die Ausgangslage dieser Arbeit zu erzeugen. Den Betrachtungsbereich dieser Arbeit bildet die Branche der additiven Fertigung. Extrusionsbasierte additive Fertigungsverfahren bilden den Gestaltungsbereich. Ergänzend wird nachfolgend ein besonderer Fokus auf die Grundlagen des maschinellen Lernens gelegt, da diese den Gestaltungsbereich signifikant beeinflussen und befähigen.

2.1 Additive Fertigung

Für eine konkrete und konsistente Darlegung der theoretischen Grundlagen des Betrachtungsbereichs werden nachfolgenden zunächst die Begriffe additive Fertigung und die Branche der additiven Fertigung definiert sowie abgegrenzt. Die Definition additive Fertigung ist mit der VDI-Richtlinie 3405 und der DIN EN ISO/ASTM 52900 festgelegt.[34] [35] Danach liegt allen additiven Fertigungsverfahren das Verfahrensprinzip des schichtweisen Bauteilaufbaus, der auf 3D-Modelldaten basiert, zugrunde.

2.1.1 Begriffsverständnis

Ein wesentliches Merkmal der additiven Fertigung ist das Entfallen des produktspezifischen Werkzeugs. Von subtraktiven und formgebenden Fertigungsverfahren, wie dem Fräsen und dem Spritzgießen, unterscheidet sich die additive Fertigung durch das Hinzufügen von Ausgangsmaterial bzw. der Wandlung eines flüssigen oder pulverförmigen Ausgangsmaterial in einen Festkörper.[36] Nach DIN 8580 werden Fertigungsverfahren in sechs Hauptgruppen eingeteilt. Diese sind in Abbildung 2.1 dargestellt.[37] Beim Urformen wird aus einem formlosem Stoff eine geometrisch bestimmte Form geschaffen. Umformen zeichnet sich durch den Beibehalt, Trennen durch das Vermindern und Fügen sowie Beschichten durch das Vermehren des Zusammenhalts aus. In der Literatur werden die meisten additiven Fertigungsverfahren, der Hauptkategorie Urformen zugeordnet.[38]

---

[34] Vgl. Verein Deutscher Ingenieure e.V. (VDI), (2014), Additive Fertigungsverfahren - Grundlagen, Begriffe, Verfahrensbeschreibungen

[35] Vgl. DIN EN ISO/ASTM 52900:2022-03, (2022), Additive Fertigung- Grundlagen- Terminologie

[36] Vgl. Burns M., (1993), Automated fabrication, S. 101

[37] Vgl. DIN 8580:2003-09, (2003), Fertigungsverfahren- Begriffe, Einteilung

[38] Vgl. Gibson, I. et al. (2010), Additive Manufacturing Technologies, S. 40-41

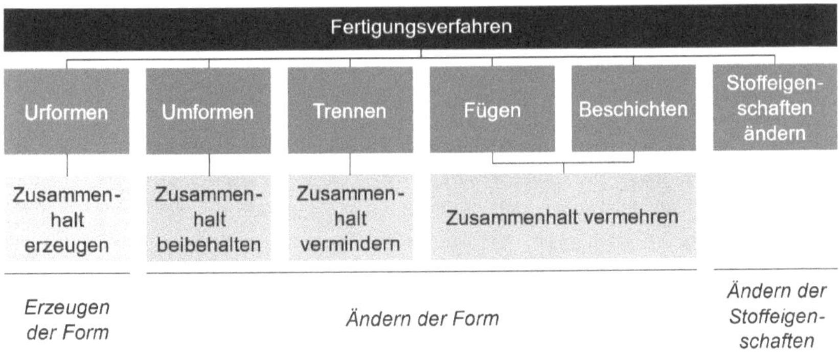

Abbildung 2.1: Fertigungsverfahren nach DIN 8580[39]

Die Anwendungsbereiche der additiven Fertigung gliedern sich in die Bereiche:

- Rapid Prototyping: Ein Überbegriff für das additive Herstellen von Prototypen und Modellen bzw. Bauteilen mit eingeschränkter Funktionalität (ohne Produktcharakter), deren spezifische Merkmale jedoch zum Testen ausreichend gut ausgeprägt sind. Die Prototypen werden auch Anschauungsmodelle genannt, da sie lediglich einen räumlichen Eindruck zur Beurteilung der Proportionen liefern sollen.[40]
- Rapid Tooling: Das additive Herstellen von Werkzeugen, Werkzeugkomponenten und -einsätzen, Formen oder Formeinsätzen.
- Rapid Manufacturing: Das additive Herstellen von Endprodukten bzw. Bauteilen für Endprodukte, z. B. für Kleinserien. Ein Bauteil wird als Endprodukt bezeichnet, wenn es alle Eigenschaften und Funktionen aufweist, die im Produktentwicklungsprozess festgelegt wurden.
- Rapid Repair: Der materialauftragende Prozess zur Instandhaltung oder Reparatur abgenutzter Komponenten. Zudem Re-Engineering von Bauteilen mittels 3D-Scan, für die keine Lieferquellen mehr existieren.[41]

2.1.2 Branche

Die im Rahmen dieser Arbeit zu entwickelnde Methodik zur Arbeitsvorbereitung mittels Maschinen- und Sensordaten für extrusionsbasierte additive Verfahren soll den Anforderungen der Branche der additiven Fertigung entsprechen. Diese Branche stellt somit den Betrachtungsbereich dieser Arbeit dar. Zur Einführung soll die charakteristischen Wertschöpfungskette der Branche

---

[39] Vgl. DIN 8580:2003-09, (2003), Fertigungsverfahren- Begriffe, Einteilung

[40] Vgl. Gebhardt, A. et al. (2016), 3D-Drucken, Grundlagen und Anwendungen des Additive Manufacturing

[41] Vgl. Feldmann, C. et al. (2019), Digitale Geschäftsmodell-Innovationen mit 3D-Druck

mit Hilfe der Beschreibung der nationalen und internationalen Branchenstruktur dargestellt werden. Anschließend werden die zwei zu adressierenden Branchenteilnehmer dieser Arbeit, die Anlagenhersteller und die internen und externen Dienstleister, detaillierter beschrieben.

2.1.2.1 Wertschöpfungskette

Abbildung 2.2 zeigt die Wertschöpfungskette der additiven Fertigung Branche in Anlehnung an WIRTH[42]. Die Branchenteilnehmer gliedern sich in Hersteller und Dienstleister. Unter Herstellern verstehen sich die Material, Software und Anlagen Hersteller. Dienstleister gliedern sich wiederum in interne und externe Dienstleister. Ausgeklammert werden hier die Anbieter von 3D-Modellen, da diese sich bisher auf den B2C Markt fokussieren und diese Arbeit den B2B Markt der additiven Fertigungs Branche adressiert. Die Branchenteilnehmer Shops/Marktplätze/ OEMs bündeln die Produkte und Leistungen der Hersteller und Dienstleister und vertreiben diese an den Endkunden die sogenannten Anwender.

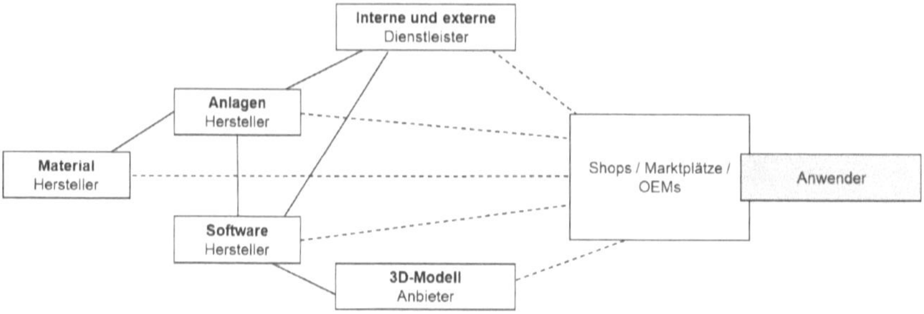

Abbildung 2.2: Wertschöpfungskette der additiven Fertigungs Branche i.A. WIRTH[43]

Die Beziehungen zwischen den Branchenteilnehmern sind in der Abbildung 2.2 durch die einzelnen Verknüpfungen dargestellt. Als übergeordnete Instanz gliedern sich unterschiedliche Communities der additiven Fertigungs Branche, die ein Netzwerk aus den Beziehungen der Branchenteilnehmer bilden.

- Material Hersteller: Entwicklung und Vertrieb von Kunststoff oder Metall basierten Materialien speziell für additive Fertigungsverfahren[44]

[42] Vgl. Wirth A., (2017), Additive Fertigung – Technologie, Markt und Innovation

[43] Vgl. ebd. S. 36

[44] Vgl. Wirth A., (2017), Additive Fertigung – Technologie, Markt und Innovation, S. 34

- Software Hersteller: Entwicklung und Hosting von Software speziell für additive Fertigungstechnologien z.B. Konstruktion, Schichtbauweise, Planung & Steuerung[45]
- Anlagen Hersteller: Entwicklung und Vertrieb von Anlagentechnik für Kunststoff oder Metall basierte additive Fertigungsanlagentechnik[46]
- Interne und externe Dienstleister: Anbieter von Produktion mittels additiver Fertigung als Dienstleistung und Fertigung von Bauteilen mittels additiven Fertigungsverfahren[47]
- 3D-Modell Anbieter: OEMs oder Privatpersonen[48]
- Shops / Marktplätze / OEMs: Vertrieb von additiv gefertigten Endbauteilen als Endprodukt oder Komponente eines Endprodukts[49]
- Anwender: Mittelständische oder große Unternehmen, die die additive Fertigung in verschiedenen Kontexten einsetzen

Um die Besonderheiten der additiven Fertigungs Branche besser zu verstehen hilft eine industrielle Einordnung der Anlagenhersteller und internen und externen Dienstleister hinsichtlich Erzeugnisstruktur und Produktionsart die in Abbildung 2.3 dargestellt ist.

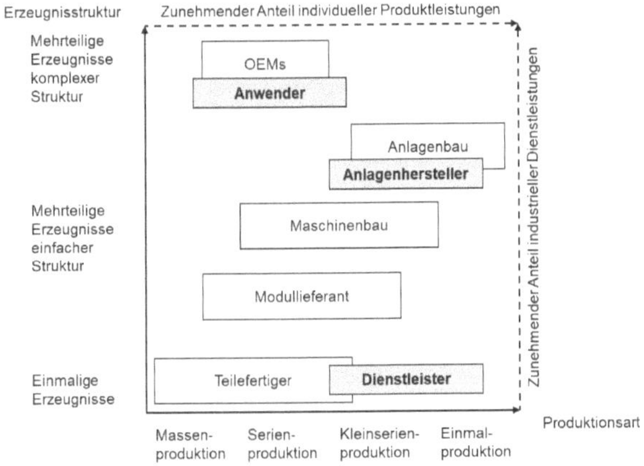

Abbildung 2.3: Industrielle Einordnung der Anlagenhersteller und internen und externen Dienstleister i.A. FRICK[50]

[45] Vgl. ebd. S. 36

[46] Vgl. ebd. S. 38

[47] Vgl. ebd. S. 41

[48] Vgl. ebd. S. 43

[49] Vgl. ebd. S. 43 - 44

[50] Vgl. Frick L., (2006), Erfolgreiche Geschäftsmodelle im Werkzeugbau, S. 22

2.1.2.2 Anlagenhersteller

In Deutschland sind viele international agierende Hersteller ansässig, welche Maschinen, Peripherie und Materialien für die additive Fertigung entwickeln, produzieren, vertreiben und auch betreiben, beispielsweise EOS, SLM Solutions & Trumpf. Aktuelle Trends für Anlagenhersteller sind die Erhöhung der Prozessstabilität und –Geschwindigkeit, die Befähigung zur Verarbeitung eines breiteren Materialportfolios aber auch die Steigerung der Nachhaltigkeit, etwa durch Recyclingmöglichkeiten von Materialien.

Da diese Arbeit sich auf extrusionsbasierte additive Fertigungsverfahren mit dem Ausgangsmaterial Kunststoff fokussiert, werden in diesem Abschnitt die Anlagenhersteller für polymerbasierte additive Fertigung beschrieben. Abbildung 2.4 zeigt die wichtigsten Anlagenhersteller für polymerbasierte additive Fertigungsanalagen und die von den Anlagenherstellern vertriebenen Technologien. Deutlich wird, dass der Hersteller Stratasys über den größten Marktanteil verfügt.[51]

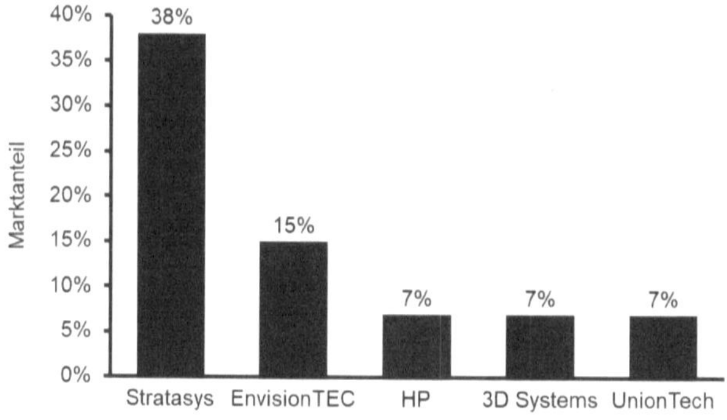

Abbildung 2.4: Die wichtigsten Anlagenhersteller für polymerbasierte additive Fertigungsverfahren[52]

2.1.2.3 Interne und externe Dienstleister

Dienstleister verbinden die Anlagenhersteller mit den eigentlichen Anwendern der additiven Fertigungsverfahren, also große oder mittelständische Unternehmen, die additiv gefertigte Bauteile für Entwicklungsprozesse oder in der Serie nutzen. Die Unternehmen setzen dabei entweder auf eine eigene Anlagentechnik, nutzen Dienstleister zum Zukauf von additiv gefertigten Erzeugnissen oder setzen auf eine Kombination aus beiden Quellen. Grundsätzlich lässt sich also die additive Fertigung über ihren Marktzugang in die beiden Typen „interne Dienstleister" oder „externe

---

[51] Vgl. Vgl. Context, (2019), Wichtigste Hersteller von Polymer-3D-Druckern weltweit nach Marktanteil im Jahr 2019

[52] Vgl. Context, (2019), Wichtigste Hersteller von Polymer-3D-Druckern weltweit nach Marktanteil im Jahr 2019

Dienstleister“ unterteilen. Sowohl interne als auch externe Dienstleister sind dabei oftmals auf spezifische additive Fertigungsverfahren spezialisiert und haben über Jahre hinweg ein ebenso spezifisches Wissen aufgebaut. Damit können Dienstleiter durch Nutzung der, durch die Hersteller bereitgestellten und oftmals komplexen Anlagentechnik, den Anwendern einen einfachen Zugang zur Technologie und den Erzeugnissen ermöglichen.

Ein interner Dienstleister ist Teil des übergeordneten Unternehmens und in die jeweilige Aufbauorganisation integriert. Die Hauptaufgabe ist die Versorgung des Mutterunternehmens mit additiv gefertigten Bauteilen. Interne Dienstleister können beispielhaft direkt an die Entwicklungsabteilung eines Unternehmens oder auch an die Produktion angeschlossen sein. Interne Dienstleister, die an die Entwicklungsabteilungen angeschlossen sind führen in der Regel auch Forschungs- und Entwicklungsarbeiten im Bereich der additiven Fertigung ein. Anhand der eingereichten Patente weltweit in Abbildung 2.5 lässt sich z. B. erkennen, dass einige große weltweit agierende Unternehmen als interne Dienstleister auch viele Entwicklungsarbeiten durchführen.

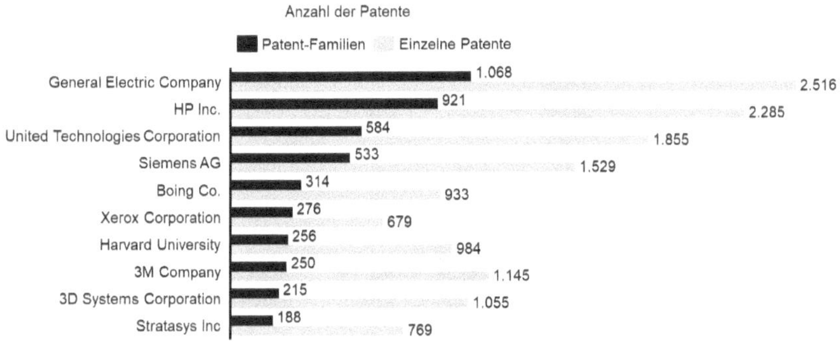

Abbildung 2.5: Unternehmen mit den meisten Patenten im Bereich der additiven Fertigung weltweit[53]

Ein externer Dienstleister stellt ein rechtlich eigenständiges und unabhängiges Unternehmen dar, welches im Auftrag von Unternehmen oder Privatpersonen additiv gefertigte Bauteile vertreibt. Aus betriebswirtschaftlicher Sicht ist das Hauptziel eines externen Dienstleisters die Gewinnmaximierung. Die Anwender sind Kunden aus verschiedensten Industrien, wie dem Automotive-, dem Medial- oder auch dem Luftfahrtsektor. Dabei pflegen Dienstleister in Deutschland lange

[53] Vgl. IPlytics GmbH (2019), Unternehmen mit den meisten Patenten im Bereich 3D-Druck weltweit im Jahr 2019

Kundenbeziehungen. Für die durchschnittliche Dauer der bestehenden Kundenbeziehungen gaben 50% der Dienstleister an, Kunden schon mehr als 3 Jahre zu beliefern. Dabei ist auch die Anzahl der Stammkunden hoch, 46% der Dienstleister zählen auf mehr als 30 Stammkunden.[54]

2.1.3 Prozesskette

Die Prozesskette der additiven Fertigung gliedert sich in die drei Bereiche Vorbereitung, Prozessdurchführung und Nachbearbeitung. In diesen drei Bereichen befinden sich jeweils mehrere untergeordnete Arbeitsschritte. GIBSON et al. definieren insgesamt acht Arbeitsschritte, wobei der achte Arbeitsschritt als Anwendung des Bauteils definiert wird.[55]

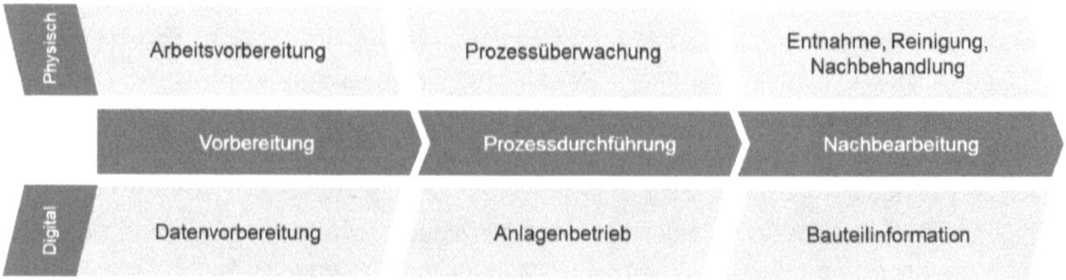

Abbildung 2.6: Prozesskette der additiven Fertigung i.A. VDMA AM Roadmap[56]

Abbildung 2.6 zeigt die Prozesskette der additiven Fertigung von Arbeitsschritt der Konstruktion bis zur Anwendung des Bauteils. Dabei sind Konstruktion und Arbeitsvorbereitung Pre-Prozess, der eigentliche Fertigungsprozess In-Prozess und die nachgelagerte Nachbearbeitung und Anwendung werden als Post-Process bezeichnet.

2.1.3.1 Vorbereitung

Die Vorbereitung der additiven Fertigungsverfahren gliedert sich, genau wie in jedem Produktionsverfahren, in Arbeitsplanung und Arbeitssteuerung. Die Arbeitsplanung umfasst dabei alle einmalig auftretenden Planungsmaßnahmen, welche unter ständiger Berücksichtigung der Wirtschaftlichkeit und Nachhaltigkeit die fertigungsgerechte Herstellung eines Erzeugnisses sichern. Beispiele dafür sind in extrusionsbasierten additiven Verfahren die Vorgabezeitermittlung, aber auch das sogenannte Slicen, also das Ausrichten der Bauteile in Schichten. Die Arbeitssteuerung umfasst alle Maßnahmen, die für eine der Arbeitsplanung entsprechende Auftragsabwicklung erforderlich sind. Beispiele dafür sind die Bedarfsermittlung für Baugruppen und Einzelteile, aber

---

[54] Vgl. durch die Autorin durchgeführte Umfrage

[55] Vgl. Gibson I. et al. (2021), Additive Manufacturing Technologies, S. 55

[56] Verein Deutscher Maschinen- und Anlagenbauer, (2021), Arbeitsgruppe Additive Fertigung VDMA Roadmap zur Smart Factory

auch die Maschinenbelegung.[57] Entgegen der klassischen Organisation wachsen in der extrusionsbasierten additiven Fertigung die Arbeitsplanung und die Fertigungssteuerung zusammen. Die Zusammenstellung der Fertigugnsaufträge ist Aufgabe der Fertigungssteuerung. Sie bestimmt zu welchem Zeitpunkt ein beauftragtes Bauteil gefertigt wird.[58] Die Fertigungssteuerung triggert damit allerdings auch die Arbeitsplanung.

2.1.3.2 Prozessdurchführung

Im Anschluss an die Vorbereitung kann das Bauteil gefertigt werden Hierbei wird jeweils in X- und Y- Richtung eine Schicht aufgebracht und ausgehärtet. Anschließend wird mithilfe eines beweglichen Druckkopfs oder eines beweglichen Baugrundes die Z- Achse verfahren, um eine weitere Schicht aufzutragen.[59] Abhängig von der Geometrie des Bauteils und des verwendeten Fertigungsverfahrens, werden zusätzlich Stützstrukturen erzeugt. Der Bauprozess lässt sich in zwei Schritte unterteilen: Zum einen das Erzeugen der einzelnen Schichten und zum anderen das Verbinden dieser. Je nach Verfahren, finden die beiden Schritte gleichzeitig oder nacheinander statt.[60] Die Bauteilhöhe ist beispielsweise ein Faktor für die Bauzeit. Wird die minimale Bauhöhe gewählt, führt dies zur Reduzierung der Herstellungsdauer[61]. Neben der Bauhöhe, beeinflussen auch die Geometrie des Bauteils und die Genauigkeit der Verwendeten Technologie die Herstellungsdauer.[62] Zusätzlich können mithilfe von Kamera- oder pyrometerbasierten Prozessüberwachungen Qualitätsprobleme erkannt werden. Diese ermöglichen einen Eingriff und eine Nachreglung oder die Dokumentation des In-Processes.[63] Ist der Herstellungsprozess beendet, wird das Bauteil aus dem Bauraum entnommen.

---

[57] Eversheim W., (2002), Ziele und Gliederung der Arbeitsvorbereitung, S. 2

[58] Vgl. Emmelmann C. et al., (2018), Automatisierte Arbeitsplanung und Fertigungssteuerung für die additive Produktion, S. 398

[59] Vgl. Feldmann C. et al. (2016), Digitale Geschäftsmodell-Innovationen mit 3D-Druck Erfolgreich entwickeln und umsetzen, S. 15

[60] Vgl. ebd.

[61] Vgl. Lachmayer R., Lippert R., (2020), Entwicklungsmethodik für die Additive Fertigung, S. 11

[62] Vgl. Lachmayer et al., (2016), 3D-Druck beleuchtet - Additive Manufacturing auf

em Weg in die Anwendung, S. 12

[63] Vgl. Lachmayer R., Lippert R., (2020), Entwicklungsmethodik für die Additive Fertigung, S. 11

2.1.3.3 Nachbearbeitung

Abgängig von der verwendeten Technologie und den Anforderungen des Bauteils ist im Post-Process eine Nachbearbeitung nötig. In der Regel ist eine mechanische Aufbereitung der Funktionsflächen notwendig.[64] Andere Nachbearbeitungsverfahren können Lackieren, Polieren, Schleifen, thermisches oder chemisches Nachbehandeln sein. Auch das Entfernen der zuvor erzeugten Stützstrukturen gehört zur Nachbearbeitung des Bauteils. Zusätzlich können bspw. 3D-Scans, Computertomografie oder andere Methoden durchgeführt werden, um die Qualität des Bauteils zu überprüfen.[65]

2.2 Extrusionsbasierte additive Fertigungsverfahren

Die Materialextrusion (MEX) ist ein Verfahren, das sich in die generativen bzw. additiven Fertigungsverfahren einordnet. Die allgemeine Verfahrensweise von MEX leitet sich im Grunde von der Wortbedeutung der Extrusion ab. Extrudieren bedeutet, ein Medium durch eine Öffnung herauszudrücken oder zu pressen. In der MEX wird die Öffnung, aus welcher der geschmolzene Kunststoff gepresst wird, Düse genannt. Die Schmelze nimmt beim Austritt aus der Düse die Form der Düse an. Das resultierende Produkt wird Extrudat bezeichnet. Im Rahmen des Extrusionsbasierte additive Verfahrens wird Kunststoffgranulat aufgeschmolzen und durch eine Düse auf eine Bauplattform aufgetragen. Die neu aufgetragene Schicht verschmilzt mit der zuvor aufgetragenen Schicht und verfestigt sich. Die Bauteilform wird durch die Relativbewegung zwischen Bauplattform und Düse hergestellt. Der Extruder ist die zentrale Komponente einer Anlagentechnik. Er schmilzt das Material mit Hilfe von Heizelementen auf und drückt das geschmolzene Material, die sogenannte Schmelze, durch eine Düse. MEX wird durch die Konstruktion des Extruders charakterisiert. Die drei gängigen Extruderbauweisen sind schematisch in Abbildung 2.7 dargestellt .[66]

---

[65] Vgl. Rudolph J, Emmelmann C., (2018) Organisation von Nachbearbeitungsprozessen in additiven Produktionsstrukturen S.739

[66] Vgl. Valkenaers H. et al. (2013), A Novel Approach to Additive Manufacturing: Screw Extrusion 3D-Printing, S. 235 - 238

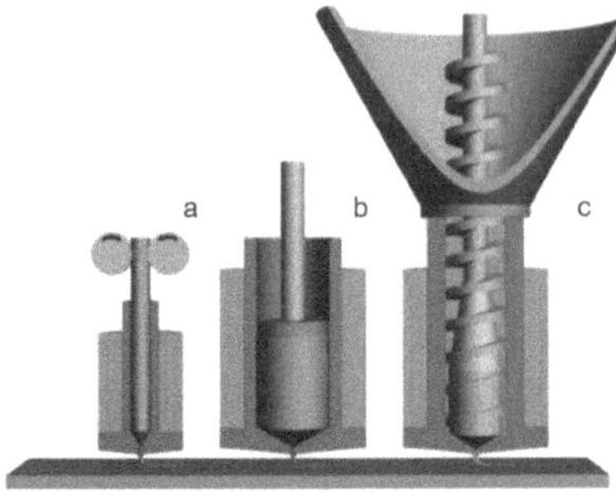

Abbildung 2.7: Extruderbauweisen mit (a) filamentbasierter (b) kolbenbasierter und (c) schneckenbasierter Extrusion [67]

Die filamentbasierte Extrusion und die schneckenbasierte Extrusion sind kontinuierliche extrusionbasierte additive Verfahren. Die kolbenbasierte Extrusion dagegen ordnet sich aufgrund der Begrenzung durch die Kolbenlänge der diskontinuierlichen Extrusion zu. Die am weitesten verbreitete Verfahrensvariante der MEX ist die filamentbasierte Extrusion, auch Fused Filament Fabrication (FFF) genannt. [68] Dargestellt in Abbildung 2.7(a) ist diese ebenfalls bekannt unter dem Markennamen Fused Deposition Modelling (FDM). Die Form des Ausgangsmaterials ist ein Filament. Dabei handelt es sich um einen aus thermoplastischem Kunststoff hergestellten Draht. Das Filament wird mit Hilfe einer Antriebseinheit in den Extruder eingeführt und durch Heizelemente an der Düse aufgeschmolzen. Der feste Teil des Filaments wirkt wie ein Kolben, der Druck auf den geschmolzenen Kunststoff an der Düse ausübt und so die Extrusionsgeschwindigkeit konstant hält. Der aufgeschmolzene Kunststoff wird dann durch die Düse gepresst und schichtweise auf die Bauplattform oder eine bereits hergestellte Schicht aufgetragen und härtet anschließend dort aus.[69] Wenn eine Schicht abgeschlossen ist, wird der Extruder oder die Bauplattform ein Stück nach oben verfahren, um die nächste Schicht zu fertigen. Dieser Prozess wird wiederholt, bis das gesamte Bauteil gefertigt ist. Um komplexe Geometrien oder Überhänge fertigen zu können werden Stützstrukturen verwendet welche in der Regel aus dem gleichen Material wie das Bauteil bestehen und zusammen mit dem Bauteil schichtweise ausgebaut werden. Ist der Aufbauprozess des Bauteils abgeschlossen können die Stützstrukturen im Anschluss entfernt

[67] Vgl. ebd.

[68] Vgl. Valkenaers H. et al., (2013), A Novel Approach to Additive Manufacturing: Screw Extrusion 3D-Printing, S. 235 - 238

[69] Vgl. Bay C. et al., (2022), Qualitätssicherung in der additiven Materialextrusion, S. 10 - 11

werden.[70] Das Filament besitzt eine sehr geringe Durchmessertoleranz, da eine zu große Abweichung des Durchmessers zu einer Blockierung führt. Besitzt das Filament einen zu großen Durchmesser stockt das Filament im Extruder und blockiert diesen. Bei zu geringen Durchmessern berührt das Filament die Wand des Extruders nicht und führt zu einem Materialaufstieg zwischen Wand und Filament. In beiden Fällen wird kein Material durch die Düse extrudiert.[71] Filamente müssen also bestimmte Toleranzen einhalten und sind für jeweils entsprechende Düsen ausgelegt. Des Weiteren ist die Auswahl von verschiedenen Kunststoffen in der Form des Filaments begrenzt, was als ein großes Defizit des filamentbasierten Extruders angesehen wird.[72] Einige der gängigsten Materialien neben PLA sind Acrylnitril-Butadien-Styrol (ABS), Polyethylenterephthalatglykol-modifiziert (PETG), Polycarbonat (PC) und thermoplastisches Polyurethan (TPU). Neben dem filamentbasierten Extrusion ist in Abbildung 2.7 (b) die kolbenbasierte Extrusion dargestellt. Diese wird in der Regel für chemisch verfestigende Materialien verwendet. Ein Behälter wird mit Kunststoffgranulat gefüllt und auf die Verarbeitungstemperatur erhitzt. Danach drückt ähnlich wie beim filamentbasierten Extruder ein kraft- oder weggesteuerter Kolben das zähflüssige Material aus der Düse. Die Vorteile des spritzenbasierten Extruders gegenüber dem filamentbasierten Extruder liegen zum einen in der einfachen Bauweise und zum anderen in der Verwendung von Granulat als Verarbeitungsmaterial. Da Filamente aus Kunststoffgranulat in einem Verarbeitungsprozess hergestellt werden, entfällt bei der Verwendung von Granulat dieser zusätzliche Prozess.[73] Da Kunststoffgranulate in der konventionellen Kunststoffverarbeitung zur Serienfertigung eingesetzt werden, also in der konventionellen Extrusion oder im Spritzgießen, sind die Materialkosten für Granulate im Vergleich zu Filamenten geringer und die Auswahl an unterschiedlichen Polymeren für Granulate größer.[74] Ein Nachteil der kolbenbasierten Extrusion ist, dass durch die Begrenzung der Kolbenlänge die Materialzufuhr diskontinuierlich ist und nachgefüllt werden muss, was zu Unterbrechungen im Fertigungsprozess führt. Des Weiteren kann keine gleichmäßige Materialablage gewährleistet werden, da eingeschlossene Luft im Materialbehälter zusammen mit dem Baumaterial extrudiert wird, was zu Lufteinschlüssen im Bauteil führen kann.[75]

In Abbildung 2.7 (c) ist die schneckenbasierte Extrusion dargestellt. Das Verfahren weist, in seiner Funktionsweise, viele Überschneidungen mit der konventionellen Kunststoffverarbeitung auf.

---

[70] Vgl. Baehr F., (2020), Methode zur modellierungsbasierten, präventiven Qualitätssicherung im Material Extrusion Verfahren, S. 7 – 8; Vgl. Gibson I. et al. (2021), Additive Manufacturing Technologies, S. 173 - 176

[71] Vgl. Valkenaers H. et al., (2013), A Novel Approach to Additive Manufacturing: Screw Extrusion 3D-Printing, S. 235 - 238

[72] Vgl. Bellini A. et al., (2005), New developments in fused deposition modeling of ceramics, S. 214

[73] Vgl. Valkenaers H. et al., (2013), A Novel Approach to Additive Manufacturing: Screw Extrusion 3D-Printing, S. 238

[74] Vgl. Gibson I. et al., (2021), Additive Manufacturing Technologies, S. 187 - 188

[75] Vgl. Valkenaers H. et al., (2013), A Novel Approach to Additive Manufacturing: Screw Extrusion 3D-Printing, S. 238

Als Ausgangsmaterial wird hierbei ebenfalls ein Granulat verwendet, welches durch die von der Rotation der Schnecke erzeugte Wärme und Dissipation plastifiziert wird.[76] Das thermoplastische Granulat wird hier in einen direkt angeschlossenen Trichter gegeben und mit Hilfe einer Förderschnecke zur Düse transportiert. Auf dem Weg zur Düse wird das Granulat durch den Einsatz von Heizelementen aufgeschmolzen. Die Schneckengeometrie führt zu einer Druckerhöhung in der Schmelze, wodurch eingeschlossene Luft verdrängt wird. Die Vorteile des schneckenbasierten Extruders sind die geringen Betriebs- und Materialkosten, die direkte Materialzugabe in den Extruder auch während des Fertigungsprozesses und der Wegfall des zusätzlichen Verarbeitungsschrittes zur Herstellung eines Filaments aus Granulat. Die Verwendung von Granulat ermöglicht auch hier eine größere Auswahl an Polymeren. Auch das Beimischen von Additiven ist ohne eine weitere Verarbeitung des Granulats möglich.[77] Abhängig vom verwendeten Material können bis zu 200-fache Materialkosten eingespart werden.[78] Die Nachteile des schneckenbasierten Extruders sind zum einen das Risiko der Materialverunreinigung und zum anderen die größere Anzahl an Prozessparametern wie Temperatur, Druck, Schneckendrehzahl und Granulatgröße und -geometrie die einen Einfluss auf den Prozess haben.[79]

2.2.1 Arbeitsvorbereitung

Die Produktionsbereiche der extrusionsbasierten additiven Verfahren unterscheiden sich nicht von den allgemein gültigen Produktionsbereichen der Prozesskette der additiven Fertigung und gliedern sich demnach in die drei Bereiche Pre-Prozess, In-Prozess, Post-Prozess. Vor dem Hintergrund, dass 75% der Fehler an Produkten ihren Ursprung vor der eigentlichen Fertigung haben, sind präventive Ansätze von entscheidender Bedeutung für die strategische Ausrichtung einer Fertigung[80]. Mehr als 15 % der Kosten werden in der Arbeitsvorbereitung vor Beginn der Produktion festgelegt[81].

Eng verknüpft mit einer möglichst präzisen Arbeitsvorbereitung der extrusionsbasierten additiven Fertigung sind daher verschiedene Maßnahmen zur Fehlervorbeugung, die entsprechend vor dem eigentlichen Fertigungsprozess zu realisieren sind: [82]

---

[76] Hopmann C., Michaeli W., (2015), Einführung in die Kunststoffverarbeitung, S. 113

[77] Vgl. Valkenaers H. et al., (2013), A Novel Approach to Additive Manufacturing: Screw Extrusion 3D-Printing, S. 238

[78] Vgl. Kausch M. et al., (2018), Additive Herstellung von Kunststoffbauteilen im High-Speed-Verfahren unter Einsatz von Standardgranulat, S. 2

[79] Vgl. Valkenaers H. et al., (2013), A Novel Approach to Additive Manufacturing: Screw Extrusion 3D-Printing, S. 238

[80] Vgl. Westkämpfer E., (2006), Einführung in die Organisation der Produktion, S. 155

[81] Vgl. ebd. S. 154

[82] Vgl. Baehr F., (2020), Methode zur modellierungsbasierten, präventiven Qualitätssicherung im Material Extrusion Verfahren, S. 25

- Kalibrierung der Anlage
- Empirische Prozessentwicklung
- Expertise Anlagenbedienenden
- Numerische Simulation
- Geometriebasierte Optimierung
- Design for Additive Manufacturing
- Standardisierung und Normierung

Im Folgenden wird näher auf die ersten drei Maßnahmen, die Kalibrierung der Anlage, die empirische Prozessentwicklung und die Expertise des Anlagenbedienenden eingegangen, da diese als direkte Arbeitsvorbereitung an der Anlagentechnik durchgeführt werden. Alle drei Maßnahmen spielen für die Arbeitsvorbereitung, als bindendem Prozess zwischen Konstruktion und Fertigung eine zentrale Rolle.

2.2.1.1 Kalibrierung der Anlagentechnik

Die Leistungsfähigkeit der Anlagentechnik ist, wie bei allen additiven Fertigungsverfahren sehr kalibrierabhängig[83]. Optimale Ergebnisse erfordern für komplexe Bauteile eine Kalibrierung während eines ersten Fertigungsversuchs und anschließend werden die resultierenden Abweichungen zu Kalibrierung der Anlage genutzt. Erst durch Kalibrierungsmaßnahmen kann also die jeweilige absolute Genauigkeit der Anlagentechnik erreicht werden. Diese Genauigkeit variiert je nach Anlagentechnik und ist individuell nach Hersteller. Eine wichtige Rolle bei der Kalibrierung der Anlagentechnik spiel die Kalibrierung der Bauplattform. Die Kalibrierung der Bauplattform ist entscheidend für die Bauteilqualität. Eine gute Kalibrierung der Bauteilplattform ist für den darauffolgenden Fertigungsprozess entscheidend. Modernere Anlagentechniken verfügen über eine automatisierte Kalibrierung der Bauplattform in Z-Richtung. Zusätzlich sollte die reale Schrittlänge des Motors, also des Antriebs, mit dem in der Steuerungssoftware hinterlegten Wert präzise abgeglichen sein, da diese Einstellung neben der Einstellung der Achsen einen wichtigen Teil der Kalibrierung repräsentiert[84]. Die Regelmäßigkeit der Kalibrierung der Anlagentechnik erhöht besonders bei komplexen Bauteilen die Erfolgsquote der qualitativ hochwertigen Fertigung.

2.2.1.2 Empirische Prozessentwicklung

Die empirische Prozessentwicklung spielt in allen kunststoffverarbeitenden Verfahren eine zentrale Rolle. In der konventionellen Kunststoffverarbeitung wurde diese über Jahrzehnte durchgeführt, untersucht und wissenschaftlich aufbereitet. Trotzdem muss auch in der konventionellen

---

[83] Vgl. Gebhardt A., Additive Manufacturing und 3D-Drucken für Prototyping - Tooling – Produktion, S. 331

[84] Vgl. Vgl. Baehr F., (2020), Methode zur modellierungsbasierten, präventiven Qualitätssicherung im Material Extrusion Verfahren, S. 25

Kunststoffverarbeitung eine empirische Prozessentwicklung für das jeweilige Material, die Anlage und oder das Werkzeug für komplexe Bauteile oder Anforderungen durchgeführt werden. Die Prozessentwicklung für Anlagentechnik orientiert sich in der Prozessentwicklung an diesem empirischen Vorgehen aus der konventionellen Kunststoffverarbeitung[85]. Alle, für die Fertigung benötigten, Fertigungsparameter werden also empirisch ermittelt und wie schon für die Kalibrierung anhand des zu fertigenden Bauteils erprobt. Die Herstellerangaben zu dem zu verarbeitenden Material bilden dabei nur die Grundlage und werden danach iterativ für die jeweilige Anlagentechnik ermittelt. Ziel ist es ein Prozessfenster zu identifizieren oder genaue Prozessgrenzen festzulegen, um qualitativ hochwertige Bauteile zu erhalten. Eine präzise Arbeitsvorbereitung ist ohne diese Maßnahmen nicht durchführbar und führt in der extrusionsbasierten additiven Fertigung oftmals zu Fehlplanung oder Steuerung.[86]

2.2.2 Verfahrensprinzip

Die zentrale Komponente der schneckenbasierten Extrusion bildet der Extruder bestehend aus Gehäuse und einer oder mehreren Schnecken. Die Extrusionsprinzipien gliedern sich weiterhin in Einschnecken- oder ein Mehrschneckenextruder. Grundsätzlich ist jedoch der Einschneckenextruder für extrusionsbasierte additive Verfahren am weitesten verbreitet, da dieser aufgrund der, im Vergleich zu Mehrschneckenextrudern, einfachen Bauweise meist die kostengünstigere und weniger komplexe Alternative darstellt[87]. Für additive Verfahren werden zusätzlich hauptsächlich Plastifizierextruder eingesetzt. Ein Plastifzierextruder hat die Funktion, einen Kunststoff entlang eines Zylinders zu befördern, zu plastifizieren und das Material zu homogenisieren. Beim Schmelzextruder dagegen liegt der Kunststoff bereits im flüssigen Aggregatzustand vor[88]. Da dieser Extruder jedoch nur wenig verbreitet ist, wird auf ihn im Folgenden nicht weiter eingegangen. Im Folgenden beschränkt sich daher der Begriff Extruder ausschließlich auf Plastifizierextruder.

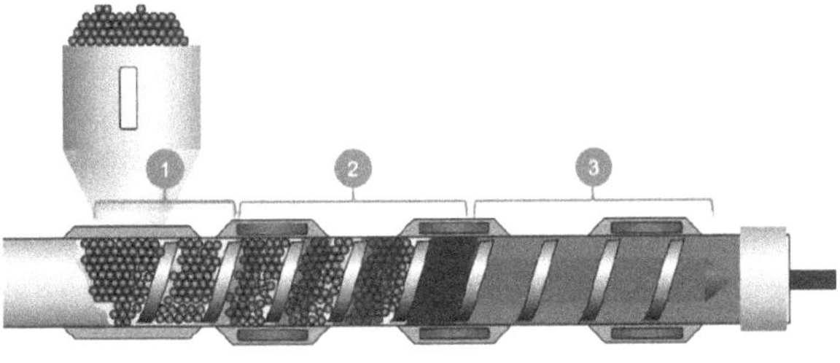

[85] Vgl. ebd. S. 26

[86] Vgl. Gibson I. et al. (2021), Additive Manufacturing Technologies, S. 197

[87] Vgl. Shrivastava A., (2018), Introduction to Plastics Engineering, S. 148

[88] Vgl. Hopmann C., Michaeli W., (2017), Einführung in die Kunststoffverarbeitung, S.113-114

Abbildung 2.8: Aufbau eines Extruders[89]

Der Extruder ist in drei Funktionsbereiche aufgeteilt, die in Abbildung 2.8 dargestellt sind. Im Einzug (1) wird das Granulat aus der Trichteröffnung entnommen und in den ersten Bereich des Extruders eingezogen. Anschließend wird das aufgenommene Granulat verdichtet und weitertransportiert. Die Materialbeförderung in axialer Richtung geschieht durch die Rotation der Schnecke. Eine Pumpwirkung entsteht dann, wenn die Reibung an der Zylinderoberfläche größer ist als die Reibung an der Schneckenoberfläche. So führt die höhere Rotationsgeschwindigkeit der Schnecke verglichen mit der des Ausgangsmaterials zu einer Materialbeförderung in axialer Richtung. In der nächsten Zone, der Kompressionszone (2), wird das Material durch Heizelemente erhitzt und aufgeschmolzen. Der Volumenanteil des festen Granulats schrumpft. Gleichzeitig steigt der Volumenanteil des Polymers. Die zirkuläre Strömung der Schmelze entlang des noch festen Granulats sowie die Scherbewegung zwischen Schneckenoberfläche und Zylinderwand führen zu einem weiteren Aufschmelzen des Granulats. Die Länge der Kompressionszone ist im Wesentlichen von den fluidmechanischen Eigenschaften des Polymers und der Schneckengeometrie abhängig. Aufgrund der Vorwärtsbewegung der Masse und konstruktiver Maßnahmen, wie die Verjüngung des Zylinders, wird ein Druck in Axialrichtung aufgebaut.

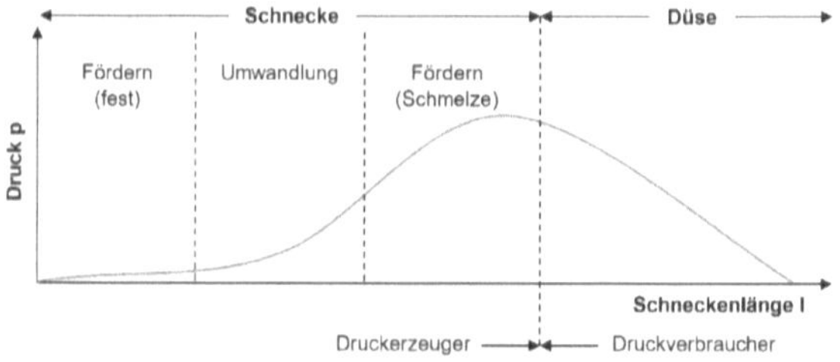

Abbildung 2.9: Druckverlauf entlang der Schneckenlänge[90]

Die letzte Zone ist die Meteringzone (3). Diese Zone trägt ebenfalls dazu bei, den Druck zu steigern, um die Masse aus der Düse auszutragen. Dem Druck in Förderrichtung wirkt ein Druck entgegen, der durch die Geometrie der Düse verursacht wird. Dieser entgegengesetzte Druck wird auch Werkzeuggegendruck genannt. Die Überlagerung der beiden Druckrichtungen führt zu dem charakteristischen Druckverlauf entlang der Schneckenlänge, welcher in Abbildung 2.9 skizziert ist.[91]

[89] Vgl. Osswald T., (2011), Understanding polymer processing: Processes and governing equations, S. 81

[90] Vgl. Hopmann C., Michaeli W., (2017), Einführung in die Kunststoffverarbeitung, S.116

[91] Vgl. Osswald T., (2011), Understanding polymer processing: Processes and governing equations, S. 77

2.2.3 Prozesstechnische Grundlagen

Maßgebend für die Auslegung der Extrusion ist die Festlegung einer zu erreichenden Ausstoßleistung bzw. eines zu erreichenden Durchsatzes. Dazu kommen die Festlegung der Parameter Druck, minimale Antriebsleistung, Verarbeitungstemperatur des verwendeten Materials und der Schneckendurchmesser. Die Auslegung ist immer abhängig von den Eigenschaften des verwendeten Materials und den vorgegebenen Prozesszielen. Gängige Prozessziele sind beispielsweise Schnelligkeit, Energieeffizienz oder Qualität. Die prozesstechnischen Grundlagen lassen sich einteilen in Materialförderung, Materialtemperierung und Prozessüberwachung. Diese Unterkategorien werden im Folgenden einzeln besprochen.

2.2.3.1 Materialförderung

Bei ausreichend geringen Geschwindigkeiten haftet die Schmelze an der Oberfläche des Fließkanals. Dabei kommt es zum sogenannten Scherfließen.[92] Das Haften der Schmelze an Zylinderwand und Schnecke bewirkt die Förderung des Materials im Extruder. Dieser Mechanismus wird Schleppförderung genannt. Zylinder und Schnecke bewegen sich dabei relativ zueinander, der Zylinder ist feststehend und die Schnecke rotierend.

Der Mechanismus der Schleppförderung kann an einem einfachen Schrauben-Mutter-Modell veranschaulicht werden, dargestellt in Abbildung 2.10. Die Schnecke entspricht dabei der Schraube, die Schmelze entspricht der Mutter und der Zylinder wird durch die von außen aufgebrachten Kräfte abgebildet. Befindet sich die Mutter auf der Schraube und die Schraube wird gedreht, dreht sich die Mutter mit derselben Geschwindigkeit ohne eine axiale Verschiebung, wenn von außen keine Kräfte auf die Mutter wirken. Kommt es bei sonst gleichen Bedingungen zu einem Feststellen der Mutter in Umfangsrichtung durch äußere Kräfte, rotiert nur noch die Schnecke und die Mutter erfährt eine rein axiale Bewegung, abhängig von der Schneckengeometrie, sowie von der Drehrichtung und -geschwindigkeit der Schnecke. Dieser Fall entspricht dem Haften der Schmelze an der feststehenden Zylinderwand. Dabei wird die Schmelze von der Schnecke axial nach vorne Richtung Düse gefördert.

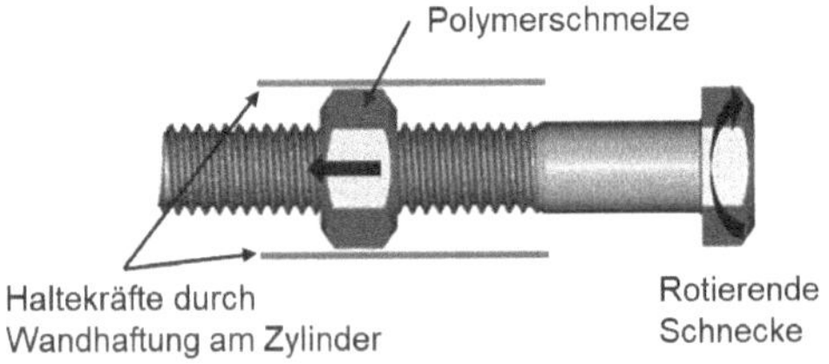

Abbildung 2.10: Schrauben-Mutter-Model zur Schleppförderung

[92] Vgl. Hopmann, C., (2021), Werkstoffkunde II, S. 41

Die durch die Schleppförderung entstehende sogenannte Schleppströmung D_S in Extrusionsrichtung wird überlagert von der Druckströmung D_P, die abhängig vom jeweiligen Druckgradienten ist. Ein dritter Strömungsanteil ist die Leckströmung D_L. Darunter wird der Volumenstrom verstanden, der zwischen Schneckensteg und Zylinderwand fließt. Aufgrund der geringen Spaltweite wird das Material in diesem Bereich besonders stark geschert.[93] Die Förderleistung D_X und dementsprechend der Durchsatz des Extruders wird bestimmt durch:

$$D_X = D_S - D_P - D_L \tag{2}$$

D_S = Schleppströmung

D_P = Druckströmung

D_L = Leckströmung

Die rotierende Schnecke, die den Materialtransport ermöglicht, wirkt sich in vielerlei Hinsicht auf den Durchsatz aus, da sie die viskose Wärmeentwicklung und die, schwer zu messende, Verteilung der Verweilzeit bestimmt.

2.2.3.2 Materialtemperierung

Die Temperierung des Polymermaterials im Extrusionsprozess spielt eine entscheidende Rolle für die Leistung des Extruders. Bei der plastifizierenden Extrusion wird das Polymergranulat dem Extruder in der Einzugszone in fester Granulatform zugeführt. Im Bereich der ersten paar Umdrehungen der Schnecke findet eine Verdichtung des Materials statt. Die Verdichtung steigert die Reibung und sorgt damit für zunehmende Erwärmung des Polymermaterials und schließlich zur Bildung eines geschmolzenen Polymerfilms an der Innenfläche des Zylinders. Das Verhalten in der Einzugszone ist schwierig zu modellieren, unter anderem, da die klassischen Sensoren wie Druck- und Temperaturaufnehmer für Feststoffe nicht verwendet werden können.[94]

Aufgrund der geringen Wärmeleitfähigkeit von Polymeren schmilzt das feste Granulat während des Extrusionsprozesses sehr langsam. In dieser Phase sind zwei Mechanismen der Wärmeübertragung beteiligt: die dissipative Erwärmung aufgrund der Scherung des Polymers und die Wärmeleitung durch auf den Zylinder aufgebrachte Heizelemente.[95] Ohne Wärmeverluste trägt die dissipative Energie im Allgemeinen 70 bis 80 % zur Gesamtenergie bei und die Wärmeleitung durch Heizelemente trägt etwa 20 bis 30 % bei.[96] Leistungsverluste im System können mit dem

---

[93] Vgl. Hopmann C., Michaeli W., (2017), Einführung in die Kunststoffverarbeitung, S.114

[94] Vgl. Lafleur, P. et al., (2014), Polymer Extrusion, S.45

[95] Vgl. ebd. S. 13

[96] Vgl. Rauwendaal, C., (2014), Polymer extrusion S. 216

mechanischen Aspekt des Extruders zusammenhängen, z. B. im Getriebesystem oder als Wärmekonvektion am Extruderzylinder und Wärmeverluste des Motors.

Die Auswirkung der Temperatur auf die Viskosität ist von Thermoplast zu Thermoplast unterschiedlich. Im Allgemeinen sind amorphe Thermoplaste im Vergleich zu teilkristallinen sehr temperaturempfindlich. Eine Änderung der Temperatur des Extruderzylinders wird sich auf einen amorphen Kunststoff stärker auswirken als auf einen teilkristallinen Kunststoff. Eine gute Temperaturkontrolle ist daher bei der Verarbeitung amorpher Kunststoffe noch wichtiger als bei teilkristallinen Kunststoffen.[97]

Je höher die Viskosität, desto höher ist die erforderliche Kraft beziehungsweise der erforderliche Druck, um den Werkstoff zu verformen oder zu bewegen. Für einen energieeffizienten Prozess ist es daher sinnvoll, die Viskosität möglichst gering zu halten. Zu beachten ist allerdings, dass die Temperatur zur Verringerung der Viskosität einer Polymerschmelze nicht beliebig erhöht werden kann. Mit erhöhter Temperatur werden Zersetzungsprozesse begünstigt, die im Extremfall zum Verkohlen des Kunststoffs führen können. Ebenso können Kunststoffe durch zu hohe Scherraten geschädigt werden.[98] Wenn das verwendete Polymer anfällig für Zersetzung ist, sollte die Verarbeitungstemperatur so niedrig wie möglich gewählt werden. Wenn es sich hingegen um ein hochviskoses Polymer handelt, sollten die Verarbeitungstemperaturen so hoch wie möglich sein, ohne dass es zu einer Zersetzung des Kunststoffs kommt.[99]

2.2.3.3 Prozessüberwachung

Die Prozesstechnische Auslegung ist einer der kritischsten Faktoren des gesamten Extrusionsprozess. Die Prozessparameter sind auf komplexe Weise gekoppelt und daher schwer einzustellen und zu kontrollieren. Da das Innenleben des Extruders durch Tubus und Düse völlig verdeckt ist, ist die Beobachtung der Eigenschaften des Extrudats in den meisten Fällen die einzige Möglichkeit den Prozess zu prüfen. Wenn ein Problem anhand des Extrudats festgestellt wird, ist es schwierig, die Quelle des Problems zu bestimmen. Eine unzureichende Überwachung führt zu begrenztem Wissen darüber, was im gesamten System jenseits des Punktes passiert, der von außen betrachtet beziehungsweise im Inneren von Sensoren erfasst werden kann. Für eine kontinuierliche Überwachung des Prozesses sind die Parameter Druck, Temperatur, Leistung und Geschwindigkeit von besonderem Interesse und sollten im Betrieb gemessen werden. Diese wichtigen Prozessparameter werden für die Prozesssteuerung gemessen, sind aber auch für die

[97] Vgl. Rauwendaal C., (2014), Polymer extrusion, S. 216

[98] Vgl. Ehrenstein G., (2007), Beständigkeit von Kunststoffen, S. 318

[99] Vgl. Rauwendaal C., (2019), Understanding Extrusion, S. 89

Fehlersuche von entscheidender Bedeutung, um ein Extrusionsproblem richtig diagnostizieren zu können.[100]

Erschwerend hinzu kommt, dass Schneckenextrusionsprozesse Schwankungen aufweisen. Diese sind zum einen auf externe Störungen, wie Variationen in der Einzugsgeschwindigkeit oder Vibrationen durch beispielsweise unausgewuchtete Wellen, zurückzuführen. Diese Störungen können unerwünschte Effekte, wie Motorüberlastungen oder Verschleiß an Schnecke und Tubus, und Produktungleichmäßigkeit verursachen.[101] Zum anderen führen interne Instabilitäten wie der Aufbau des Festbettes in der Schmelze, Strömungsverunreinigungen oder Düsenströmungsinstabilitäten ebenfalls zu Prozessschwankungen. Die Schwierigkeit, solche Phänomene darzustellen, stellt ein großes Hindernis bei der Entwicklung einer Prozessregelung und -überwachung dar und erschwert damit die Gewährleistung einer schnellen Extrusion und qualitativ hochwertiger Endprodukte.[102]

Existierende Kontrollmechanismen basieren auf vereinfachten Black-Box-Modellen, die um einen bestimmten Sollwert herum arbeiten. Materialmodelle unterliegen dabei starken Vereinfachungen und Restriktionen. Zum Stand der Technik zählen heute der Einsatz moderner Computer-Software zur Analyse und Optimierung von Strömungsprozessen, die mit analytischen Methoden nicht mehr zu beschreiben sind. Im Wesentlichen sind diese Strömungsberechnungen allerdings nur für reine Fluidströmungen anwendbar.[103]

DROTMAN et al.[104] entwickelten einen energiebasierten Ansatz für die Modellierung eines Schneckenextruders für die Additive Fertigung. Ausschlaggebend für dieses Model sind die Schwierigkeiten bei der Messung der wichtigsten Variablen im Zusammenhang mit der Regelung des Prozesszustands. Grundlage für das Model sind die zuverlässig verfügbaren Prozessgrößen Heizstrom und Schneckendrehzahl. Die Regelgröße ist die Extrusionsrate.

$$P_V - P_M = \dot{Q} - P_{out} = \left(\frac{V^2}{R} + K\,f\,V_{Tubus}\left(\frac{\pi D n_S}{h}\right)^{n+1}\right) - \Big(D_X\big(C_P(T_2 - T_1) + \qquad (4)$$

$$\begin{aligned} P_V - P_M &= \dot{Q} - P_{out} \\ &= \left(\frac{V^2}{R} + K\,f\,V_{Tubus}\left(\frac{\pi D n_S}{h}\right)^{n+1}\right) - \Big(D_X\big(C_P(T_2 - T_1) + h_f\big)\Big) \end{aligned}$$

---

[100] Vgl. Rauwendaal C., (2014), Polymer extrusion, S. 216

[101] Vgl. Rauwendaal C., (2019), Understanding Extrusion S. 139

[102] Vgl. Mundalamane R., (2003), Process variations and the transient behavior of extruders, S. 3150

[103] Vgl. Lecheler S. (2011), Numerische Strömungsberechnung, S. 2

[104] Vgl. Drotman D. et al., (2016), Control – Oriented Energy-Based Modeling of a Screw Extruder Used for 3D Printing

P_V = Verlustleistung

P_M = mechanische Leistung

Q = Wärmestrom

P_{out} = Ausgangsleistung

V = Spannung am Heizelement

R = Widerstand des Heizelements

f = Füllgrad

V_{Tubus} = Tubusvolumen

D = Schneckendurchmesser

n_S = Schneckendrehzahl

c_P = Wärmekapazität

h_f = spezifische Schmelzeenthalpie

Dieses stationäre Modell kann zukünftig bei der Entwicklung eines dynamischen Modells für einen Regler helfen, der in der Lage ist, den Durchfluss auf der Grundlage einer Vorschau der Extrusionsrate genau zu regeln.[105] Bisher ist die Prozessregelung und -überwachung für die Extrusion noch nicht vollständig in einem Modell beschrieben und muss daher für jeden Auslegungsfalls individuell bestimmt werden.

2.2.4 Fertigungs- und Prozessparameter

Die Eigenschaften eines mittels MEX gefertigten Bauteils, sind sehr von ihren Fertigungs- und Prozessparametern abhängig und sollten daher überwacht und gesteuert werden. Durch die Kontrolle der Prozessparameter wird der Fertigungsprozess optimiert, um Bauteile zu fertigen die eine hohe Qualität, präzise Maße, geringe Porosität, verbesserte mechanische Eigenschaften und minimale Verformung aufweisen. In der Literatur finden sich zahlreiche Publikationen, in denen die wesentlichen Prozessparameter des Extrusionsbasierte additive Verfahrens auf der Grundlage der Arbeiten von RAO et al. [106], MOHAN et al. [107], DEY et al.[108] oder beschrieben werden. RAO et al. wird dabei 228-mal und MOHAN et al. und DEY et al. beide jeweils über 320-mal in

[105] Vgl. Drotman D. et al. (2016), Control-Oriented Energy-Based Modeling of a Screw Extruder Used for 3D Printing, S. 3

[106] Vgl. Rao P. et al., (2015), Online Real-Time Quality Monitoring in Additive Manufacturing Processes Using Heterogeneous Sensors

[107] Vgl. Mohan N. et al., (2017), A review on composite materials and process parameters optimisation for the fused deposition modelling process

[108] Vgl. Dey A., Yodo N., (2019), A Systematic Survey of FDM Process Parameter Optimization and Their Influence on Part Characteristics

verschiedenen Publikationen zitiert. Im folgenden Abschnitt werden die verschiedenen Fertigungs- und Prozessparameter beschrieben.

2.2.4.1 Fertigungsparameter

Ausgehend von diesen prozesstechnischen Grundlagen können über extrusionsbasierte additive Verfahren unterschiedliche Fertigungsparameter eingestellt und die entstehenden Prozessparameter aufgenommen werden. Bei diesen Fertigungsparametern handelt es sich vornehmlich um folgende Parameter:

- Temperaturen: Entlang des Aufschmelzungsprozesses
- Motor Drehzahl: An der Motorsteuerung

Hier unterscheiden sich die extrusionsbasierte additive Verfahren von der konventionellen Extrusion. Denn aufgrund der kleineren und kostengünstigeren Anlagentechnik gehören Drucksensoren zur Messung des Druckprofils innerhalb des Extruders nicht zur Standardbauweise von extrusionsbasierten additiven Verfahren.

2.2.4.2 Prozessparameter

Dem gegenüber stehen die eigentlich gemessenen Prozessparameter:

- Temperaturen: Entlang des Aufschmelzprozesses
- Drücke: Innerhalb des Extruders

Die Ablagegeschwindigkeit, auch Extrusionsgeschwindigkeit genannt, beschreibt die Geschwindigkeit, mit der sich der Extruder bewegt und das Material auf die Bauplattform oder die vorhergehende Schicht aufträgt. Diese hat einen Einfluss auf die Fertigungszeit, da eine Erhöhung der Ablagegeschwindigkeit die Fertigungszeit verkürzen kann.[109] Als weiterer Prozessparameter wird die Bauplattformtemperatur genannt. Das ist die Temperatur der Bauplattform, die dafür sorgt, dass während des Drucks die unteren Schichten des Bauteils warmhält, um die Haftung zwischen dem Material und der Plattform zu verbessern.[110] Neben der Bauplattformtemperatur wird auch die Bauraumtemperatur als Prozessparameter angegeben, die die Umgebungstemperatur innerhalb des Bauraums beschreibt.[111] Diese hat einen Einfluss auf die Adhäsion zwischen den

[109] Vgl. Dey A., Yodo N., (2019), A Systematic Survey of FDM Process Parameter Optimization and Their In-fluence on Part Characteristics, S. 3

[110] Vgl. Rao P. et al., (2015), Online Real-Time Quality Monitoring in Additive Manufacturing Processes Using Heterogeneous Sensors, S. 27; Vgl. Spoerk M. et al., (2017), Effect of the printing bed temperature on the adhesion of parts produced by fused filament fabrication, S. 1-2

[111] Vgl. Mohan N. et al., (2017), A review on composite materials and process parameters optimisation for the fused deposition modelling process, S. 54 ; Vgl. Rao P. et al., (2015), Online Real-Time Quality Monitoring in Additive Manufacturing Processes Using Heterogeneous Sensors, S. 27

Schichten, da in Versuchen gezeigt werden konnte, dass eine Erhöhung der Bauraumtemperatur die Adhäsion verbessert.[112] Der Eingangsdruck an der Düse wird ebenfalls von Rao als ein Prozessparameter für das Extrusionsbasierte additive Verfahren genannt.[113] Der Düsendurchmesser wird ebenfalls in der Literatur als Prozessparameter genannt.[114] Dieser beeinflusst die Fertigungsgenauigkeit und Druckzeit aufgrund der Änderung der des Drucks innerhalb des Extruders.[115] Die Extrusionsgeschwindigkeit beschreibt die Geschwindigkeit, mit der das Material durch die Düse extrudiert wird.[116] Eine höhere Extrusionsgeschwindigkeit führt zu einer schnelleren Materialzufuhr und kann die Druckzeit verkürzen. Allerdings sollte die Extrusionsgeschwindigkeit an die Ablagegeschwindigkeit angepasst werden, da sonst Fertigungsfehler wie Unter- oder Überextrusion auftreten können.[117] Die Extrusionstemperatur ist eine der wichtigsten Prozessparameter für extrusionsbasierte additive Verfahren und beschreibt die Temperatur, bei der das Material im Extruder geschmolzen und ausgetragen wird. Die richtige Extrusionstemperatur ist entscheidend, um eine optimale Materialfließfähigkeit zu gewährleisten.[118] Die Materialviskosität beschreibt die Fließfähigkeit des Materials.[119] Die Orientierung bezieht sich auf die Ausrichtung des gedruckten Bauteils während des Extrusionsprozesses. Da die Bauteile schichtweise aufgebaut werden besitzen sie ein anisotropisches Verhalten, da sie unterschiedliche mechanische Eigenschaften und Festigkeiten entlang der verschiedenen Achsen aufweisen.[120] Die Schichtdicke bezeichnet die

---

[112] Vgl. Thumsom S. et al., (2023), Influence of Ambient Temperature and Crystalline Structure on Fracture Toughness and Production of Thermoplastic by Enclosure FDM 3D Printer, S. 13

[113] Vgl. Rao P. et al., (2015), Online Real-Time Quality Monitoring in Additive Manufacturing Processes Using Heterogeneous Sensors, S. 54

[114] Vgl. ebd.

[115] Vgl. Sukinda N. et al., (2016), Analyzing the effect of nozzle diameter in fused deposition modeling for extruding polylactic acid using open source 3D printing

[116] Vgl. Rao P. et al., (2015), Online Real-Time Quality Monitoring in Additive Manufacturing Processes Using Heterogeneous Sensors, S. 54; Vgl. Mohan N. et al., (2017), A review on composite materials and process parameters optimisation for the fused deposition modelling process, S. 54

[117] Vgl. Peng A. et al. (2014), Process parameter optimization for fused deposition modeling using response surface methodology combined with fuzzy inference system, S. 92

[118] Vgl. Rao P. et al., (2015), Online Real-Time Quality Monitoring in Additive Manufacturing Processes Using Heterogeneous Sensors, S. 54; Vgl. Mohan N. et al., (2017), A review on composite materials and process parameters optimisation for the fused deposition modelling process, S. 54; Vgl. Dey A., Yodo N., (2019), A Systematic Survey of FDM Process Parameter Optimization and Their In-fluence on Part Characteristics, S. 2

[119] Vgl. Rao P. et al., (2015), Online Real-Time Quality Monitoring in Additive Manufacturing Processes Using Heterogeneous Sensors, S. 54

[120] Vgl. Rao P. et al., (2015), Online Real-Time Quality Monitoring in Additive Manufacturing Processes Using Heterogeneous Sensors, S. 54; Vgl. Mohan N. et al., (2017), A review on composite materials and process parameters optimisation for the fused deposition modelling process, S. 55; Vgl. Dey A., Yodo N., (2019), A Systematic Survey of FDM Process Parameter Optimization and Their In-fluence on Part Characteristics, S. 2

Höhe jeder einzelnen Schicht, die während des Drucks aufgetragen wird. Eine geringere Schichtdicke führt zu einer höheren Auflösung und Oberflächengüte des Bauteils, jedoch auch zu längeren Fertigungszeiten. [121]

2.2.5 Empirische Prozessentwicklung

Die empirische Prozessentwicklung extrusionsbasierter additiver Verfahren zielt darauf ab die Zusammen hänge zwischen Fertigungs- und Prozessparametern zu verstehen und deren Einfluss auf das zu fertigende Bauteil zu untersuchen. Die empirische Prozessentwicklung ist zeit-, arbeits- und materialintensiv.[122]

2.2.5.1 Fehler

In diesem Kapitel wird genauer auf typische Prozessfehler, sowie deren Wirkzusammenhänge eingegangen. Da extrusionsbasierte additive Verfahren ein thermisch angetriebene Prozesse sind und die Temperatur unter anderem großen Einfluss auf die Bindung der Schichten hat, wird vor allem der Einfluss der Fertigungstemperatur genauer betrachtet. Zudem sind Genauigkeit, Oberflächengüte und mechanische Festigkeit des Bauteils das Ergebnis der räumlichen und zeitlichen Verteilung der Temperatur während der Fertigung.[123] Abbildung 2.11 zeigt typische Fehler im MEX Verfahren. Als Schwindung (b) wird dabei die Verringerung des Bauteilvolumens beim Abkühlen bezeichnet. Infolge lokal unterschiedlicher Abkühlgeschwindigkeiten kann es zu Eigenspannungen im Bauteil kommen, deren Ausgleich dafür sorgt, dass sich das Bauteil verzieht (c). Mit Über- und Unterextrusion (d) - (e) wird der Fall bezeichnet, dass zu viel oder zu wenig Filament auf die Bauteiloberfläche aufgebracht wird. Die Schichtwechselstelle (f), die auch als Z-Naht bezeichnet wird, beschreibt die Stelle, an der die Düse des Druckers während der Fertigung ihre Höhe ändert. Dort kommt es zu einer Überextrusion von Material. Ein schlechter Überhang (g) - (i) entsteht, wenn das Material infolge fehlender Stützstrukturen absackt. Innere Fehler sind zudem eine Ursache für unzureichende mechanische Eigenschaften der Bauteile, wie zum Beispiel ein Verlust an Biegefestigkeit und Druckfestigkeit[124]. Diese Arbeit fokussiert sich jedoch haupt-

---

[121] Vgl. Rao P. et al., (2015), Online Real-Time Quality Monitoring in Additive Manufacturing Processes Using Heterogeneous Sensors, S. 7; Vgl. Mohan N. et al., (2017), A review on composite materials and process parameters optimisation for the fused deposition modelling process, S. 55 ; Vgl. Dey A., Yodo N., (2019), A Systematic Survey of FDM Process Parameter Optimization and Their In-fluence on Part Characteristics, S. 2 - 3

[122] Vgl. Baehr F., (2020), Methode zur modellierungsbasierten, präventiven Qualitätssicherung im Material Extrusion Verfahren, S. 26

[123] Vgl. Ferraris E. et al., (2019), Thermography Based In-Process Monitoring of Fused Filament Fabrication of Polymeric Parts, S. 213 - 214

[124] Vgl. Dey A., Yodo N., (2019), A Systematic Survey of FDM Process Parameter Optimiza-tion and Their Influence on Part Characteristics, S. 2- 6

sächlich auf Fehler, die die Oberflächengüte und Maßhaltigkeit des Bauteils betreffen. Die Toleranz gegenüber Bauteilfehlern hängt von den Anforderungen an das Bauteil ab, die zum Beispiel durch das Einsatzgebiet bestimmt werden. Es lässt sich jedoch festhalten, dass eine ausreichende Maßhaltigkeit für funktionelle Bauteile unabhängig vom Einsatzgebiet von großer Bedeutung ist. Die Oberflächengüte ist nicht nur für den optischen Eindruck des Produkts von Bedeutung, sondern wird auch oft als Maß für die Produktqualität verwendet. Aus diesem Grund wird die Oberflächengüte in vielen Fällen als technische Anforderung an die Bauteile vorgegeben. Bauteilfehler in Bezug auf Maßhaltigkeit und Oberflächengüte sind also ein ernsthaftes Problem.[125]

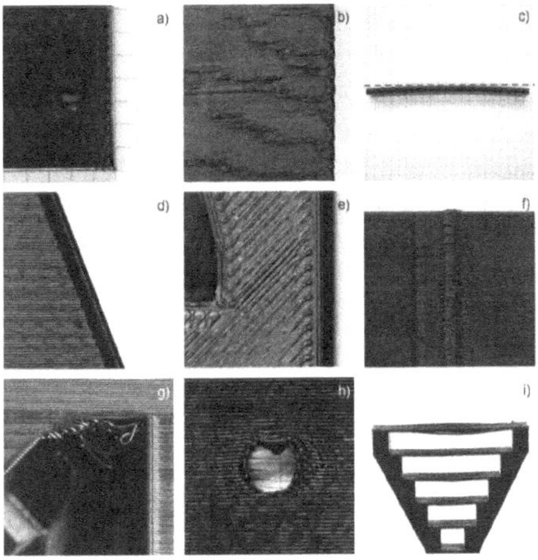

Abbildung 2.11: Typische Bauteilfehler im MEX-Verfahren: a) schlechte Maßhaltigkeit; b) Schwindung; c) Verzug; d) Überextrusion; e) Unterextrusion; f) Schichtwechselstelle (Z-Naht); g) - i) schlechter Überhang

2.2.5.2 Wirkzusammenhänge

Bauteilfehler können sowohl durch Umwelt- als auch durch Prozesseinflüsse hervorgerufen werden. Die meisten extrusionsbasierten additiven Anlagentechniken bieten eine Vielzahl variabler Prozessparameter, die genutzt werden können, um die Fehlerquote zu senken. Es gibt eine Vielzahl von wissenschaftlichen Ansätzen, die den Einfluss der unterschiedlichen Prozessparameter

[125] Vgl. ebd. S. 6-7

auf die Oberflächenqualität und auch die mechanischen Eigenschaften zu bemessen versuchen.[126] Letztlich ist es das Ziel, die Eigenschaften des Filaments sowie die Geometrie so mit den Prozessparametern zu verknüpfen, dass ein Bauteil mit möglichst wenig Fehlern gefertigt wird. Problematisch ist dabei, dass die Eigenschaften und das Zusammenspiel verschiedener Anlagentechnik, Materialien und Geometrien sehr unterschiedlich sind. Ob und wie stark die beiden Charakteristika Oberflächengüte und Maßhaltigkeit von den oben genannten Prozessparametern abhängen, ist in Tabelle 2.1 aufgeführt.

Tabelle 2.1: Einfluss von Parametern auf Bauteilfehler[127]

Prozessparameter	Oberflächenrauheit	Maßgenauigkeit
Schichtdicke s	●●●	●●●
Bauteilausrichtung	●○○	●●○
Druckgeschwindigkeit v	●●●	●○○
Düsendurchmesser d	●○○	●○○
Extrusionstemperatur T_E	●●●	●●●
Muster der inneren Struktur	○○○	●○○

Beim MEX Verfahren wird das Material bis kurz vor die Schmelztemperatur erhitzt und über einen Extruder auf eine horizontale Platte aufgetragen[128]. Die Abkühlung und Bindung der einzelnen Schichten ist dabei von vielen Faktoren abhängig. Das aufgetragene Material kühlt infolge der Wärmeleitung in die umliegenden Bauteilschichten sowie der Wärmestrahlung an die Umgebung ab[129]. Auch natürliche und, im Falle der Nutzung eines Lüfters für das Material, erzwungene Konvektion spielen dabei eine Rolle[130]. Eine Übersicht über die bei dieser Abkühlung auftretende Schwindung gibt Abbildung 2.12.

---

[126] Vgl. ebd.

[127] Vgl. Dey A., Yodo N., (2019), A Systematic Survey of FDM Process Parameter Optimiza-tion and Their Influence on Part Characteristics, S. 6 - 10

[128] Vgl. Klocke F., König W., (2015), Fertigungsverfahren 5, S. 135 - 136

[129] Vgl. Klocke F., König W., (2015), Fertigungsverfahren 5, S. 135 - 136

[130] Vgl. Diberoglu, U. et al., (2019), Shrinkage Compensation Approach Pro-posed for ABS Material in FDM Process, S. 2-3,

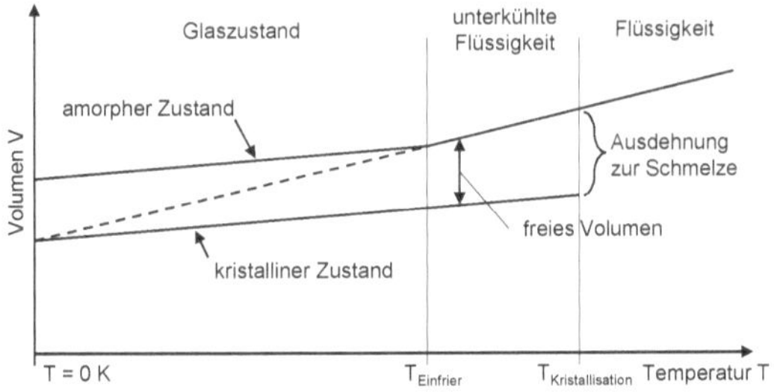

Abbildung 2.12: : Wärme-Volumen-Ausdehnungsmodell MENGES[131]

Es ist zu sehen, dass das Volumen des Materials mit sinkender Temperatur abnimmt. Es gibt sowohl amorphe als auch teilkristallin erstarrende Thermoplaste.[132] Infolge lokal unterschiedlicher Abkühlgeschwindigkeiten treten innere Spannungen auf, deren Ausgleich dafür sorgt, dass sich das Bauteil verzieht. Dies ist in Abbildung **2.13** dargestellt. Einige dieser Eigenspannungen werden durch das Druckbett als Auflagefläche im Gleichgewicht gehalten, können jedoch ebenfalls zum Verzug des Bauteils führen, sobald dieses vom Druckbett gelöst wird. Insbesondere flache und dünne Bauteile sind von diesem Phänomen betroffen[133]. Da Schwindung unvermeidlich ist, gilt es die Prozessparameter so anzupassen, dass diese auf ein Minimum reduziert wird.

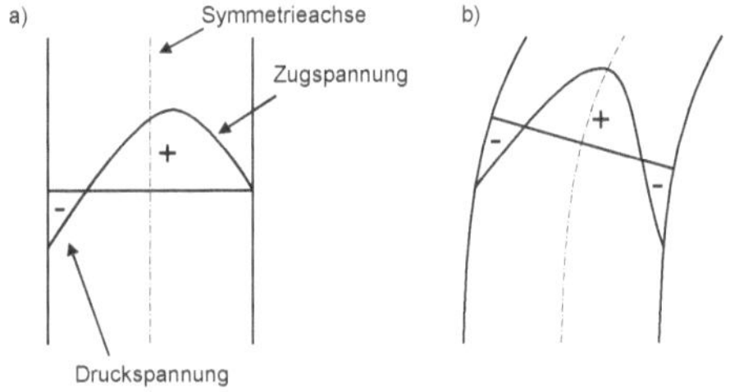

Abbildung 2.13: Verzug durch unsymmetrische Spannungsverteilung nach HOPMANN[134]

Die Extrusionstemperatur hat einen signifikanten Einfluss auf die Maßgenauigkeit des Bauteils. Bei steigenden Temperaturen fällt die Viskosität des Materials exponentiell ab.[135] Dadurch ist das

[131] Vgl. Menges G. et al., (2011), Werkstoffkunde der Kunststoffe, S. 164

[132] Vgl. Hopmann C., (2018), Werkstoffkunde II: Kunststoffe – Verarbeitung und Eigenschaften, S. 28 - 29

[133] Vgl. Amini M., Chang S., (2018), Process Monitoring of 3D Printing in Industrial Scale, S. 1

[134] Vgl. Hopmann C., (2018), Werkstoffkunde II: Kunststoffe – Verarbeitung und Eigenschaften, S. 104

[135] Vgl. Menges G. et al., (2011), Werkstoffkunde der Kunststoffe, S. 110

Material schwerer zu kontrollieren, während es aus der Düse austritt.[136] Infolge der Schwerkraft kann es zusätzlich seitlich entweichen. Durch die Verflüssigung kommt es zudem zu Reibung zwischen Schmelze und Düseninnenwand, was zu einem turbulenten Austritt der Schmelze und infolgedessen zu einer erhöhten Oberflächenrauheit führt.[137] Am Boden des Bauteils tritt zwischen den Schichten ein größeres Halswachstum auf, da durch den Wärmeeintrag der neu aufgetragenen Schichten kontinuierlich Wärme nach unten getragen wird. Das Halswachstum bezeichnet dabei das Zusammenwachsen der einzelnen Schichten zu einer zusammenhängenden Schicht. Zudem wird das Druckbett meist beheizt, was das Halswachstum ebenfalls begünstigt. Die Kombination dieser Faktoren kann im Extremfall dazu führen, dass die Schichten zu lange in Nähe der Extrusionstemperatur bleiben und verlaufen. Die Extrusionstemperatur selbst hat den größten Einfluss auf das Halswachstum, was nicht nur optische Auswirkungen hat, sondern auch von Bedeutung für die mechanischen Eigenschaften des Bauteils ist. [138] Für gewöhnlich bleibt das Bauteil jedoch nicht lange genug oberhalb der Glasübergangstemperatur, um die Ausbildung einer idealen Bindung zu ermöglichen, sodass es schlechtere mechanische Eigenschaften aufweist als das Baumaterial selbst[139]. Aus diesem Grund ist eine Absenkung der Extrusionstemperatur nicht immer sinnvoll. Auch die Umgebungstemperatur hat Einfluss auf die Bauteilqualität. Für den Fall, dass die Anlagentechnik in einem geschlossenen System arbeitet, kann es daher sinnvoll sein die Temperatur der Kammer zu erhöhen, um innere Spannungen, die aufgrund der Temperaturdifferenz zwischen Filament und Umgebung zustande kommen, zu verringern[140].

Insbesondere in Bezug auf die Maßhaltigkeit gibt es unterschiedliche und zum Teil widersprüchliche Aussagen der verschiedenen Untersuchungen. Das liegt unter anderem daran, dass sich die Parametereinflüsse mit der Abmessung des Bauteils ändern[141]. In den meisten Fällen führt eine geringe Schichtdicke und Extrusionstemperatur zu einer besseren Maßhaltigkeit. Vor allem die Extrusionstemperatur hat einen großen Einfluss auf thermisch induzierte Probleme wie z. B. Schwindung entlang der X- und Y-Achse und Expansion in Richtung der z-Achse.[142] Auch in Bezug auf die Oberflächengüte wird eine geringe Schichtdicke empfohlen, da so der sogenannte Stufeneffekt, der durch die schichtweise Auftragung des Materials beim FFF-Verfahren entsteht,

---

[136] Vgl. Alafaghania A. et al., (2017), Experimental Optimization of Fused Deposition Modelling Processing Parameters_ A Design-for-Manufacturing Approach, S. 3 - 4

[137] Vgl. Valerga A. et al., (2018), Influence of PLA Filament Conditions on Characteristics of FDM Parts, S. 7

[138] Vgl. Bhalodi D. et al., (2018), Parametric Study to Predict the Bond Formation in FDM Process, S.4

[139] Vgl. Li L. et al., (2002), Investigation of Bond Formation in FDM Process, S. 400 - 401

[140] Vgl. Armilottaa A. et al., (2017), Warpage of FDM Parts_ Experimental Tests and Analytic Mode, S.6

[141] Vgl. ebd. S. 6 - 7

[142] Vgl. Dilberoglu U., (2019), Shrinkage Compensation Approach Pro-posed for ABS Material in FDM Process, S. 2 - 3

reduziert werden kann. Dieser ist in Abbildung 2.14 dargestellt. Zudem wird eine geringe Extrusionstemperatur angeraten, da sich sonst die Fließfähigkeit des Materials erhöht. Auch die Verfahrgeschwindigkeit sollte niedrig gehalten werden[143].

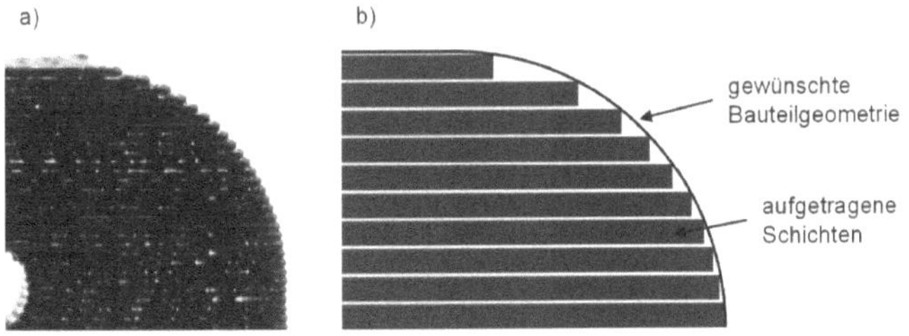

Abbildung 2.14: Stufeneffekt: a) Foto; b) Darstellung nach ELKASEER et al.[144]

2.3 Maschinelles Lernen

Im Allgemeinen kann für das maschinelle Lernen (ML) zwischen drei Typen unterschieden werden. Dem überwachten, dem nicht überwachten und dem verstärkendem Lernen. Das Prinzip des überwachten Lernens wird heutzutage am häufigsten verwendet[145]. Beim überwachten Lernen wird ein Modell mit bewerteten Daten trainiert um Vorhersagen über zukünftige unbewerteten Daten zu treffen. Das allgemeine Vorgehen ist in Abbildung 2.15 dargestellt. Dabei erlernen die ML-Algorithmen mit Trainingsdaten, also Daten die die Eingangs- und Ausgangsvariable enthalten, ein Trainiertes Modell. Dieses Modell kann im Anschluss auch für Daten ohne Bewertung eine Vorhersage über die Ausgangsvariable treffen.[146]

---

[143] Vgl. ebd.

[144] Vgl. Elkaseer A. et al., (2019), FDM Process Optimisation for Low Sur-face Roughness and Energy Consumption, S. 3 - 4

[145] Vgl. Buxmann P., (2019), Künstliche Intelligenz Mit Algorithmen zum wirtschaftlichen Erfolg, S. 13

[146] Vgl. Wittphal V., (2019), Künstliche Intelligenz Technologie Anwendung Gesellschaft, S. 37

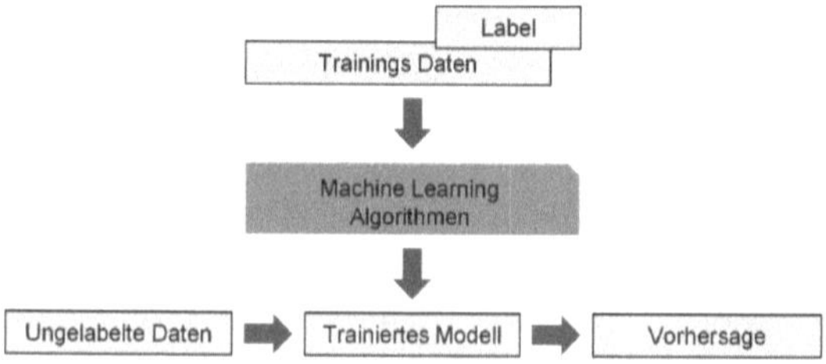

Abbildung 2.15 Übersicht Überwachtes Lernen nach RASCHKA[147]

2.3.1 Begriffsdefinition und Abgrenzung

Für das überwachte Lernen kann zwischen den Ansätzen der Klassifikation und der Regression unterschieden werden. Ziel bei der Klassifikation ist die Vorhersage kategorisierender Klassenbewertungen basierend auf früheren Beobachtungen. Ein so trainiertes Modell kann alle Bewertungen vorhersagen, die auch im Trainingsdatenset zur Verfügung gestellt werden.[148] Ein Beispiel hierfür stellt die Schrifterkennung dar. Ein trainiertes Modell, dessen Trainingsdatenset nur Buchstaben enthalten, kann nach dieser Logik also keine Zahlen vorhersagen. Eine vereinfachte Visualisierung ist in Abbildung **2.16** zu sehen und beschreibt eine binäre Klassifikation mit Datensätzen die jeweils 2 Werte (X_1,X_2) sowie ein Bewertung (Kreis, Kreuz) enthalten. Neue Daten können mit Hilfe der Decision Boundary (schwarze Linie) basierend auf der Eigenschaft X_1,X_2 klassifiziert werden.[149]

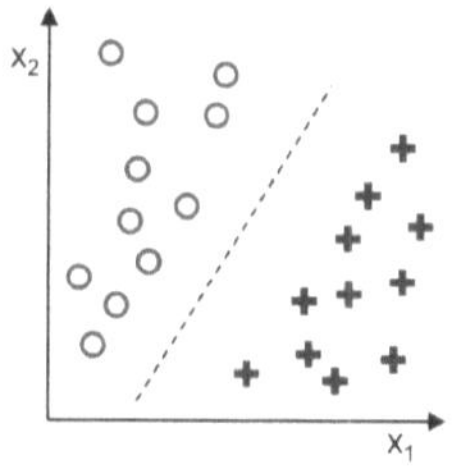

Abbildung 2.16 Grafisches Beispiel einer binären Klassifikation nach RASCHKA[150]

---

[147] Vgl. Raschka S., (2015), Python machine learning. Unlock deeper insights into machine learning with this vital guide to cutting-edge predictive analytics, S. 3

[148] Vgl. ebd. S.3

[149] Vgl. ebd.

[150] Vgl. ebd. S. 4

Im Gegensatz dazu wird die Regression, auch Regressionsanalyse genannt, für die Vorhersage von kontinuierlichen Ausgangsvariablen genutzt. Die Daten bestehen dabei aus der Eingabe mehrerer Prädiktor Variablen und einer kontinuierlichen Variable. Ziel des Algorithmus ist es eine Verbindung zwischen den Variablen herzustellen und den Outcome vorherzusagen.[151] Eine vereinfachte Darstellung für Daten mit einer Prädiktor Variable X und Ausgangs Variable Y ist in Abbildung **2.17** dargestellt. Ziel der hier gezeigten Regressionsgerade ist die Minimierung der mittleren Entfernung aller Daten zu dieser Geraden. Ist eine X' Variable bekannt, kann somit der dazugehörige Ausgang Y' vorhergesagt werden.[152]

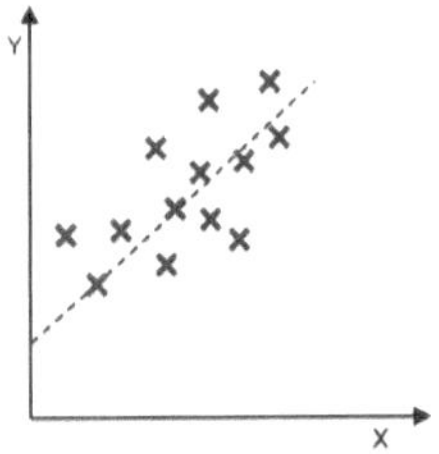

Abbildung 2.17 Grafisches Beispiel einer Regression nach RASCHKA[153]

Ein etablierter Weg für die Anwendung von ML zur Vorhersage ist in Abbildung 2.18 dargestellt. Die vier häufig genutzen Hauptschritte dabei sind die Vorverarbeitung, Lernensowie die Evaluation und Prediktion.[154]

---

151 Vgl. Wittenphal V., (2019), Künstliche Intelligenz Technologie Anwendung Gesellschaft, S. 26

152 Vgl. ebd. S. 27

153 Vgl. Raschka S., (2015), Python machine learning. Unlock deeper insights into machine learning with this vital guide to cutting-edge predictive analytics, S. 5

154 Vgl. ebd.

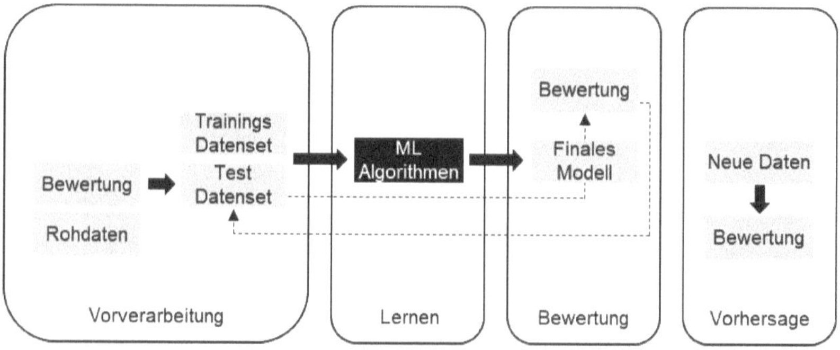

Abbildung 2.18 Vier Hauptschritte für die Anwendung von ML-Algorithmen nach Raschka[155]

Der erste Schritt ist die Vorverarbeitung. Das umfasst die Merkmalsauswahl, -Extraktion und Skalierung, eine mögliche Dimensionalitätsreduktion sowie das Sampling. Kernziel ist die Aufbereitung der Rohdaten und das Auslesen von sinnvoll nutzbaren Informationen aus den nicht strukturierten Daten. Für eine bessere Performance der Algorithmen sollten die extrahierten Merkmale eine gleiche Skalierung aufweisen. Dieses Ziel kann z.B. durch eine Transformation auf den Bereich von [0,1] geschehen. Im Idealfall sollten Daten zumindest eine Normalverteilung um den Mittelwert oder Nullpunkt mit einer möglichst niedrigen Varianz aufweisen. So kann eine bessere Vorhersagegenauigkeit, und je nach Algorithmus auch erhöhte Geschwindigkeit, gewährleistet werden. Ebenfalls werden in der Vorverarbeitung wo nötig Dimensionsreduzierungen durchgeführt. Im Anschluss werden die Daten randomisiert in ein Trainings- und Tesdatenset aufgeteilt. Im nächsten Schritt kommt das Trainieren und die Auswahl eines geeigneten Vorhersage-Modells. Da viele verschiedene Modelle zur Verfügung stehen, sollten je nach Anwendungsfall, mindestens fünf oder mehr Algorithmen hinsichtlich ihrer Performance verglichen werden. Dabei muss individuell festgelegt werden, anhand welcher Messgröße die Performance bewertet wird. Bei der Klassifizierung wird dazu häufig die Vorhersagegenauigkeit, also die Anzahl der korrekt Vorhergesagten Klassen bezogen auf die Gesamtzahl der Daten, genutzt. Da eine Überprüfung der Vorhersage nichtexistenter Daten nicht möglich ist, gibt es verschiedene Modelle für die Validierung, Techniken bei denen Daten in Trainings-, Test- und Validierungsdaten aufgeteilt werden. Die Performance der genutzten Algorithmen ist allerdings nicht nur von der Qualität der Daten abhängig, sondern auch von den Steuerungsparametern. Das Optimieren solcher Parameter, das sog. Hyperparametertuning (HPT), dient dazu die Steuerungsparameter auf die genutzen Daten anzupassen um eine bessere Performance zu erreichen. Ein optimales Set an Hyperparametern für ein Modell zu finden hat einen entscheidenden Einfluss auf die Güte des Modells. Grid Search oder Gradienten

[155] Vgl. ebd. S.11

basierende Ansätze sind Methoden, mit welchen Hyperparameter gefunden werden können.[156] In den Phasen der Evalutation und Predicition wird das zuvor trainierte und optimierte Modell auf ungesehene Daten angewendet. Die erreichte Performance, in Form von einer Maximierung der Vorhersagegenauigkeit, ist dabei für das Endergebnis von wichtiger Bedeutung.[157]

Over-/Underfitting

Overfitting bezeichnet ein Problem im ML, bei dem ein trainiertes Modell eine sehr gute Performance bei den Trainingsdaten liefert, aber nicht auf ungesehene Daten generalisieren kann. Dieses zeichnet sich durch eine hohe Varianz aus. Ursächlich dafür können zu viele Eingangsparameter sein, die zu einem Modell führen, dass angesichts der zugrundeliegenden Daten zu komplex ist. Dem entgegen steht das sog. Underfitting, bei dem ein Modell nicht komplex genug ist, um Muster in den Trainingsdaten zu erkennen und daher bei diesen Daten aber auch ungesehenen Daten schlecht performt. Eine Illustration dieser Fälle ist am Bespiel einer nichtlinearen Entscheidungsgrenze in Abbildung **2.19** dargestellt.

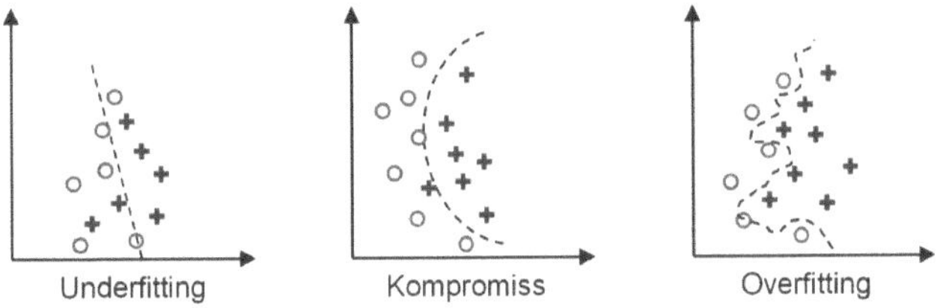

Abbildung 2.19 Illustration von Over- und Underfitting nach Raschke[158]

2.3.2 Datengewinnung- und Verarbeitung

Daten stellen Informationen enthaltende und zum Zweck der Verarbeitung zusammengefasste Zeichen dar. Dabei bilden Daten und daraus gewonnene Datenmengen die Grundlage für maschinelles Lernen und den Erfolg des maschinellen Lernens. Eine ausreichende und qualitativ hochwertige Datenmenge ist für die Weiterverarbeitung entscheidend. Dabei wird zwischen nominalen, ordinalen und metrischen Daten unterschieden. Nominale Daten beschreiben beliebige Zeichenketten, während ordinale Daten durch eine begrenzte Anzahl an Ausprägungen definiert sind und einer sogenannten natürlichen Ordnung unterliegen. Diese beiden Datentypen lassen

---

[156] Vgl. Wennker P., (2020), Künstliche Intelligenz in der Praxis Anwendung in Unternehmen und Branchen: KI wettbewerbs- und zukunftsorientiert einsetzen, S. 12

[157] Vgl. Raschka S., (2015), Python machine learning. Unlock deeper insights into machine learning with this vital guide to cutting-edge predictive analytics, S. 12

[158] Vgl. Raschka S., (2015), Python machine learning. Unlock deeper insights into machine learning with this vital guide to cutting-edge predictive analytics, S. 73

sich den qualitativen Daten zuordnen. Metrische Daten sind durch Zahlen charakterisiert und stellen quantitative Datentypen dar.[159]

In der modernen Fertigung wächst das Datenvolumen in zunehmend digitalen Fertigungsumgebungen in nie da gewesener Geschwindigkeit an. Durch Verwendung von Barcodes, Sensoren, Bildbearbeitungssystemen usw. können Datenmengen Zusammenhänge und Abhängigkeiten in allen Bereichen der Fertigung darstellen. Aber auch die Menge an, in Maschinen verfügbaren Daten, die während des eigentlichen Fertigungsprozesses aufgenommen werden gewinnt stehen im Fokus der Optimierung der Produktionstechnik. Diese unterschiedlich generierten Fertigungsdaten enthalten wertvolle Informationen und Wissen, die helfen können um Entscheidungsfindung zu verbessern und die Produktivität zu erhöhen.[160] [161]

Immer größer werdende Datenmengen, die eine hohe Anzahl von Attributen enthalten, machen eine manuelle Analyse nicht geeignet. Hier werden automatisierte Datenanalysemethoden notwendig, um nützliches Wissen aus den generierten Daten zu ziehen, diese Daten weiterzuverarbeiten und aus diesen Daten Wissen zu generieren. Die Datengenerierung bzw. das Datamining ist daher ein wichtiges Werkzeug der automatisierten Datenanalyse geworden und ist ein besonderer Schritt im Prozess der „Knowledge discovery in databases" (KDD).[162] Der KDD ist ein nichttrivialer Prozess der Identifizierung neuer, potenziell nützlicher und letztendlich verständlicher Muster von Daten und in Abbildung **2.20** dargestellt. Die weiteren Schritte des Prozesses, wie z.B. die Datenaufbereitung, Datenauswahl und Datenbereinigung stellen sicher, dass nützliches Wissen aus den Daten abgeleitet wird.

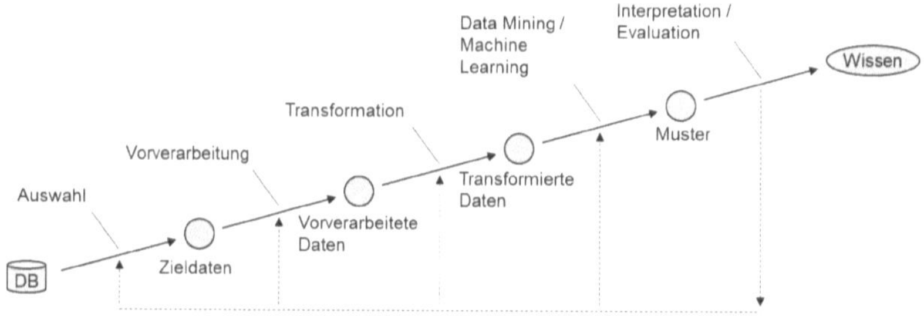

Abbildung 2.20: Knowledge Discovery in Databases (KDD) als Prozess nach FAYAD[163]

[159] Vgl. Cleve J., Lämmel U., (2024), Data Mining, Datenanalyse für Künstliche Intelligenz, S. 47

[160] Vgl. Choudhary, A., (2008), Data mining in manufacturing: a review based on the kind of knowledge, S. 501

[161] Vgl. Wang, X. et al. (1998), Automatic Classification for Mining Process Operational Data, S. 1059

[162] Vgl. Mitra S. et al., (2002) Datamining in soft computing framework: a survey, S. 3

[163] Vgl. Fayad U. et al., (1996), From Data Minng to Knowledge Discovery in Databases, S. 39

Im KDD Prozess wird aus der, am Anfang stehenden, Datenbank (DB) bzw. der Datenmenge (semi-) automatisiert Wissen extrahiert. Also in einem interaktiven und iterativen Prozess der Anwender Entscheidungen trifft und ggf. Prozessschritte wiederholt. Das Data Mining ist ein interdisziplinäres Gebiet mit dem allgemeinen Ziel der Vorhersage von Ergebnissen und Aufdeckung von Beziehungen in Daten. Es nutzt automatisierte Werkzeuge und Techniken, um mit Hilfe von Algorithmen versteckte Muster und Anomalien aus großen Datenmengen zu erkennen. Im Bereich der Fertigung sind zwei primäre Ziele die Vorhersage und Beschreibung eines Prozesses.[164] Das Deskriptive Datamining konzentriert sich auf die Entdeckung von interessanten Mustern, um die Daten zu beschreiben. Das Prädiktive Data Mining konzentriert sich stattdessen auf die Vorhersage des Verhaltens eines Modells und die Bestimmung zukünftiger Werte auf Basis vorhandener Informationen aus verfügbaren Datenbanken. Die Grenzen zwischen deskriptivem und prädiktivem Data Mining sind allerdings nicht scharf, so können zum Beispiel einige Aspekte des prädiktiven Modells auch beschreibend sein. Die Ziele Vorhersage und Beschreibung können durch eine Vielzahl von Data-Mining-Tools erreicht werden.[165]

Ein Beispiel, in dem die Datengenerierung- und Analyse genutzt wird, ist die Vorhersage von Qualität oder Defekten in Fertigungsprozessen. Im Zusammenhang mit der Instandhaltung von Maschinen können unter anderem Vorhersagen darübergemacht werden, in welchem Zustand eine Wartung erforderlich sein wird, basierend auf der Analyse von Daten aus der Vergangenheit. Die Vorhersage ist hier eine Lernfunktion, die ein Datenelement auf eine reell bewertete Vorhersagevariable abbildet. Diese Lernfunktion kann zum Beispiel die Aktivierungsfunktion eines Neurons eines KNN abbilden.[166]

Der KDD und das Datamining sind also intelligente Werkzeuge zur automatischen Extraktion von nützlichen Informationen aus Fertigungsdatenbanken. Neuartige Miningansätze abreiten bereits mit künstlichen Neuronalen Netzen, um aus Datenmengen relevante Informationen zu filtern und genaue Vorhersagen treffen zu können.

2.3.3 Multi-Sensordatenfusion

Die Multi-Sensordatenfusion (MSDF) (engl. multi sensor data fusion) ist eine Technologie, bei der die Daten von mehreren Sensoren kombiniert werden, um präzisere bzw. zusätzliche Informationen zu erhalten, als ein Sensor allein liefern kann.[167] Es gibt viele Anwendungen der MSDF, die ein weites Gebiet umfassen. Sie dienen der Optimierung, Überwachung und Steuerung komplexer Ausrüstungen und Produktionssysteme, die aufgrund ihrer Komplexität eine kontinuierliche

---

[164] Vgl. Fayad U. et al., (1996), From Data Minng to Knowledge Discovery in Databases, S. 41; Vgl. Choudhary, A. et al., (2008), Data mining in manufacturing: a review based on the kind of knowledge, S. 503

[165] Vgl. Harding, A. et al. (2006) Data Mining in Manufacturing: a review based on the kind of knowledge

[166] Vgl. Kimberlain J. (2017), Advanced Modeling and Simulation

[167] Vgl. Mitchell H., (2012), Data Fusion: Concepts and Ideas, S. 1 -2

Überwachung benötigen, die menschliche Kapazitäten übersteigt. Diese Systeme erfordern teilweise automatisierte Überwachung, um reibungslose Abläufe sicherzustellen, indem Daten von verschiedenen Sensoren zusammengeführt werden, um den Zustand des Systems zu bewerten. Datenfusionssysteme haben ebenfalls in der automatischen Fehlerdiagnose Anwendung gefunden. Dies umfasst einfache Überwachungsfunktionen wie die Einhaltung von Grenzwerten für Temperatur, Druck und Geschwindigkeit bis hin zu komplexen Schlussfolgerungen wie der Erkennung von Anzeichen einer möglichen Kernschmelze unter Berücksichtigung einer Vielzahl von Beobachtungen und Indikatoren.[168]

Aufgrund des Einsatzes der MSDF eröffnen sich verschiedene Vorteile. Ein Vorteil ist die Erweiterung des Erfassungsbereiches, in dem der Erfassungsbereich zweier oder mehrerer Sensoren zusammengefügt wird, sodass ein größerer Erfassungsbereich mit einer größeren Reichweite entsteht. Des Weiteren kann durch die Verwendung mehrerer Sensoren, die Genauigkeit und Zuverlässigkeit einer Messgröße erhöht werden, da die betrachtete Größe von mehreren Sensoren separat gemessen wird und somit mögliche Messungenauigkeiten ausgeschlossen werden können. Zuletzt kann auch die Robustheit eines Systems verbessert werden, indem die Funktion des Systems auch bei Messschwankungen oder Sensorausfall beibehalten werden kann. Diese Vorteile werden insbesondere durch den Einsatz von Sensoren mit unterschiedlichen physikalischen Erfassungsprinzipien verstärkt. Der Einsatz der Multi-Sensordatenfusion kann jedoch auch verschiedene Einschränkungen zur Folge haben, da durch die Fusion der Sensoren die Komplexität des Systems steigt. Dies kann dazu führen, dass sich die Datenausgabe verzögert, da die Fusion der Daten eine längere Rechenzeit benötigt als die Ausgabe der Daten eines einzelnen Sensors. Diese Verzögerung wird umso stärker, je komplexer das System ist und je mehr Daten für die Multi-Sensordatenfusion verwendet werden.[169]

Bei der Multi-Sensordatenfusion existieren verschiedene Fusionsprinzipen, um Daten miteinander zu kombinieren. Allgemein lassen sich diese in die drei Bereiche Komplementäre Fusion, Kooperative Fusion und Konkurrierende Fusion gliedern. Ein Schaubild der Fusionsprinzipien sind in Abbildung 2.21 dargestellt.

---

[168] Vgl. Klaus F., (2003), Einführung in Techniken und Methoden der Multisensor-Datenfusion, S. 1-3

[169] Vgl. Vgl. Klaus F., (2003), Einführung in Techniken und Methoden der Multisensor-Datenfusion, S. 78

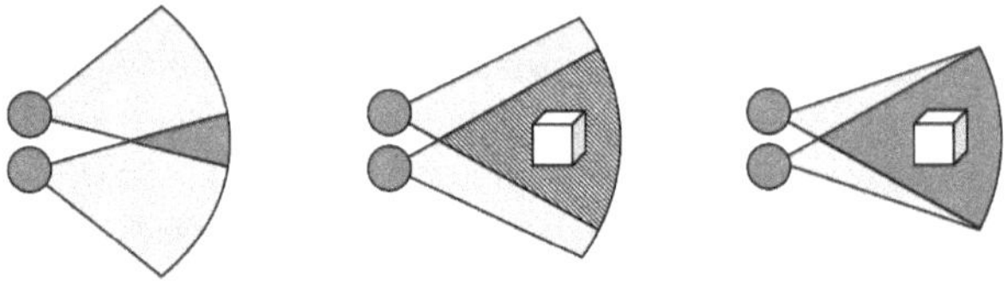

Abbildung 2.21: Fusionsprinzipien der Multi-Sensordatenfusion[170]

Die komplementäre Fusion umfasst die Erweiterung des Erfassungsbereiches. Der Erfassungsbereich eines Sensors wird mit den Erfassungsbereichen anderer Sensoren zusammengeführt, sodass ein großer Erfassungsbereich entsteht. Ein Beispiel hierfür ist die Panoramafunktion der Kamera eines Smartphones. Mehrere Bilder einer Landschaft werden miteinander verknüpft, sodass ein großes Foto der Landschaft entsteht.[171] Ein weiteres Fusionsprinzip ist die kooperative Fusion. Hier wird eine Messgröße von unterschiedlichen Sensoren bestimmt. Durch den Einsatz unterschiedlicher Messmethoden zur Bestimmung der gleichen Messgröße wird die Genauigkeit und die Zuverlässigkeit der Daten erhöht. Zusätzlich können durch die Fusion der Daten neue Informationen über die Messgröße ermittelt werden, die ein einzelner Sensor nicht erschließen kann.[172] Bei der konkurrierenden Fusion wird dieselbe Messgröße von mehreren identischen Sensoren gemessen, wodurch die Genauigkeit der Daten und die Ausfallsicherheit der Sensoren erhöht werden. Hierbei kommt es oft zu Konflikten zwischen den unterschiedlichen Messwerten (Messungenauigkeiten) der verschiedenen Sensoren. Um diese Konflikte zu beseitigen können zum Beispiel die Rohdaten der Sensoren verwendet werden.[173]

Die Strukturierung der Datenfusion stellt einen essenziellen Aspekt in der Gestaltung von Systemen der Multi-Sensordatenfusion dar. Für jedes System muss der optimale Punkt im Datenfluss gewählt werden, an dem die Zusammenführung und Fusion der gesammelten Daten erfolgen soll.[174] In der Literatur werden die drei Stufen Rohdatenfusion, Merkmalsebenenfusion und Entscheidungsebenenfusion als Hierarchie für die Klassifizierung der Datenfusion genannt.[175] Die Rohdatenfusion kann verwendet werden, sofern die Rohdaten der Sensoren entsprechend geeignet sind. Dies bedeutet, dass die Daten beispielsweise von Sensoren stammen, die dieselben

---

[170] Vgl. Catala Prat A., (2010), Sensordatenfusion und Bildverarbeitung zur Objekt- und Gefahrenerkennung, S. 17

[171] Vgl. ebd.

[172] Vgl. ebd. S. 17- 18

[173] Vgl. ebd. S. 18

[174] Vgl. Hall D., Llinas J., (1997), An Introduction to Multisensor Data Fusion, S. 6 - 23

[175] Vgl. Chen. X. et al., (2021), A Review on Wire-Arc Additive Manufacturing: Typical Defects, Detection Approaches, and Multisensor Data Fusion-Based Model, S. 3-4

physikalischen Phänomene erfassen. Ist dies der Fall können die Sensordaten unmittelbar miteinander kombiniert werden. Gängige Ansätze für die Rohdatenfusion beinhalten herkömmliche Erkennungs- und Schätzverfahren wie beispielsweise die gewichtete Durchschnittsmethode oder Kalman-Filter.[176] Wenn hingegen die Sensordaten nicht direkt vergleichbar sind, erfordert die Fusion entweder die Vereinigung von Merkmalen/Zustandsvektoren oder die Zusammenführung auf Entscheidungsebene.[177] Die Fusion auf Merkmalsebene involviert das Extrahieren signifikanter Merkmale aus den Sensordaten. Hier werden Charakteristika aus diversen Sensorbeobachtungen extrahiert und zu einem einzigen, zusammengeführten Merkmalsvektor aggregiert. Dieser dient als Input für Mustererkennungsansätze, die auf neuronalen Netzen, Clustering-Algorithmen oder Schablonenmethoden basieren.[178] Die Fusion auf Entscheidungsebene hingegen umfasst die Kombination von Sensorinformationen, nachdem jeder einzelne Sensor eine vorläufige Bestimmung bezüglich Position, Eigenschaften und Identität einer Einheit vorgenommen hat. Beispiele für Methoden der Entscheidungsebenen-Fusion sind gewichtete Entscheidungsverfahren (Abstimmungsverfahren), klassische Inferenz, bayessche Inferenz sowie die Dempster-Shafer-Methode.[179]

---

[176] Vgl. ebd. S. 719

[177] Vgl. Hall D., Llinas J., (1997), An Introduction to Multisensor Data Fusion, S. 6 - 23

[178] Vgl. ebd. S. 7

[179] Vgl. ebd. S.8

2.4 Ableitung des Handlungsbedarfs aus der Praxis

Die Entwicklung und Produktion mit Hilfe von additiven Fertigungsverfahren hat zahlreiche Vorteile mit sich gebracht. Unteranderem überzeugen die Produktionsprozesse durch das Ermöglichen verkürzter Time-to-Market, hohe Produktinnovation und Individualisierung.[180] Aus diesem Grund gelten die Technologien als prägender Erfolgsfaktor für die Industrie 4.0.[181] Die vorherigen Kapitel 2.1 und 2.2 zeigen auf Basis des Branchenverständnis der additiven Fertigung und den Grundlagen der extrusionsbasierten additiven Fertigungsverfahren, dass sich für die Sicherung einer langfristigen Wettbewerbsfähigkeit der additiven Fertigungsverfahren, die Technologien hinsichtlich limitierter Bauteilqualitäten, hohen Ausschussraten und langsamen Fertigungszeiten verbessern müssen. Ein lernendes System zur Unterstützung der Mitarbeitenden entlang des gesamten Prozesskette kann hier sowohl die Geschwindigkeit, als auch die Qualität erhöhen und damit die Wirtschaftlichkeit und Nachhaltigkeit der extrusionsbasierten additiven Fertigungsverfahren erhöhen.[182] Innerhalb der Prozesskette existieren viele Daten, die in den jeweiligen Anlagen generiert werden. Diese Daten werden besonders für die Arbeitsvorbereitung bisher nicht ausreichend oder sogar gar nicht genutzt.[183] In diesem Kapitel werden zunächst die Herausforderungen aus der Praxis erläutert und anschließend im nächsten Schritt die jeweiligen Szenarien Anlagenhersteller und interner und externer Dienstleister beschrieben.

2.4.1 Herausforderungen in der Praxis

Die Steuerungseinheiten von extrusionsbasierten additiven Fertigungsverfahren zeichnen einen Großteil der resultierenden Prozessparameter auf und erzeugen damit große Maschinendatensätze. In der Praxis werden also viele Daten der Prozessparameter aus extrusionsbasierten additiven Fertigungsanlagen aufgenommen. Aufgrund ihrer komplexen und nicht vollständig analysierten Ursache-Wirkungs-Zusammenhänge sind diese Daten bisher jedoch nur schlecht interpretierbar. In extrusionsbasierten additiven Fertigungsverfahren herrschen viele sich gegenseitig und auf nicht lineare Weise beeinflussende Größen vor. Mit Hilfe von Monitoring Systemen und

---

[180] Vgl. Oettmeier K., Hofmann E., (2016) - Impact of additive manufacturing technology adoption on supply chain management processes and components, S. 944 - 945

[181] Vgl. Yang J., (2018) - Survey on Artificial Intelligence for Additive Manufacturing, S. 1

[182] Vgl. Hatiboglu B. et al., (2019) – Einsatz von künstlicher Intelligenz im Produktionsumfeld

[183] Vgl. Zeqing J. et al., (2019) - Autonomous in-situ correction of fused deposition modeling printers using computer vision and deep learning, S. 11

teurer extra zu integrierende Hardware ist es möglich es möglich Fehler innerhalb des AM-Produktionsprozesses zu detektieren. Analysierende Systeme werden dazu genutzt einen vorzeitigen Prozessabbruch zu veranlassen. Korrektive Maßnahmen im Prozess werden bisher aber nicht vorgenommen. Die für konventionelle kunststoffverarbeitende Verfahren systematisierte Arbeitsvorbereitung und das sogenannte Einfahren des Fertigungsprozesses mit der Ermittlung der optimalen Parameter, ist für extrusionsbasierte additive Fertigungsverfahren ein langwieriger und aufwändiger Prozess. Eine systematische und automatisierte Rückkopplung der Fehleranalyse gewonnenen Erkenntnisse erfolgt in industrieller Anwendung bisher nicht. Diesem Stand der Technik entsprechend gehen diese bei der Arbeitsvorbereitung gewonnen Erkenntnisse in das Expertenwissen des Anwenders über, führen aber nicht zu einer systematischen Verbesserung der Arbeitsvorbereitung der Anlagentechnik. Aus diesem Grund sind die bisherigen Lernprozesse im industriellen Umfeld langwierig, kostenintensiv und nicht gut skalierbar.

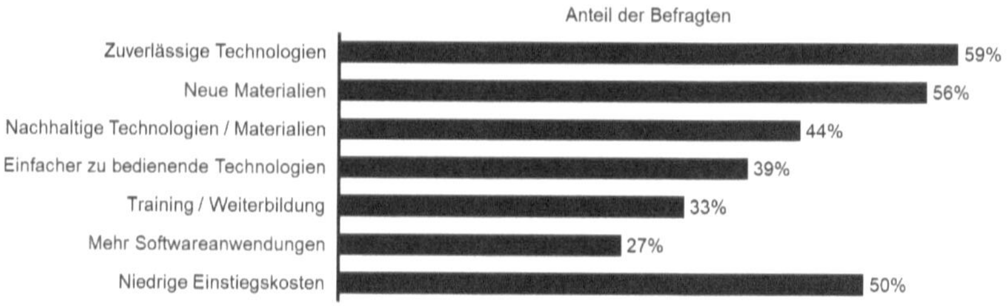

Abbildung 2.22: Wachstumspotenziale der additiven Fertigungs Branche[184]

Diese Herausforderungen spiegeln sich bei den Nutzern der Branche wieder. Das größte Wachstumspotenzial der Technologien wird, wie in Abbildung 2.22 dargestellt, in zuverlässigeren Technologien gesehen. Eng damit verknüpft sind bisherige Untersuchungen zur Ermittlung der Produktivitätspotentiale. Anhand von Abbildung 2.23 wird deutlich, dass die meisten Potenziale zur Steigerung der Produktivität additiver Fertigungsverfahren mit dem Rüsten der Anlagentechnik verknüpft sind. Drei von vier Kategorien Automatisierung und Industrialisierung, Produktivitätssteigerung und Qualität und Prozesssicherheit weisen die meisten Potentiale im Bereich des Rüstens, also der Arbeitsvorbereitung auf.[185] Extrusionsbasierte additive Fertigungsverfahren weisen nicht nur eine größere Anzahl an Parametern auf, die für die erfolgreiche Umsetzung eines Bauteils eine Rolle spielen, sondern auch die Kombinationen und Variablen der ausschlaggebenden Parameter sind auf Grund der jungen und sich rasant weiter entwickelten Technologien weniger

[184] Vgl. Sculpteo, (2021), The State of 3D Printing – 2021 Edition, S. 10

[185] Vgl. Möhrle M., (2018), Gestaltung von Fabrikstrukturen für die additive Fertigung, S. 152 - 153

erforscht und technologisch ausgereift. Die Komplexität der Zusammenhänge zwischen den geometrischen Bauteileigenschaften und den Fertigungs- und Prozessparametern wirkt sich also erheblich auf die Arbeitsvorbereitung aus. Diese läuft alles andere standardisiert ab.

Legende
(R) Rüsten
(P) Prozess
✓ Parameter in Sensitivitätsanalyse variiert

Maßnahmen	AV Datenvorbereitung	AV Supportstrukturen festlegen	AV Baujobbildung	Generiermaschine Rüsten (vor)	Generiermaschine Beschichtung	Generiermaschine Belichtung	Generiermaschine Werkstoffwechsel	Generiermaschine Rüsten (nach)	Wärmebehandlung/HIP (R)	Wärmebehandlung/HIP (P)	Drahterodiermaschine (R)	Drahterodiermaschine (P)	Handarbeitsplatz (R)	Handarbeitsplatz (P)	Bearbeitungszentrum (R)	Bearbeitungszentrum (P)	Strahlkammer (R)	Strahlkammer (P)	Trogvibrator (R)	Trogvibrator (P)	Qualitätssicherung (R)	Qualitätssicherung (P)	Bauraumgröße	Maschinenkosten	Ausschuss
1 Automatisierung und Industrialisierung																									
1 a Verringerung von Rüstzeiten	—	—	—	✓	—	—	—	✓	—	—	—	—	—	—	—	—	—	—	—	—	—	—	—	—	—
1 b Vergrößerung von Bauräumen	—	—	—	—	—	—	—	—	—	—	—	—	—	—	—	—	—	—	—	—	—	—	✓	—	—
1 c Vereinfachung von Materialwechseln	—	—	—	—	—	—	✓	—	—	—	—	—	—	—	—	—	—	—	—	—	—	—	—	—	—
1 d Stützstrukturen automatisiert entfernen	—	—	—	—	—	—	—	—	—	—	—	—	—	✓	—	—	—	—	—	—	—	—	—	—	—
1 e Integration in konventionelle Produktionslinien	—	—	—	—	—	—	—	—	✓	—	✓	—	✓	—	✓	—	✓	—	✓	—	✓	—	—	—	—
1 f Reduzierung des Aufwandes für Pulverhandling	—	—	—	—	—	—	—	—	—	—	—	—	—	—	—	—	—	—	—	—	—	—	—	—	—
1 g Absaugen von Pulver nach Generierprozess	—	—	—	—	—	—	—	✓	—	—	—	—	—	—	—	—	—	—	—	—	—	—	—	—	—
1 h Reduzierung der Maschinenkosten	—	—	—	—	—	—	—	—	—	—	—	—	—	—	—	—	—	—	—	—	—	—	—	✓	—
2 Produktivitätssteigerung																									
2 a Erhöhung der Volumenraten	—	—	—	—	—	✓	—	—	—	—	—	—	—	—	—	—	—	—	—	—	—	—	—	—	—
2 b Reduzierung der Beschichtungszeiten	—	—	—	—	✓	—	—	—	—	—	—	—	—	—	—	—	—	—	—	—	—	—	—	—	—
2 c Erhöhung der Produktivität nachgel. Schritte	—	—	—	—	—	—	—	—	—	✓	—	✓	—	✓	—	✓	—	✓	—	✓	—	✓	—	—	—
3 Qualität und Prozesssicherheit																									
3 a On-Line-Qualitätssicherung	—	—	—	—	—	—	—	—	—	—	—	—	—	—	—	—	—	—	—	—	✓	✓	—	—	—
3 b Erhöhung der Prozessstabilität	—	—	—	—	—	—	—	—	—	—	—	—	—	—	—	—	—	—	—	—	—	—	—	—	✓
3 c Erhöhung der Prozessqualität	—	—	—	—	—	—	—	—	—	—	—	—	—	—	✓	✓	✓	✓	✓	✓	—	—	—	—	—
3 d Nachgelagerte Qualitätssicherungsprozesse	—	—	—	—	—	—	—	—	—	—	—	—	—	—	—	—	—	—	—	—	✓	✓	—	—	—
4 Datenverarbeitung und -schnittstellen																									
4 a Automatisierte Datenvorbereitung	—	✓	✓	—	—	—	—	—	—	—	—	—	—	—	—	—	—	—	—	—	—	—	—	—	—
4 b Datendurchgängigkeit	✓	—	—	—	—	—	—	—	—	—	—	—	—	—	—	—	—	—	—	—	—	—	—	—	—

Abbildung 2.23: Produktivitätspotenziale in der additiven Fertigung nach MÖHRLE[186]

Die wirtschaftliche Fertigung eines großen, komplexen Bauteils, das in jeder Hinsicht strukturell einwandfrei ist oder die Fertigung von mehreren Bauteilen im Bauraum, die alle den geforderten Qualitäten erfordert langjähriges Expertenwissen und genaue Kenntnisse über die verwendete Anlagentechnik. Auftretende Fehler sind zeitlich normalverteilt, sodass die mit vergrößerten Bauraum direkt verknüpften langen Druckzeiten, auch eine größere Anzahl an Fehlern in einem großformatigen Bauteil hervorrufen. In der additiven Fertigungs Branche werden daher prozessoptimierende Lösungen zur Vereinfachung der Arbeitsvorbereitung gesucht.

[186] Vgl. Möhrle M., (2018), Gestaltung von Fabrikstrukturen für die additive Fertigung, S. 153

2.4.2 Szenario A – Interne und externe Dienstleister

Szenario A betrachtet interne und externe Dienstleister. Interne Dienstleister stehen vor der Herausforderung ihre Existenz im Unternehmen zu sichern, aber auch auf die Ideen und Wünsche der Entwicklung oder Serienproduktion hinsichtlich der extrusionsbasierten additiven Technologien einzugehen. Neue Materialien sollen erprobt und verarbeitet oder gar zertifiziert werden.

Anwendern der additiven Fertigungstechnologien aus dem Bereich der KMU mangelt es oft an der benötigten Erfahrung, um die technischen Herausforderungen beim Einsatz von extrusionsbasierter additiver Fertigungsverfahren im Großformat zu lösen, und scheuen bisher oftmals diese mit der Investition in die Technologien verknüpften Risiken. Externe Dienstleister spezialisieren sich daher darauf die Anfragen und Anforderungen dieser Anwender von extern mittels additiv gefertigten Bauteilen zu bedienen. Für sowohl die internen, als auch die externen Dienstleister ist die Gewährleistung der Bauteilqualität- und Konsistenz bei gleichzeitig wirtschaftlicher Fertigung eine große Herausforderung. Interne und externe Dienstleister müssen sicherstellen, dass ihre Fertigungsprozesse bestimmte Qualitätsstandards erfüllen und dass die gefertigten Bauteile reproduzierbar und zuverlässig sind. Dies erfordert eine kontinuierliche Überwachung der Prozesse und ständige Anpassung von Parametern. Für diese Standards ist eine aufwendige und langwierige Arbeitsvorbereitung notwendig, welche von Experten durchgeführt werden muss.

Die Skalierbarkeit der Produktion ist eine weitere Herausforderung, für interne und externe Dienstleister. Während additive Fertigungstechnologien eine hohe Flexibilität und Anpassungsfähigkeit bieten, können sie in großen Produktionsmengen möglicherweise nicht so effizient oder kostengünstig sein wie konventionelle kunststoffverarbeitende Fertigungsverfahren. Die Optimierung von Prozessen und die Investition in fortschrittliche Fertigungssysteme sind daher entscheidend, um die Produktionskapazitäten zu erweitern und wettbewerbsfähig zu bleiben. Schließlich erfordert die ständige Weiterentwicklung von Technologien und Materialien in der additiven Fertigung eine kontinuierliche Investition in Forschung und Entwicklung. Interne und externe Dienstleister müssen sich auf dem neuesten Stand halten und in neue Technologien investieren, um wettbewerbsfähig zu bleiben und ihren Kunden innovative Lösungen anbieten zu können.

2.4.3 Szenario B – Anlagenhersteller

In Szenario A betrachtet die Anlagenhersteller extrusionsbasierter additiver Anlagentechnik. Die Anlagenhersteller von extrusionsbasierten additiven Fertigungsverfahren stehen vor einer Vielzahl von Herausforderungen, während sie versuchen innovative und zuverlässige Lösungen zu ihren Technologien anzubieten. Der Druck neue Technologien zu entwickeln und bereits bestehende Anlagentechnik zu optimieren ist für die Anlagenhersteller extrusionsbasierter additiver Anlagentechnik groß. Ein weiteres Hindernis liegt in der Skalierung der Produktion. Während additive Fertigungstechnologien in der Lage sind, komplexe Teile mit hoher Individualisierung herzustellen, sind sie oft nicht so schnell oder kosteneffizient wie konventionelle kunststoffverarbeitende Verfahren für die Massenproduktion. Trends wie z.B. die hybride Fertigung oder auch die integrierte Linienanwendung stellen für die Anlagenhersteller große Herausforderungen dar. Für die Anlagen entstehen in der Regel hohe Entwicklungskosten, welche anschließend in hohen

Verkaufspreisen der Anlagen resultieren. Bisherige Lösungen zur Optimierung der Arbeitsvorbereitung und zum schnelleren Finden der optimalen Parameter, sind mit kostenintensiver Messtechnik verbunden, welche bei dem hohen Preisdruck auf dem Markt eigentlich nicht an die Kunden und Nutzer weitergegeben werden sollte.

Insgesamt stehen die Anlagenhersteller von additiven Fertigungsverfahren vor der Herausforderung, technologische Innovationen voranzutreiben, um die Leistungsfähigkeit ihrer Systeme zu verbessern, gleichzeitig aber auch die Hürden zu überwinden, die einer breiteren Akzeptanz und Integration in industrielle Fertigungsprozesse im Wege stehen.

2.4.4 Fazit zum Handlungsbedarf aus der Praxis

Abschließend kann zum Handlungsbedarf aus der Praxis festgehalten werden, dass die Arbeitsvorbereitung mit ihren Teilbereichen Arbeitsplanung und – Steuerung derzeit für extrusionsbasierte additive Fertigungsverfahren nicht ausreichend zuverlässig ausgeführt werden kann. Insgesamt zeigen sich drei übergeordnete Maßnahmen zur Produktivitätssteigerung in Bezug auf die Arbeitsvorbereitung und die Reduzierung der Rüstzeiten. Die untergeordneten Produktivitätsfaktoren lassen sich für die beiden Szenarien des Anlagenherstellers und der internen und externen Dienstleister mit unterschiedlicher Wichtigkeit zuordnen. Es bleibt jedoch der zentrale Bedarf dafür die Zusammenhänge für Fertigungs- und Prozessparameter, aber auch der Umwelteinflüsse für die Arbeitsvorbereitung extrusionsbasierter additiver Fertigungsverfahren in kürzerer Zeit zu festzustellen. In einem nächsten Schritt müssen daher die bisherigen wissenschaftlichen Lösungen und das dazu gehörige methodische Vorgehen zur Lösung der Fragestellung analysiert werden.

3 Analyse und Bewertung bestehender Ansätze

Die Analyse und Bewertung bestehender wissenschaftlichen Ansätze erfolgt anhand eines Bewertungs- und eines Anforderungssystems. Anhand dieser beiden Systeme werden die bestehenden wissenschaftlichen Ansätze analysiert und abschließend bewertet. Das Anforderungssystem bündelt die Grundlagen des Betrachtungs- und Gestaltungsbereichs mit dem zuvor eingeführten Bewertungssystem. Ziel ist die Ableitung eines theoretischen Handlungsbedarfs und die Konkretisierung der Forschungsfrage.

3.1 Bewertungssystem

Die Bewertung bestehender wissenschaftlicher Ansätze kann mit Hilfe von unterschiedlichen Methoden erfolgen. Diese unterscheiden sich hauptsächlich in ihrer Bewertungslogik. In der Literatur werden unterschiedliche Möglichkeiten zur Bewertung bestehender Ansätze genutzt und aufgezeigt. Die meisten Methoden zur Bewertung wissenschaftlicher Ansätze basieren auf Skalen. Die diskrete Skala ist ein häufig genutztes Instrument zur qualitativen Bewertung wissenschaftlicher Ansätze. Dabei ist es schwierig die qualitative Bewertung wissenschaftlicher Ansätze quantitativ auszudrücken. Für die Bewertung bestehender Ansätze wird für diese Arbeit daher eine diskrete Skala verwendet, die verschiedene Merkmalsausprägungen aufweisen kann. Vor dem Hintergrund der Schwierigkeit qualitative Bewertung quantitativ auszudrücken, werden hier die Ansätze von LIKERT[187] und BLAIKIE[188] kombiniert. Die Bewertung bestehender wissenschaftlicher Ansätze erfolgt jedoch aus dem objektiven Gutachtender durchführenden Person, daher erfolgt für die notwendige Subjektivität der Bewertung die Definition eines Anforderungssystems, welches in Likert-Elemente übersetzt wird. Die diskrete Skala von LIKERT ist eine Skala, die basierend auf Analysen bestehender Skalen entwickelt wurde. Sie bietet den Vorteil die Zuverlässigkeit und Gültigkeit der Bewertung durch fünf bis sieben Merkmalsausprägungen zu gewährleisten.[189] Für eine differenzierte, einheitliche und gleichzeitig robuste Bewertung verschiedener Ansätze sind nach BLAIKIE fünf Merkmalsausprägungen ausreichend[190]. Für die diskrete Skala nach LIKERT können numerische Darstellungen, aber auch Histogramme oder Farbbilder genutzt werden. Die Bewertung der Anforderungen findet daher zunächst mittels der Likert-Skala statt und wird qualitativ in Form von Harvey-Balls visualisiert. Das in dieser Arbeit verwendete Bewertungssystem besitzt somit die folgenden fünf Ausprägungen zur Bewertung der Ansätze bezüglich der Erfül-

[187] Vgl. Likert R., (1932), Measurement attitudes

[188] Vgl. Blaikie N., (2003), Analyzing quantitative data

[189] Vgl. Likert R., (1932), Measurement attitudes, S. 25-27

[190] Vgl. Blaikie N., (2003), Analyzing quantitative data, S.231

lung von Anforderungen: Sehr hoch, hoch, gering, sehr gering, nicht erfüllt. Dies Erfüllt die Bedingungen nach DAWES an eine präzise Beschreibung von Bewertungsergebnissen, indem auf eine neutrale Ausprägung in der Mitte der Skala verzichtet wird. [191]

Abbildung 3.1: Harvey Balls in Verbindung mit dem Likert-Textanker zur Bewertung von bestehenden Ansätzen[192]

3.2 Anforderungssystem

Basierend auf dem Handlungsbedarf aus der Praxis werden die spezifischen Anforderungen an einen Ansatz zur Arbeitsvorbereitung mittels Maschinensteuerungs- und Sensordaten für extrusionsbasierte additive Verfahren abgeleitet. Die Strukturierung des Anforderungssystems erfolgt in Anlehnung an GRÖGER[193] und ist in Abbildung 3.2 dargestellt. Das Anforderungssystem besteht aus dem zugrundeliegenden Fertigungsprozess und seiner entsprechenden Prozesskette und der gleichwertigen datengetriebenen Optimierung des Fertigungsprozesses. Demnach werden die Anforderungen an eine datengetriebene Optimierung von Fertigungsprozessen in drei Dimensionen gegliedert. Die Datenbereitstellung und -erfassung, die Prozessanalyse und die Prozessoptimierung.[194] Verknüpft werden der Fertigungsprozess und diese Dimensionen zunächst durch Daten der Prozessausführung, welche über den bestehenden Fertigungsprozess und seine Prozesskette ausgegeben werden. GRÖGER differenziert hier nicht zwischen dem zu optimierenden Bereich innerhalb eines Fertigungsprozesses. Die zu optimierende Problemstellung wird alleine durch die Datenbereitstellung und -erfassung definiert. Die Datenbereitstellung und -erfassung bildet damit die zugrundeliegende Datenmenge bestehend aus den Prozessdaten des jeweiligen Fertigungsprozesses. Diese Datenmenge kann aus allen zur Verfügung stehenden Prozessdaten eines Fertigungsprozesses bestehen, sie kann aber auch bereits für eine, zu optimierende, Problemstellung ausgewählt und komprimiert sein. Unterschieden wird nochmal zwischen strukturierten und unstrukturierten Daten. Für diese Arbeit ist diese Datenbereitstellung und -erfassung, die Bereitstellung der entsprechend relevanten Daten zur Arbeitsvorbereitung extrusionsbasierter additiver Verfahren, dabei spielt es zunächst keine Rolle in welcher Form diese Prozessdaten vorliegen.

---

[191] Vgl. Dawes J., (2008), Point Scales, S.61

[192] Vgl. Eigene Darstellung

[193] Vgl. Gröger (2015), Advanced Manufacturing Analytics, S. 74

[194] Vgl. ebd., S. 74 -79

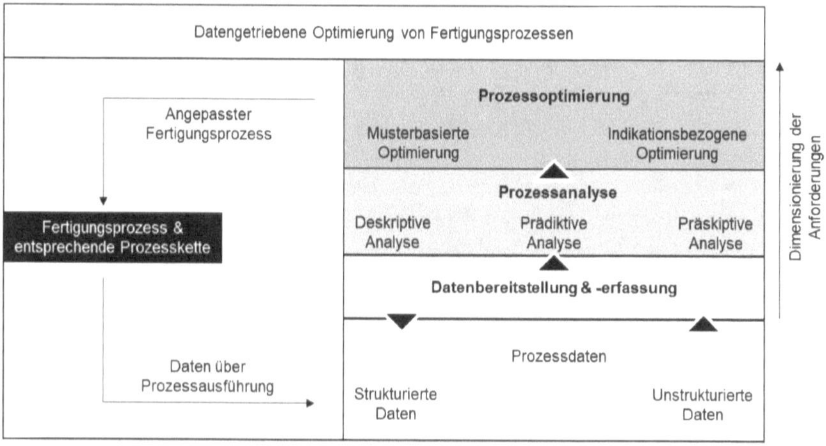

Abbildung 3.2: Anforderungssystem mit Anforderungsdimensionen zur datengetriebenen Optimierung von Fertigungsprozessen nach GRÖGER[195]

Die zweite Dimension bildet die Prozessanalyse. Diese kann sowohl deskriptiv, prädiktiv, als auch präskriptiv erfolgen. Nicht selten werden auch unterschiedliche Analysen verwendet, um einen ganzheitlichen Ansatz zu schaffen und die Zusammenhänge zwischen den Daten genauestens zu verstehen. Die Prozessanalyse kann als Zwischendimension verstanden werden und ist entscheidend für die anschließende erfolgreiche Prozessoptimierung. Auf Basis ihrer Erkenntnisse wird die Prozessoptimierung in Form von einer musterbasierten oder Indikationsbezogenen Optimierung durchgeführt. Die Ergebnisse dieser Prozessoptimierung fließen dann als zweite und abschließende Verknüpfung als angepasster Fertigungsprozess in den bestehenden Fertigungsprozess und seine entsprechende Prozesskette zurück.

Basierend auf diesen drei Dimensionen zur datengetriebenen Optimierung von Fertigungsprozessen setzt sich das Anforderungssystem an eine Methodik zur Arbeitsvorbereitung mittels Maschinensteuerungs- und Sensordaten für extrusionsbasierte additive Verfahren. Im Folgenden werden die Anforderungen an die Anforderungsdimensionen Datenbereitstellung und -erfassung, Prozessanalyse und Prozessoptimierung spezifiziert und in fünf Bewertungsabstufungen unterteilt. Im Anschluss erfolgt die Einordnung der in der Literatur bestehenden Ansätze systematisch nach diesem Anforderungssystem.

[195] Vgl. Gröger (2015), Advanced Manufacturing Analytics, S. 74; Vgl. Gröger et al., (2012), Supporting manufacturing design by analytics, continuous collaborative process improvement enabled by the advanced manufacturing analytics platform, S. 795

3.2.1 Anforderungsdimension Datenbreitstellung

Die Datenbereitstellung wird zusammengesetzt aus strukturierten und unstrukturierten Daten und stellt eine ganzheitliche, generische Datenbasis für unterschiedliche Analysen über den gesamten Fertigungsprozess dar. Die Daten werden zunächst generiert und dann zur jeweiligen Adressierung des Forschungsziels oder der Fragestellung bereitgestellt. Daraus abgeleitet gliedert sich die Datenbereitstellung in die eigentliche Aufnahme von Prozessdaten und die Erstellung einer systematischen Datengrundlage, sowie der Datenqualität.

Die Aufnahme von Prozessdaten bildet die Grundlage dafür eine bestehende Anlagentechnik und ihren Fertigungsprozess zu analysieren und anschließend zu optimieren. Die Möglichkeit Daten aus der Maschinensteuerung auszugeben und auf diese Daten zuzugreifen ist die notwendige Ausgangsbasis für jegliche Optimierungsvorgänge bestehender Anlagentechnik. Die Maschinensteuerungsdaten müssen dabei benannt werden und vollständig sein. Dabei ist es notwendig die einzelnen Schritte zur Ausgabe und Verarbeitung dieser Maschinensteuerungsdaten für Dritte nachvollziehbar zu beschreiben.

- Sehr hoch: Ein Ansatz beschreibt die Aufnahme und Verarbeitung von Prozessdaten aus der Maschinensteuerung der verwendeten Anlagentechnik. Gleichzeitig werden alle Maschinensteuerungsdaten und die notwendigen Schritte der systematischen Aufnahme von Prozessdaten vollständig benannt und erläutert.
- Hoch: Ein Ansatz beschreibt die Aufnahme und Verarbeitung von Prozessdaten aus der Maschinensteuerung der verwendeten Anlagentechnik und benennt diese. Die einzelnen durchgeführten Schritte der Datenerfassung werden genannt, aber nicht weiter erläutert.
- Gering: Ein Ansatz beschreibt die Aufnahme und Verarbeitung von Prozessdaten aus der Maschinensteuerung der verwendeten Anlagentechnik und benennt diese. Die einzelnen durchgeführten Schritte der Datenerfassung werden jedoch nicht vollumfänglich benannt, noch näher erläutert.
- Sehr gering: Ein Ansatz erwähnt die Aufnahme von Prozessdaten aus der Maschinensteuerung der verwendeten Anlagentechnik und lässt sich einzelne Daten ausgeben. Eine genauere Beschreibung dieser Daten und des Zugriffs und der Weiterverarbeitung erfolgt jedoch nicht.
- Nicht erfüllt: Ein Ansatz sieht keine Betrachtung von internen Prozessdaten aus der Maschinensteuerung der Anlagentechnik vor.

Die Erstellung einer systematischen Datengrundlage ist für alle folgenden datenverarbeitenden Prozessschritte die befähigende Grundlage zur Verarbeitung von großen Datenmengen und der Strukturierung und Vereinheitlichung unterschiedlicher Datenformate. Die Strukturierung von Daten und die Datenaufbereitung unterstützt das systematische Vorgehen und das Erkennen der Inputparameter. Dabei müssen alle Daten einheitlich aufbereitet vorliegen, sowie im Sinne der Problemstellung systematisch sortiert und gelistet sein.

- Sehr hoch: Ein Ansatz beschreibt die Aufnahme und Verarbeitung von Prozessdaten, nennt die einzelnen Parameter und zeigt eine einheitliche aufbereitete und gelistete Datenmenge im Sinne der Problemstellung. Gleichzeitig werden alle durchgeführten Schritte der Datenaufbereitung und Zusammenführung unterschiedlicher Datenformate vollumfänglich erläutert.

- Hoch: Ein Ansatz beschreibt die Erstellung einer Datengrundlage und erläutert die einzelnen Parameter, sowie die genutzten Techniken der Datenaufbereitung von verschiedenen Datenquellen und Formaten. Hierbei werden die einzelnen jeweils durchgeführten Schritte der Datenaufbereitung genannt jedoch nicht detailliert erläutert.
- Gering: Ein Ansatz beschreibt die Erstellung einer Datengrundlage und nennt die einzelnen Parameter. Hierbei werden diese aber nicht weiter erläutert und die Techniken der Datenaufbereitung von verschiedenen Datenquellen und Formaten werden nicht beschrieben.
- Sehr gering: Ein Ansatz erwähnt die Erstellung einer Datengrundlage. Eine genauere Beschreibung der einzelnen genutzten Parameter und die Beschreibung der Schritte der Datenaufbereitung erfolgt jedoch nicht.
- Nicht erfüllt: Ein Ansatz nimmt keine Erstellung einer systematischen Datengrundlage vor und führt keine Schritte der Datenaufbereitung durch.

Die Datenqualität und die damit direkt verbundene Durchführung der explorativen Datenanalyse spielen eine ausschlaggebende Rolle analytische Methoden. Dabei ist es wichtig, dass die Daten sowohl in ausreichender Menge vorhanden sind, aber auch die Zuverlässigkeit und Vollständigkeit der Daten gegeben ist. Die Durchführung einer vollumfänglichen explorativen Datenanalyse dient dem Erkennen und Eliminieren von Ausreißern aus der Datenmenge, deren Existenz eine Datenmenge verzerren können und die Datenqualität dementsprechend herabsetzt. Eine ausreichende Datenmenge liegt vor, wenn die Ergebnisse, der darauf basierenden Versuche und Studien weiterhin schlüssige Aussagen über den Fertigungsprozess zulassen.

- Sehr hoch: Ein Ansatz berücksichtigt die Datenqualität und beschreibt eine vollumfängliche explorative Datenanalyse. Anschließend wird eine Datenbereinigung durchgeführt. Die Datenqualität wird im Sinne von Zuverlässigkeit und Vollständigkeit der Daten beschrieben und die Datenmenge ist für die darauf basierenden Versuche und Studien weiterhin ausreichend.
- Hoch: Ein Ansatz berücksichtigt die Datenqualität und inkludiert Schritte der explorativen Datenanalyse, sowie die Durchführung einer darauf basierenden Datenbereinigung. Zuverlässigkeit und Vollständigkeit der Daten werden beschrieben. Die darauf basierenden Versuche und Studien werden jedoch, mit einer zu geringen Datenmenge durchgeführt.
- Gering: Ein Ansatz berücksichtigt die Datenqualität und inkludiert Schritte der explorativen Datenanalyse. Die darauf basierenden wissenschaftlichen Arbeiten werden jedoch, mit einer minderwertigen Datenqualität hinsichtlich Zuverlässigkeit und Vollständigkeit der Daten durchgeführt.
- Sehr gering: Ein Ansatz berücksichtigt die Datenqualität. Eine genauere Beschreibung der explorativen Datenanalyse und des Erkennens von Ausreißern erfolgt jedoch nicht.
- Nicht erfüllt: Ein Ansatz berücksichtigt die Datenqualität und die damit verbundene Durchführung der explorativen Datenanalyse nicht.

3.2.2 Anforderungsdimension Prozessanalyse

Für die Prozessanalyse steht die Anlagentechnik mit ihren möglichen unterschiedlichen Analyseansätzen im Fokus der Betrachtung. Die Beantwortung der Forschungsfrage forciert die Nutzung von Analysetools zur strukturierten Visualisierung. Mit Hilfe von Überwachungsansätzen erfolgt eine systematische Erfassung, Messung oder Beobachtung eines Vorgangs mit entsprechender Sensortechnik. Im Sinne der Prozessanalyse, muss diese unterschiedliche Sensortechnik mit ihren Daten in einer Schnittstelle fusioniert werden und über ein Analysetool laufen. Gleichzeitig sollte die Analyse auf Basis einer echtzeitnahen Zustandsdiagnose erfolgen und eine Praktikabilität für das extrusionsbasierte additive Fertigungsverfahren vorweisen.

Die erste Anforderungsdimension der Prozessanalyse ist die Datenfusion. Diese ist eng verknüpft mit der ersten Anforderungsdimension der Datenbereitstellung der Aufnahme von Prozessdaten. Die Datenfusion ist der zentrale Befähiger für die Nutzung eines homogenen Analystools für alle generierten Daten. Für eine Datenfusion müssen alle, für die Prozessoptimierung relevanten Daten über eine Schnittstelle laufen, die dann die Ergebnisse ausgibt. Dafür muss die ausgewählte Sensortechnik zunächst fusionsfähig sein und abschließend in einer Schnittstelle zusammenlaufen. Dafür kann es notwendig sein, bestimmte Ausgabedaten wie z.B. Temperaturdaten in andere Datenformate umzuwandeln. Die Ergebnisse der Analyse können dann in einem einzigen Tool in Echtzeit abgebildet und abgerufen werden.

- Sehr hoch: Ein Ansatz führt eine Datenfusion durch und arbeitet für die Analyse mit einer einzigen Schnittstelle. Abschließend realisiert ein einziges Tool die Visualisierung des Fertigungsprozesses in Echtzeit.
- Hoch: Ein Ansatz führt eine Datenfusion durch und arbeitet für die Analyse mit einer einzigen Schnittstelle. Es gelingt abschließend eine Visualisierung in einem einzigen Analysetool, jedoch erfolgt diese Analyse nicht in Echtzeit, sondern zeitlich versetzt zum eigentlichen Fertigungsprozess.
- Gering: Ein Ansatz führt erste Schritte einer Datenfusion durch, arbeitet aber für die Analyse nicht mit einer einzigen Schnittstelle, sondern führt die Analyse über mehrere Analysetools durch und hat abschließend unterschiedliche Ausgabemöglichkeiten der einzelnen Daten.
- Sehr gering: Ein Ansatz führt keine Datenfusion durch, beschreibt aber unterschiedliche alternative Vorgehen zur Analyse der aufgenommenen Daten.
- Nicht erfüllt: Ein Ansatz führt keine Datenfusion durch und beschreibt kein alternatives Vorgehen zur Analyse der aufgenommenen Daten.

Die echtzeitnahe Zustandsdiagnose ist die zweite Anforderungsdimension der Prozessanalyse. Sie ist eng verknüpft mit der ersten Anforderungsdimension: der Datenfusion. Auf Basis der fusionierten Daten und es darauf aufbauenden Analysetools erfolgt die Zustandsdiagnose der Fertigungs- und Anlagentechnik. Diese Diagnose sollte für die Arbeitsvorbereitung in Echtzeit ausgeworfen werden und nicht erst nachträglich in das System zurückgespielt werden. Im Vordergrund steht dabei die Komplexität und Zuverlässigkeit der Zuordnung der Fehlermeldung zu den Geschehnissen im Fertigungsprozess. Erst dann, lässt sich basierend auf einer Prozessanalyse, die Anforderungsdimension der Prozessoptimierung erfolgreich aufbauen.

- Sehr hoch: Der Ansatz integriert eine anwendungsgerechte Zustandsdiagnose des Fertigungsprozesses bei hoher Zuverlässigkeit der Zuordnung der Fehlermeldungen zu den Geschehnissen im Fertigungsprozess, sowie der allumfänglichen Erkennung der zuvor adressierten Fehler und Abweichungen durch das System.
- Hoch: Der Ansatz integriert eine echtzeitnahe Zustandsdiagnose des Fertigungsprozesses bei einer durchschnittlich mittleren Zuverlässigkeit der Zuordnung der Fehlermeldungen zu den Geschehnissen im Fertigungsprozess. Es können alle zuvor adressierten Fehler von dem System erkannt werden.
- Gering: Der Ansatz integriert eine semikomplexe echtzeitnahe Zustandsdiagnose des Fertigungsprozesses und verfügt über eine mittlere Zuverlässigkeit der Zuordnung der Fehlermeldungen zu den Geschehnissen im Fertigungsprozess. Die Wahrscheinlichkeit, dass Fehler erkannt werden, variiert nicht signifikant, jedoch können nicht alle zuvor adressierten Fehler von dem System erkannt werden.
- Sehr gering: Der Ansatz integriert eine komplexe echtzeitnahe Zustandsdiagnose des Fertigungsprozesses, jedoch mangelt es dieser an Zuverlässigkeit der Zuordnung der Fehlermeldungen zu den Geschehnissen im Fertigungsprozess. Die Wahrscheinlichkeit, dass ein Fehler erkannt wird, variiert signifikant und nicht alle zuvor adressierten Fehler können in Echtzeit von dem System überhaupt erkannt werden.
- Nicht erfüllt: Der Ansatz integriert keine echtzeitnahe Zustandsdiagnose des Fertigungsprozesses und es ist nicht möglich den aktuellen Zustand des Fertigungsprozesses in Echtzeit zu erfassen.

Die Umsetzbarkeit einer Prozessanalyse in der Praxis ist abhängig von der Integration der Sensortechnik zur Durchführung der Prozessanalyse. Diese Anforderung wird durch die dritte Anforderungsdimension der Prozessanalyse der Praktikabilität sichergestellt. Sie ist charakterisiert durch die Auswahl von Sensortechnik, deren Einsatz auch nachher in der Produktionsumgebung und im Dauerbetrieb einer Anlagentechnik möglich ist. Dies berücksichtigt nicht nur die Möglichkeiten der technologischen Integration in die Anlagentechnik, sondern auch den wirtschaftlichen Einsatz der Sensortechnik.

- Sehr hoch: Ein Ansatz verwendet ausschließlich praktikable Sensortechnik, die sich auch unter produktionsnahen Voraussetzungen und im Dauerbetrieb in die Anlagentechnik technologisch integrieren lässt. Gleichzeitig lassen sich alle ausgewählten Technologien der Sensortechnik wirtschaftlich im Dauerbetrieb der Anlagentechnik einsetzen.
- Hoch: Ein Ansatz verwendet ausschließlich praktikable Sensortechnik, die sich auch unter produktionsnahen Voraussetzungen und im Dauerbetrieb in die Anlagentechnik technologisch integrieren lässt. Jedoch befindet sich unter diesen ausgewählten Technologien der Sensortechnik, Sensortechnik die sich nicht wirtschaftlich im Dauerbetrieb einsetzen lässt.
- Gering: Ein Ansatz verwendet ausschließlich praktikable Sensortechnik, die sich auch unter produktionsnahen Voraussetzungen und im Dauerbetrieb in die Anlagentechnik technologisch integrieren lässt. Jedoch ist die für die gewinnenden Erkenntnisse im Vordergrund stehende Sensortechnik, eine Sensortechnik, die sich nicht wirtschaftlich im Dauerbetrieb einsetzen lässt.

- Sehr gering: Ein Ansatz verwendet teilweise praktikable Sensortechnik. Die Sensortechnik lässt sich mit hohem Aufwand zwar technologisch in die Anlagentechnik langfristig integrieren, jedoch handelt es sich unteranderem um eine wirtschaftlich nicht unter produktionsnahen Voraussetzungen und im Dauerbetrieb einsetzbare Sensortechnik.
- Nicht erfüllt: Ein Ansatz verwendet, weder in Bezog auf technologische Integration, noch auf den wirtschaftlichen Einsatz, eine praktikable Sensortechnik und berücksichtigt produktionsnahe Voraussetzungen und den Dauerbetrieb einer Anlagentechnik nicht.

3.2.3 Anforderungsdimension Prozessoptimierung

Die Prozessoptimierung verfolgt das Ziel konkrete Verbesserungsmaßnahmen für die Arbeitsvorbereitung zunächst aus der vorangegangenen Prozessanalyse abzuleiten und umzusetzen. Sie basiert auf konkreten Ergebnissen bzw. Erfolgen, die erreicht wurden, um den Fertigungsprozess und die Anlagentechnik hinsichtlich der Arbeitsvorbereitung zu optimieren. Um diese Ergebnisse messbar zu machen wird müssen zunächst jeweils zur Problemstellung passenden Optimierungsansätze verwendet werden. Diese Optimierungsansätze adressieren das Ableiten von konkreten Verbesserungsmaßnahmen. Und unter dem Überbegriff Erzielung von Control werden alle Erfolge zusammengefasst, die diese konkreten Verbesserungsmaßnahmen erfolgreich umsetzen. Geeignete Ansätze müssen abschließend auch auf andere Anlagentechnik übertragbar sein. Die wird durch die Bewertung der Übertragbarkeit sichergestellt.

Die erste Anforderungsdimension der Prozessoptimierung sind die Optimierungsansätze. Dafür muss eine systematische Vorauswahl erfolgen. Da die Optimierungsansätze stets im Kontext des Anwendungsfalls angewendet werden, müssen die Ansätze folglich passend zu dem Anwendungsfall ausgewählt werden. Anschließend wird anhand eines ersten Trainingsmodells der sogenannte Fit des Modells zu den ausgewählten Optimierungsansätzen überprüft. Im Allgemeinen ist ein Modell gut, wenn die Differenz zwischen den beobachteten Werten und den durch das Modell prognostizierten Werten klein und wenig verzerrt ist. Die Optimierungsansätze müssen also eine nachvollziehbare Genauigkeit aufweisen.

- Sehr hoch: Ein Ansatz führt eine systematische Vorauswahl der Optimierungsansätze durch und der Fit der Modelle ist nachvollziehbar und vollkommen ausreichend.
- Hoch: Ein Ansatz führt eine systematische Vorauswahl der Optimierungsansätze durch und der Fit der Modelle ist nachvollziehbar, aber nur grenzwertig ausreichend.
- Gering: Ein Ansatz führt eine systematische Vorauswahl der Optimierungsansätze durch, doch der Fit der Modelle ist anschließend nicht nachvollziehbar.
- Sehr gering: Ein Ansatz führt teilweise eine systematische Vorauswahl der Optimierungsansätze durch und der Fit der Modelle ist nachvollziehbar, aber nicht ausreichend.
- Nicht erfüllt: Ein Ansatz führt keine systematische Vorauswahl der Optimierungsansätze durch und der Fit der Modelle ist nicht nachvollziehbar.

Die zweite Anforderungsdimension der Prozessoptimierung ist der Überbegriff Erzielung von Control. Das Erzielen von Control definiert die erfolgreiche Umsetzung der Prozessoptimierung und die erfolgreiche Anpassung des Fertigungsprozesses bzw. der Anlagentechnik hinsichtlich, der über die Optimierungsansätze ermittelten Optimierungslösungen. Es werden also qualitative Verbesserungen hinsichtlich der definierten Problemstellung des Optimierungsproblems genannt.

- Sehr hoch: Ein Ansatz beschreibt qualitative Verbesserungen des Optimierungsproblems, diese sind vollständig zur definierten Problemstellung zuzuordnen und gleichzeitig beschreibt der Ansatz schon weitere Schritte zur ausbauenden Umsetzung der Prozessoptimierung.
- Hoch: Ein Ansatz beschreibt qualitative Verbesserungen des Optimierungsproblems, diese sind vollständig zur definierten Problemstellung zuzuordnen.
- Gering: Ein Ansatz beschreibt qualitative Verbesserungen des Optimierungsproblems, diese sind teilweise zur definierten Problemstellung zuzuordnen.
- Sehr gering: Ein Ansatz nimmt zwar Bezug zu qualitativen Verbesserungen des Optimierungsproblems, diese sind jedoch nicht direkt zur definierten Problemstellung zuzuordnen.
- Nicht erfüllt: Ein Ansatz nimmt keinen Bezug zu qualitativen Verbesserungen des Optimierungsproblems.

Die letzte Anforderungsdimension ist die Sicherstellung der Übertragbarkeit der entwickelten Lösungen zur Prozessoptimierung. Hiermit wird sichergestellt, dass es sich nicht um Insellösungen handelt, welche äußerst spezifisch auf bestimmte Anlagentechnik und aber auch bestimmte Monitorings Systeme zugeschnitten ist. Die Übertragbarkeit muss von der Methode zur Datenbereitstellung, über die Prozessanalyse bis hin zu den Methoden der letztendlichen Prozessoptimierung im optimalen Fall gesichert sein.

- Sehr hoch: Ein Ansatz ermöglicht eine Übertragbarkeit der Prozessoptimierung in allen Bereichen von Datenbereitstellung und Monitoring Systemen und verfügt über offene Systeme ohne Anpassungsbedarf.
- Hoch: Ein Ansatz ermöglicht eine Übertragbarkeit der Prozessoptimierung, benötigt aber vereinzelte Anpassungen für einzelne Monitoring Systeme.
- Gering: Ein Ansatz ermöglicht eine Übertragbarkeit der Prozessoptimierung in ausgewählten Bereichen von Datenbereitstellung und Monitoring Systemen.
- Sehr gering: Ein Ansatz ermöglicht eine geringe Übertragbarkeit der Prozessoptimierung, jedoch ohne die Berücksichtigung von Datenbereitstellung und Monitoring Systemen.
- Nicht erfüllt: Ein Ansatz ermöglicht keinerlei Übertragbarkeit der Prozessoptimierung auf eine andere Anlagentechnik.

3.3 Systematische Literaturrecherche

Zur wissenschaftlichen Beantwortung der Forschungsfrage, wird in dieser Arbeit eine Methodik zur systematischen Literaturrecherche angewendet. Das Ziel einer systematischen Literaturrecherche ist es, den aktuellen Stand der Forschung in einem bestimmten Forschungsgebiet abzubilden. Es werden systematische und explizite Methoden verwendet, um relevante Forschung zu identifizieren, auszuwählen und kritisch zu bewerten sowie Daten aus den in der Recherche eingeschlossenen Studien zu sammeln und zu analysieren. Die strukturierte und vorgegebene Handlungsweise verringert dabei das Risiko zur Verzerrung, erhöht dadurch die wissenschaftliche Validität, ermöglicht eine Wiederholung der Recherche und steigert die Nachvollziehbarkeit für Andere.

3.3.1 Methodik und Anwendung

Die systematische Literaturrecherche nach dem Preferred Reporting Items for Systematic Reviews and Meta- Analyses (PRISMA) – Protokoll findet immer größer werdende Anwendung. Ursprünglich wurde das PRISMA-Protokoll im Gesundheitssektor entwickelt, daher sind einige Module der Methode nicht direkt anwendbar.[196] Die in dieser Arbeit verwendeten Methodik ist in vier Module gegliedert und in Abbildung 3.3 dargestellt. Der Aufbau gliedert sich in Anlehnung an das PRISMA-Protokoll. Das erste Modul orientiert sich an Kapitel 1 und der darin formulierten Problemstellung und abgeleiteten Forschungsfrage. Im ersten Modul wird somit ein konkretes Problem und die zugehörige Forschungsfrage identifiziert. Im zweiten Modul werden Datenbanken mit Hilfe von definierten Suchanfragen durchsucht und die Literatur gesammelt. In dem dritten Modul werden anhand der gefundenen Literatur, Themenbereiche herausgearbeitet. Nach diesen Themenbereichen werden die Inhalte kategorisiert und in eine Konzeptmatrix überführt. Die Methode der Konzeptmatrix im Zusammenhang mit der systematischen Literaturrecherche wurde ursprünglich von WEBSTER und WATSON entwickelt.[197] Im letzten Modul werden unter Zuhilfenahme dieser Konzeptmatrix die Inhalte im Hinblick auf die zuvor gestellte Forschungsfrage analysiert und interpretiert. Dabei werden getrennt voneinander werden Bewertungs- und Anforderungssystem betrachtet.

[196] Vgl. D. Moher et al. (2009), Preferred reporting items for systematic reviews and meta-analyses: the PRISMA statement, S. 337

[197] Vgl. Webster, J. and Watson, R.T. (2002). Analyzing the Past to Prepare For the Future: Writing a Literature Review, S. xiii-xxiii

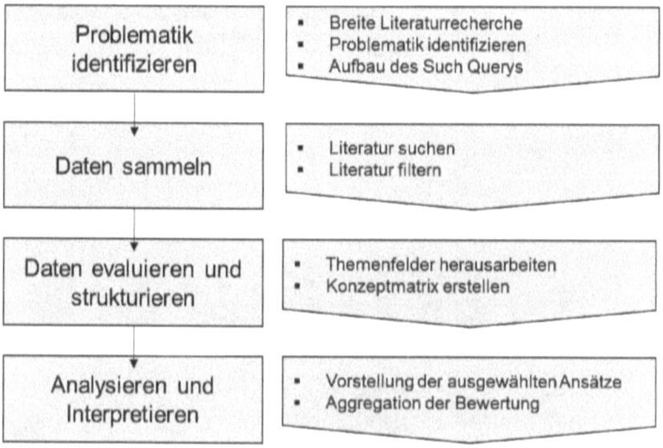

Abbildung 3.3: Methodik zur systematischen Literaturrecherche

Basierend auf dem Handlungsbedarf aus der Praxis und den Anforderungsdimensionen werden die übergeordneten Themengebiete für die systematische Literaturrecherche definiert.

Übergeordnete Themengebiete:

- Materialextrusion
- Datenerfassung
- Prozessüberwachung
- Prozessoptimierung

Diese Themengebiete werden im nächsten Schritt über ein Query miteinander verbunden, um eine Suchanfrage für eine Datenbank zu erstellen. Dafür werden für jedes Themengebiet geeignete Keywords gefunden, um dieses hinreichend zu beschreiben. Aus allen Keywords zusammen ergibt sich das Query, welches in der letzten Zeile der Tabelle **3.1** zu finden ist. Alle Suchbegriffe haben sich vorherigen Literaturrecherchen als sinnvolle Suchbegriffe neben den Anforderungen aus der Industrie.

Tabelle 3.1: Keywords und die Bildung des Querys

Extrusion	Daten	Monitoring	Optimierung
FFF	data	monitoring	learning
FDM	parameter	in-process	control
MEX	temperature	quality	optimization
polymer AM		detection	
(FFF OR FDM OR MEX OR “polymer AM”) AND (data OR parameter OR temperature) AND (monitoring OR “in-process” OR quality OR detection) AND (“machine learning” OR control OR “deep learning”)			

Für diese systematische Literaturrecherche wird die Scopus Datenbank ausgewählt. systematische Literaturrecherche wurde im September 2023 zuletzt durchgeführt. Demnach enthält es alle über das Query gefundenen Einträge in der Scopus Datenbank bis zu diesem Zeitpunkt. Insgesamt wird mit Hilfe des Querys 1212 unterschiedliche Dokumente, unter anderem Reviews, Paper und Tagungsberichte gefunden. Das Vorgehen und die Ergebnisse der systematischen Literaturrecherche sind in Abbildung 3.3 dargestellt.

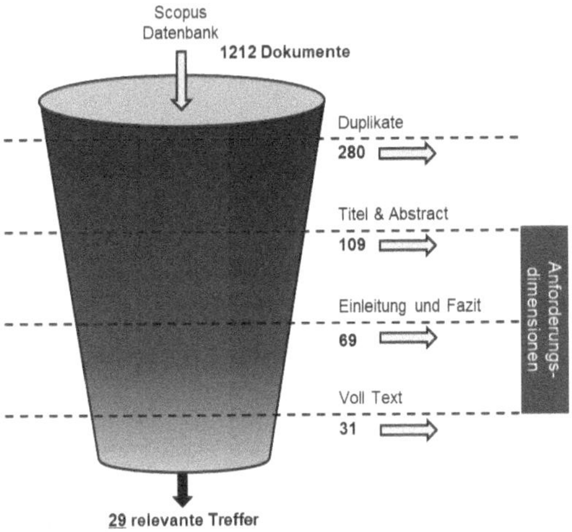

Abbildung 3.4: Vorgehen und Ergebnisse der systematischen Literaturrecherche

Auf Basis von 29 Quellen wird eine Konzeptmatrix erstellt. Die Konzeptmatrix basiert auf der entwickelten Systematik der Bewertung und wird dahingehend auf Basis des Bewertungs- und Anforderungssystems aufgebaut. Alle 29 Quellen werden zunächst mit Hilfe der Konzeptmatrix dahingehend geprüft, ob eine Unterkategorie erfüllt ist oder nicht. In einem nächsten Schritt wird mit Hilfe der Bewertungsmethodik der Erfüllungsgrad der Anforderungen überprüft. Mit Hilfe der allgemeinen Ergebnisse der Schlagwortauswertung lässt sich feststellen, dass sich die gefundenen Ansätze in die drei Kategorien „Prozessinterne Daten", „Monitoring Ansätze" und „ML Ansätze" aufteilen lassen. Die detaillierte Analyse und Interpretation erfolgt in den Kapiteln 3.4 bis 3.6 über die Vorstellung der ausgewählten Ansätze hoher Relevanz sowie der Aggregation der Bewertung der analysierten Ansätze hoher Relevanz.

3.4 Vorstellung ausgewählter Ansätze

Basierend auf den Ergebnissen der Konzeptmatrix lassen sich die wissenschaftlichen Arbeiten in die drei Kategorien Prozessinterne Daten, Monitoring Ansätze und Machine-Learning Ansätze einteilen. Nachfolgend werden grundlegende Ansätze aus diesen drei Kategorien vorgestellt und mit Fokus auf deren Zielsetzungen, Inhalten und dem Beitrag zur Arbeitsvorbereitung mittels Maschinen- und Sensordaten beschrieben.

3.4.1 Prozessinterne Daten

3.4.1.1 Process Modeling and Optimization for High Quality and Resource Efficiency nach Elkaseer et al.

Problem- und Zielsetzung: ELKASEER et al. motivieren ihre Arbeit mit der Verringerung der Bauteilqualität von extrusionsbasierten additiven Verfahren bei hohen Verfahrgeschwindigkeiten. Im Fokus ihrer Arbeit steht die Untersuchung der Zusammenhänge zwischen den Prozessparametern Füllmenge, Schichtdicke, Verfahrgeschwindigkeit, Extrusionstemperatur und Auftragswinkeln und deren Auswirkungen auf die Maßhaltigkeit der Bauteile, die Oberflächenbeschaffenheit, den Energieverbrauch und die Produktivität des Fertigungsprozesses. ELKASEER et al. untersuchen dies mit Hilfe der Tanguchi Methode und der anschließenden Analyse mittels des Analysis of Variance (ANOVA) Algorithmus und verschiedenen auf Statistik basierenden Auswertungsverfahren. Ziel des Ansatzes ist es den Einfluss der einzelnen Prozessparameter zu untersuchen, aber auch verschiedene Antworten der Anlagentechnik auf bestimmte Einstellungen der Prozessparameter möglichst genau vorherzusagen.[198]

Vorgehen: ELKASEER et al. gliedern ihr Vorgehen in die Analyse der Auswirkungen auf die Maßhaltigkeit der Bauteile, die Oberflächenbeschaffenheit, den Energieverbrau und die allgemeine Produktivität des Fertigungsprozesses, sowie die Analyse und anschließende Vorhersage der Ergebnisse. Zunächst wird daher der jeweilige Einfluss der einzelnen Prozessparameter auf die Maßhaltigkeit in

Vorhergesagte Maßhaltigkeit für 10 mm in X-Richtung						
Prozentuale Abweichung [%]	Oben	2	1,5	2	2	1,5
	Unten	-0,5	-1	-0,5	-0,8	-0,6
		Füllmenge [%]	Schichtdicke [mm]	Verfahr-geschwindigkeit [mm/s]	Extrusions-temperatur [°C]	Auftragswinkel [°]

Abbildung 3.5 untersucht. Dabei werden die übrigen Prozessparameterkonstant gehalten. Basierend darauf erfolgt die Analyse und Vorhersage mittels des ANOVA Algorithmus.[199]

[198] Vgl. Elkaseer A., (2020), Experiment-Based Process Modeling and Optimization for High-Quality and Resource-Efficient FFF 3D Printing, S. 1

[199] Vgl. Elkaseer A., (2020), Experiment-Based Process Modeling and Optimization for High-Quality and Resource-Efficient FFF 3D Printing, S. 2-6

Vorhergesagte Maßhaltigkeit für 10 mm in X-Richtung						
Prozentuale Abweichung [%]	Oben	2	1,5	2	2	1,5
	Unten	-0,5	-1	-0,5	-0,8	-0,6
		Füllmenge [%]	Schichtdicke [mm]	Verfahr-geschwindigkeit [mm/s]	Extrusions-temperatur [°C]	Auftragswinkel [°]

Abbildung 3.5: Struktur der Vorhersage der Maßhaltigkeit nach ELKASEER et al.[200]

Gleichzeitig erfolgt bei ELKASEER et al. die Analyse der Interaktionen zwischen den einzelnen Prozessparametern. Abbildung 3.6 zeigt das durchgeführte Vorgehen und die jeweiligen Untersuchungen der Interaktionen und Korrelationen zwischen den einzelnen Prozessparametern im Verhältnis zum jeweiligen Fehlerausmaß. Dabei wird vor der Versuchsdurchführung entschieden, welche weiteren Prozessparameter konstant gehalten werden dazu gehören Parameter wie die die Betttemperatur und die Verfahrgeschwindigkeit für die erste aufzutragende Schicht. Die Untersuchungen von ELKASEER et al. basieren dabei jeweils ausschließlich auf den internen Prozessparametern der extrusionsbasierten additiven Anlagentechnik und erfolgen ohne die Integration zusätzlicher Messtechnik. Zur Auswertung der Ergebnisse wird ausschließlich die Verarbeitungssoftware Matlab genutzt.[201]

[200] Vgl. Elkaseer A., (2020), Experiment-Based Process Modeling and Optimization for High-Quality and Re-source-Efficient FFF 3D Printing, S. 7

[201] Vgl. Elkaseer A., (2020), Experiment-Based Process Modeling and Optimization for High-Quality and Re-source-Efficient FFF 3D Printing, S. 2-6

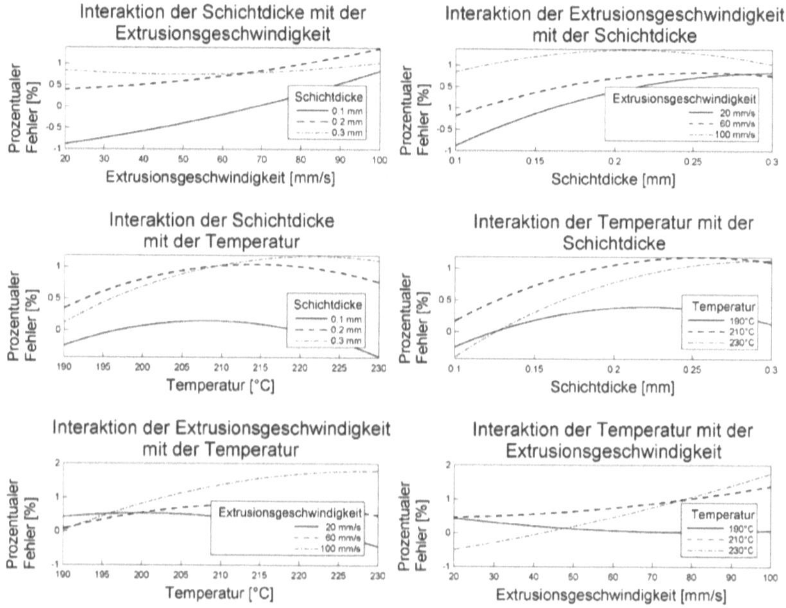

Abbildung 3.6: Interaktionen der einzelnen Prozessparameter für 10 mm in X-Richtung nach ELKASEER et al.[202]

Ergebnisse hinsichtlich Datenbereitstellung, Prozessanalyse, Prozessoptimierung: ELKASEER et al. erzielen mit ihrem Vorgehen erkennbare Ergebnisse für die Zusammenhänge der einzelnen Prozessparameter in extrusionsbasierten additiven Fertigungsverfahren. Es lässt sich mit Hilfe der Arbeit feststellen, dass die Maßhaltigkeit maßgeblich von der Schichtdicke und der Verfahrgeschwindigkeit beeinflusst wird. Das Gleiche gilt für Energieverbrauch und Produktivität. Im Gegensatz stellen Elkaseer et al. auch fest, dass die Oberflächenbeschaffenheit durch den Auftragswinkel und die Schichtdicke beeinflusst wird. Grundsätzlich können ELKASEER et al. analysieren und vorhersagen, dass die Schichtdicke und die Verfahrgeschwindigkeit die anderen Parameter Extrusionstemperatur und Auftragswinkel in ihrem Einfluss dominieren.[203]

---

[202] Vgl. Elkaseer A., (2020), Experiment-Based Process Modeling and Optimization for High-Quality and Re-source-Efficient FFF 3D Printing, S. 7

[203] Vgl. Elkaseer A., (2020), Experiment-Based Process Modeling and Optimization for High-Quality and Re-source-Efficient FFF 3D Printing, S. 8-15

ELKASEER et al. erzielen mit ihrer Arbeit eine Grundlage in der Theorie zur Analyse und Optimierung von extrusionsbasierten additiven Verfahren. Die Arbeit basiert ausschließlich auf den prozessinternen Daten der Anlagentechnik. Die Datenbereitstellung erfolgt in Echtzeit, wird jedoch methodisch nicht vollständig nachvollziehbar von Elkaseer et al. aufbereitet. Auch die Auswahl der konstant und nicht konstant gehaltenen Prozessparameter erfolgt nicht methodisch nachvollziehbar. Das Gleiche gilt für die Auswahl der Modelle und analysierenden Methoden. Auch diese werden ohne nachvollziehbaren Herleitungsweg ausgewählt. Gleichzeitig erzielt die Arbeit jedoch relevante Ergebnisse für die Analyse der extrusionsbasierten additiven Verfahren. Mit der Arbeit lassen sich genaue Zusammenhänge zwischen den unterschiedlichen Prozessparametern nicht nur statistisch, sondern analytisch auf Basis von Methoden des maschinellen Lernens in Echtzeit analysieren und festlegen. ELKASEER et al. erarbeiten mit ihrer Arbeit jedoch kaum Lösungen zur Optimierung, da diese durch die ausschließliche Vorhersage der Eigenschaften von Maßhaltigkeit, Oberflächenbeschaffenheit, Energieverbrauch und Produktivität nicht abgebildet werden.

3.4.1.2 Mathematic Modeling and Optimization of Process Parameters nach Shakeri et al.

Problem- und Zielsetzung: SHAKERI et al. adressieren mit ihrem Ansatz den Einfluss der Prozessparameter extrusionsbasierter additiver Verfahren, als meist genutzte additive Fertigungsverfahren, im Zusammenhang zu ihrer resultierenden Bauteilqualität. Basierend auf den prozessinternen Daten der verwendeten Anlagentechnik wird die Tanguchi Methode angewendet und anschließend der Einfluss der Prozessparameter auf Abweichungen hinsichtlich der Merkmale Zylindrizität und Zirkularität mit Hilfe des ANOVA Algorithmus sowohl analysiert als auch optimiert. Mit Hilfe eines linearen Regressionsmodels soll es SHAKERI et al. abschließend möglich sein die Prozessparameter dahingegen zu kontrollieren.[204]

Vorgehen: Shakeri et al. gliedern ihr Vorgehen, wie in Abbildung 3.7 dargestellt, in die Auswahl der zu manipulierenden Prozessparameter. Dabei fokussieren sie sich mit ihrem Ansatz auf die Schichtdicke, das Einfüllmuster, die Schichthöhe und die Anzahl der Wandschichten. Hierbei ist hervorzuheben, dass die Auswahl dieser Parameter ausschließlich auf den möglichen zu verändernden Einstellungen der verwendeten extrusionsbasierten additiven Anlagentechnik basiert. In einem nächsten Schritt wird mit den aufgenommenen Daten die Tanguchi Methode angewendet, welche für jeden durchgeführten Versuch die Kombination der einzelnen Prozessparameter kontrolliert. Die Daten aus diesen Versuchen werden zunächst aggregiert und dann mittels des A-NOVA und S/N Ratio Algorithmus analysiert und abschließend als Analyseergebnisse geplottet. Im nächsten Schritt erfolgt die Modellentwicklung und die Bewertung der durchgeführten Tests.

---

[204] Vgl. Shakeri Z., (2021), Mathematical Modeling and Optimization of Fused Filament Fabrication (FFF) Process Parameters for Shape Deviation Control of Polyamide 6 Using Tanguchi Method, S. 1-4

Wenn das Ergebnis der Daten plausibel ist, dann kann an dieser Stelle das methodische Vorgehen abgeschlossen werden. Sollte dies nicht der Fall sein, dann können diese über eine weitere Schleife wieder in die Tanguchi Methode zur Parametrisierung eingearbeitet werden. [205]

Ergebnisse hinsichtlich Datenbereitstellung, Prozessanalyse, Prozessoptimierung: SHAKERI et al. analysieren mit ihrer Arbeit zunächst mit Hilfe des S/N Ratio den Effekt der einzelnen Prozessparameter. Die Auswirkung der zu variierenden Parameter auf Zylindrizität und Zirkularität werden untersucht und anschließend jeweils für beide Merkmale im Verhältnis zu den anderen gewählten Prozessparametern in eine Rangfolge gebracht. Hierbei stellen SHAKERI et al. fest, dass die Schichtdicke und die Schichthöhe jeweils einen viel größeren Einfluss auf sowohl die Zylindrizität, als auch die Zirkularität haben, als das Einfüllmuster und die Anzahl der Wandschichten. Dabei hat jeweils die Schichtdicke den größten und die Schichthöhe den zweit größten Einfluss auf die Zylindrizität und Zirkularität. Deutlich wird auch, dass das Vorhersagemodell von SHAKERI et al. in der Lage ist die Qualität der Bauteile ausreichend genau vorherzusagen. Im letzten Schritt werden weitere Versuche als sogenannte Bestätigungsversuche zur Validierung der bisherigen Ergebnisse durchgeführt. Die Genauigkeiten für die Vorhersage von Zylindrizität und Zirkularität liegen bei einem bereits für die Anwendung von Methoden des maschinellen Lernens akzeptiertem Wert von 95 %.[206]

[205] Vgl. Shakeri Z., (2021), Mathematical Modeling and Optimization of Fused Filament Fabrication (FFF) Process Parameters for Shape Deviation Control of Polyamide 6 Using Tanguchi Method, S. 4-7

[206] Vgl. Shakeri Z., (2021), Mathematical Modeling and Optimization of Fused Filament Fabrication (FFF) Process Parameters for Shape Deviation Control of Polyamide 6 Using Tanguchi Method, S. 7-9

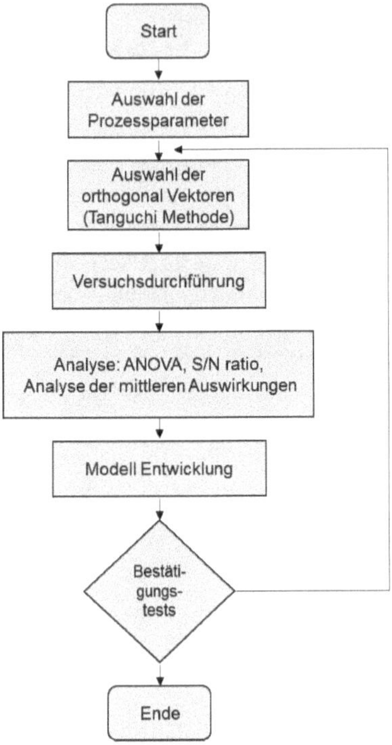

Abbildung 3.7: Methodisches Vorgehen nach Shakeri et al.[207]

SHAKERI et al. gehen mit ihrer Arbeit methodisch vor und definieren zu Beginn eine methodisch entwickelte Vorgehensweise aus aufeinander folgenden und validierend miteinander verknüpften Analyse-, Vorhersage und ersten Optimierungsmethoden. Die Arbeit basiert ausschließlich auf den prozessinternen Daten der verwendeten Anlagentechnik. Sie bildet keine Grundlage für das Verständnis der Prozessparameter, da diese durch die Einstellmöglichkeiten der Anlagentechnik sehr begrenzt sind und nicht auf den relevanten Parametern der Literatur basieren bzw. danach ausgewählt werden konnten. Dieser Nachteil macht sich nicht signifikant in der Genauigkeit der Vorhersage Ergebnisse und Kontrollversuchen merkbar. Jedoch vernachlässigen SHAKERI et al. Bereiche des allgemeinen Prozessverständnisses der extrusionsbasierten additiven Anlagentechnik wie z. B. die, in der Literatur validierte, Extrusionstemperatur. Gleichzeitig mindert der Ansatz die Übertragbarkeit auf andere Anlagentechnik und lässt sich nicht als allgemeiner Ansatz

---

[207] Vgl. Shakeri Z., (2021), Mathematical Modeling and Optimization of Fused Filament Fabrication (FFF) Process Parameters for Shape Deviation Control of Polyamide 6 Using Tanguchi Method, S. 6

reproduzieren oder auf einer anderen Anlagentechnik anwenden. Die Genauigkeiten der Prädiktion könnten ebenfalls besser sein, sind aber ausreichend und können nicht direkt auf die begrenzte Anzahl an mess- und einstellbaren Parametern zurückgeführt werden. Der große Mehrwert dieses Ansatzes wird durch das methodisch saubere Vorgehen von SHAKERI et al. geliefert. Systematisch wird ein Vorgehen entwickelt, welches in geregelter sequentieller Abfolge der einzelnen methodischen Elemente abläuft, aber auch Schleifen für Korrekturen und weitere Datenanalysen zulässt. Das methodische Vorgehen endet jedoch ohne weitere Validierung der möglichen durchzuführenden Optimierungsansätze und die Rückführung der Ergebnisse in die Anlagentechnik.

3.4.1.3 Multi-parameter Optimization for Fused Filament Fabrication nach Kechagias et al.

Problem- und Zielsetzung: KECHAGLAS et. al. sehen die Problemstellung in der resultierenden Bauteilqualität der extrusionsbasierten additiven Verfahren, genauer in der mangelnden und in ihren Ergebnissen schwankenden Festigkeit der Bauteile für den Endanwender. Basierend auf dieser Problemstellung verfolgen KECHAGLAS et al., mit der Optimierung von gezielten Prozessparametern, die Erhöhung der Zugfestigkeit und des Elastizitäts-Moduls der mittels extrusionsbasierten additiven Verfahren gefertigten Bauteile. Genutzt werden dafür unterschiedliche Modellierungsmodelle und ein lineares Regressionsmodell. Ziel von KECHAGLAS et al. ist es, mittels diesen Methoden des maschinellen Lernens die Prozessparameter des extrusionsbasierten additiven Verfahrens für die definierte Zielstellung der Erhöhung der Zugfestigkeit und des E-Moduls zu optimieren.[208]

Vorgehen: Für das Vorgehen der Prozessoptimierung gliedern Kechaglas et al. ihre Arbeit in die Vorbereitungen der Versuchsgrundlage und die tatsächlich genutzten Methoden des maschinellen Lernens. Dafür wird zunächst eine Grundlage aus Versuchsdaten zu den bisherigen Zugfestigkeiten und E-Modulen, der auf der Anlagentechnik gefertigten Bauteilen durchgeführt. Diese bilden die zu vergleichende Datengrundlage für die anschließenden, auf die Datengrundlage angewendeten, Optimierungsmethoden. Anschließend wird der zu variierende Versuchsplan erstellt. Variiert wird auch in dieser Arbeit die Schichtdicke (0,1; 0,3mm), die Extrusionstemperatur (180 – 220°C) und die Verfahrgeschwindigkeit (30 – 50mm/s). Zusätzlich wird auch der Auftragswinkel zwischen 0, 45 und 90°C variiert. Dieser hat in vorherigen Untersuchungen von KECHAGLAS et al. einen direkten Einfluss auf die Zugfestigkeit und das E-Modul gezeigt. Für die Methoden des maschinellen Lernens wird sich anschließend an Taguchi L18 (2^1X3^7) orientiert. Die Methode ermöglicht es zunächst aus den durchgeführten Versuchen die besten Parametersets zu finden

[208] Vgl. Kechagias J.D., (2022), Multi-parameter optimization of PLA/Coconut wood compound for Fused Filament Fabrication using Robust Design, S.1-2

und anschließend mathematische Vorhersage Modelle aufzubauen. Im Anschluss wird ein Regressionsmodell auf Basis dieser Methoden aufgebaut.[209]

Ergebnisse hinsichtlich Datenbereitstellung, Prozessanalyse, Prozessoptimierung: Nach der Versuchsdurchführung werden zunächst die Effekte der variablen Parameter auf die Zugfestigkeit und das E-Modul untersucht. Mit der Auswertung der Tanguchi Methode lässt sich für KECHAGLAS et al. die signifikantesten Prozessparameter mit Hilfe eines Plots der Haupteffekte feststellen. Es lässt sich erkennen, dass der größte Effek,t auf sowohl Zugfestigkeit und E-Modul, von dem Auftragswinkel ausgeht. Die optimalen Prozessparameter lassen sich wie folgt festlegen: Auftragswinkel (0°), Extrusionsgeschwindigkeit (30 mm/s), Extrusionstemperatur (220°C) und Schichtdicke (3mm). Mit Hilfe von Interaktionsplots wird anschließend untersucht und abgebildet wie die einzelnen Parameter miteinander interagieren. Abbildung 3.8 zeigt beispielhaft, dass die Verfahrgeschwindigkeit ein nicht signifikanter Parameter für die Zugfestigkeit und das E-Modul ist. KECHAGLAS et al. bilden alle möglichen Parameterkonstellationen nach diesem Schema ab.

Quelle	DF	Adj SS	Adj MS	F-Wert	P-Wert	%
DA	2	208,926	104,463	88.24	0.000	92.6%
PS	2	1769	884	0.75	0.498	0.8%
NT	2	2991	1495	1.26	0.324	1.3%
LT	1	25	25	0.02	0.888	0.0%
Error	10	11,838	1184			5.2%
Total	17	225,548				100.0%
R^2						94.75%
R^2 ajd						91.08%
R^2 pred						82.99%

Abbildung 3.8: Ergebnisse der Prozessoptimierung

Im letzten Schritt wird eine Modellierung und Validierung der Daten durchgeführt. Basierend auf den Ergebnissen der Tanguchi Methode werden für die Zugfestigkeit und das E-Modul separate Regressionsmodelle aufgebaut. Die Regressionsmodelle werden jeweils mit drei Versuchsdurchführungen validiert. Diese bestehen aus den bereits optimierten Prozessparametern. Alle drei Versuchsdurchführungen werden mit einer Abweichung von ±5 % angegeben, was zeigt, dass die gewählten Regressionsmodelle dazu in der Lage sowohl die Zugfestigkeit, als auch das E-Modul vorherzusagen.[210]

---

[209] Vgl. Kechagias J.D., (2022), Multi-parameter optimization of PLA/Coconut wood compound for Fused Filament Fabrication using Robust Design, S.2-4

[210] Vgl. Kechagias J.D., (2022), Multi-parameter optimization of PLA/Coconut wood compound for Fused Fila-ment Fabrication using Robust Design, S.4-6

Die durchgeführten Untersuchungen von Kechagias et al. zeigen zunächst einmal, dass es möglich ist mit einer kleinen Datenmenge mit Hilfe des maschinellen Lernens die optimalen Prozessparameter und ihre Kombination für eine bestimmte Zielstellung zu definieren. Abschließend lässt sich feststellen, dass die anschließend verwendeten Regressionsmodelle mit seiner Genauigkeitsabweichung von 5% die Zugfestigkeit und das E-Modul vorhersagen können.[211]

Kechaglas et al. nutzen eine gezielte Datengrundlage aus bestehenden Daten der verwendeten extrusionsbasierten additiven Anlagentechnik, um damit eine definierte Zielsetzung zu verfolgen. Die Datenmenge ist mit 21 Versuchspunkten für das Regressionsmodell etwas unter dimensioniert, da das Regressionsmodell aber auf den Daten der Tanguchi Methode fundiert, sind die Ergebnisse als valide einzuschätzen. In dieser Arbeit werden keine zusätzlichen prozessanalyse Methoden verwendet oder definiert welche zusätzliche Sensortechnik zu Erfüllung der Zielsetzung nützlich sein könnte. Jedoch wird abschließend ein Regressionsmodell zur Prozessoptimierung der Anlagentechnik aufgebaut. Die Auswahl der Optimierungsmethoden erfolgt methodisch und ist gut nachvollziehbar. Deutliche Optimierungserfolge als automatisierte Rückführung in den Prozess werden von KECHAGLAS et al. jedoch nicht beschrieben. Abschließend lässt sich sagen, dass dieses gewählte Modell an sich gut übertragbar auf andere Anlagentechnik wäre und damit einen wichtigen Grundstein für die Verarbeitung von maschineninternen Daten aus extrusionsbasierter additiver Anlagentechnik liefert.

3.4.2 Monitoring

3.4.2.1 In Situ Monitoring of Machine Condition via Acoustic Emission nach Wu et al.

Problem- und Zielsetzung: WU et al. beschreiben die extrusionbasierten additiven Verfahren, als meistgenutzte Verfahren unter den additiven Fertigungsverfahren, die es eigentlich ermöglichen sollten komplexe Geometrien bei einer hohen Materialvielfalt zu realisieren. Die Problematik sehen WU et al. jedoch darin, dass die Anlagentechnik oftmals limitiert ist durch ihre Zuverlässigkeit und die daraus resultierende schlechte Bauteilqualität. Um diese Problemstellung anzugehen muss der Zustand der Anlagentechnik laut WU et al. zunächst überwacht werden und anschließend die Möglichkeit genutzt werden den Regelkreis für die extrusionsbasierten additiven Anlagentechniken zu schließen. WU et al. nutzen dafür zunächst einen Akustik Emissionssensor (AE) um den Zustand der Anlagentechnik zu überwachen und als normal oder nicht normal zu bewerten. Dafür werden sogenannte Support Vektor Machines (SVM) für die Zustandserkennung genutzt. Ziel ist es eine nicht invasive Diagnose und Prognose für die Wartung und Prozesskontrolle der von ihnen genutzten extrusionsbasierten additiven Anlagentechnik zu entwickeln.[212]

---

[211] Vgl. Kechagias J.D., (2022), Multi-parameter optimization of PLA/Coconut wood compound for Fused Fila-ment Fabrication using Robust Design, S.7

[212] Vgl. Wu H., (2016), In situ monitoring of FDM machine condition via acoustic emission, S. 1483

Vorgehen: Für ihr Vorgehen starten WU et al. zunächst mit der Auswahl des AE Sensors. Dieser liefert eine große Menge an Information über den Fertigungsprozess, da sich die aufgenommenen Daten der AE Sensoren sowohl in Echtzeit verarbeiten, als auch analysieren lassen. Die Datenquellen des AE Sensors sind die Signale der laufenden Anlagentechnik. AE ist eine nicht invasive Methode. Für die Überwachung der Anlagentechnik definieren WU et al. zunächst unterschiedliche mögliche Zustände der Anlagentechnik. Diese, zu überwachenden, möglichen Zustände der Anlagentechnik sind in Abbildung 3.9 dargestellt. Dabei unterscheiden Wu et al. zwischen normalen Zuständen der Anlagentechnik und nicht normalen Zuständen der Anlagentechnik. Als normal werden die Zustände Material Einzug, Material Leerlauf und der normale Extrusionsprozess definiert. Als nicht normal werden die Zustände der Anlagentechnik definiert, wenn kein Material mehr durch den Extruder befördert wird, wenn der Extruder semi geblockt ist und wenn der Extruder geblockt bzw. verstopft ist und sich Material ansammelt, welches nicht mehr befördert werden kann.[213]

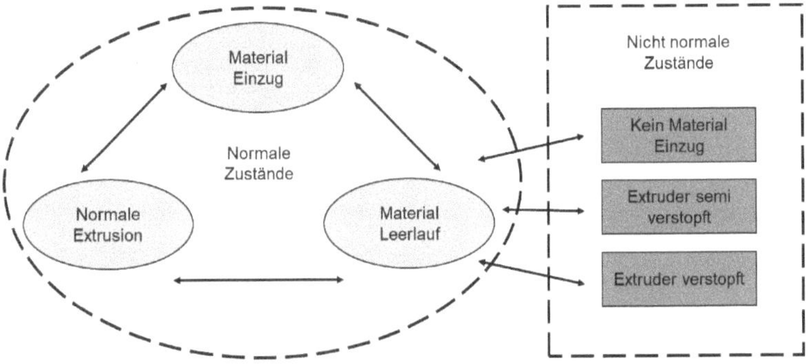

Abbildung 3.9: Mögliche Zustände der Anlagentechnik nach WU et al.[214]

Die Zustands- und Prozessüberwachung erfolgt für WU et al. ausschließlich auf der Basis des AE Sensors und bezieht sich nur auf die Anlagentechnik. Der AE Sensor wird mit WU et al. zum ersten Mal in das extrusionsbasierte additive Fertigungsverfahren eingesetzt. Dabei erfolgt die Signalverarbeitung bzw. die Speicherung der Daten nicht in Form der ursprünglichen AE-Signal Daten sondern als eine Reihe von Treffern. Ausschlaggebend sind dabei die Länge eines Ausschlags, die Amplitude eines Ausschlags und die Anzahl der Ausschläge. Für den Versuchsaufbau von WU et al. wird der AE Sensor direkt am Extruder integriert. WU et al. nutzen im Anschluss ein SVM Modell zur Identifizierung der Zustände der Anlagentechnik. Für die Versuche werden die unterschiedlichen möglichen Zustände der Anlagentechnik untersucht.

[213] Vgl. Wu H., (2016), In situ monitoring of FDM machine condition via acoustic emission, S. 1483-1484

[214] Vgl. Wu H., (2016), In situ monitoring of FDM machine condition via acoustic emission, S. 1484

WU et al. starten mit der Untersuchung zweier, als normal definierter, Zustände. Basierend auf diesen Untersuchungen geht für WU et al hervor, dass für die darauffolgenden als nicht normal definierten Zustände die Merkmale des Zeitbereichs zur Identifizierung der verschiedenen Zustände genutzt werden sollten. Die nicht normalen Zustände fallen zunächst unter die Definition „kein Material Einzug". Mit Hilfe der AE Datenanalyse und der Zustandsdiagnose mittels SVM werden diese Zustände genauer untersucht. Im nächsten Schritt erfolgt die Untersuchung der Verstopfung des Extruders auch anhand der AE Datenanalyse und anhand der Zustandsdiagnose mittels SVM. Abschließend führen WU et al. für die Prozessüberwachung aller Zustände eine Versuchsreihe durch.[215]

Ergebnisse im Sine der Datenbereitstellung, Prozessanalyse, Prozessoptimierung: Damit sind fünf verschiedene Zustandsdiagnosen der Anlagentechnik von WU et al. untersucht worden. Für alle Zustände können jeweils normale und abnormale Zustände mittels der Prozessüberwachung mit Hilfe des AE Sensors identifiziert werden. Die Genauigkeiten für die Zustandsvorhersage liegen für alle Zustände bei über 95 % und erreichen bis zu 100 % Genauigkeiten.[216]

WU et al. nutzen für die Datenbereitstellung nur die zusätzlichen Sensordaten des AE Sensors, die Qualität der Daten ist aufgrund der Wahl des AE Sensors nicht vollständig zu bereinigen und weist immer wieder Störungen auf. Die Praktikabilitäts des AE Sensors ist damit in Frage zu stellen. Die Prozessüberwachung und Zustandsüberwachung erfolgt für WU et al. ebenfalls ausschließlich auf Basis der Überwachung der Anlagentechnik das Zusammenspiel aus Anlagentechnik und Bauteil wird damit nur ungenügend betrachtet. Die Prozess- und Fertigungsparameter der Anlagentechnik werden in der Arbeit von WU et al. nicht betrachtet. Trotzdem liefert die Arbeit mit ihrer systematischen Datenakquisation aus dem AE Sensor einen wichtigen Beitrag im Sinne der Prozessüberwachung mittels gezielter Platzierung und Integration ausgewählter Sensortechnik. Wu et al. wählen zwar nur SVM Modelle und leiten diese Auswahl nicht methodisch her, erreichen mit ihren Modellen jedoch gute Ergebnisse zur Zustandsvorhersage. Zur weiteren Prozessoptimierung sollten jedoch auch weitere Modelle systematisch evaluiert werden.

3.4.2.2 In-Situ Monitoring and Diagnosing based on Vibration Sensors nach LI et al.

Problem- und Zielsetzung: Der Ansatz von LI ET AL. sieht großes Potential von extrusionsbasierten additiven Fertigungsverfahren in der Fertigung von Prototypen mit komplexen. Für LI et al. erfordern die hohen Bauteilqualitäten die Echtzeit Überwachung des Bauteils während der Fertigung und die Überwachung des Zustands der Maschine. Dafür verfolgen LI et al. einen Ansatz basierend auf der Integration von zusätzlicher Vibrationssensorik und darauf aufbauenden datengetriebenen Methoden für die Echtzeit Überwachung und die Zustandsdiagnose der Anlagentechnik. Ziel ist es die Genauigkeit des Least Square Vector Machine (LS-SVM) Algorithmus und

[215] Vgl. Wu H., (2016), In situ monitoring of FDM machine condition via acoustic emission, S. 1486-1490

[216] Vgl. Wu H., (2016), In situ monitoring of FDM machine condition via acoustic emission, S. 1490-1493

des Back-Propagation Neural Network (BPNN) Algorithmus für die Überwachung und die Zustandsdiagnose zu ermitteln. Der gewählte Ansatz soll sowohl diagnostisch, als auch prognostisch für extrusionsbasierte additive Fertigungsverfahren anwendbar sein.[217]

Vorgehen: Die von LI et al. getroffene Auswahl der datengetriebenen Methoden des maschinellen Lernens basiert auf einer zuvor durchgeführte Literatur Recherche. Aus den Arbeiten von KIM et al. geht die Auswahl des L-SVM und SVM Modells für die Zustandsdiagnose der Anlagentechnik hervor[218]. Die Auswahl des BPNN Models erfolgt für die Überwachung der Bauteilqualität bezogen auf die Charakteristika Verzug und Schichtaufbau. Abbildung 3.10 zeigt die gewählte Methodik von LI et al. mit Hilfe eines Ablaufdiagramms. Für die Datenbereitstellung erfolgt mit der Arbeit von LI et al. zunächst die Integration der Vibrationssensortechnik in die Anlagentechnik. Dabei werden alle zu erfassenden Daten mit Hilfe einer Schnittstelle zur Datenerfassung (DAQ) zusammengeführt. LI et al. fokussieren sich zunächst auf die Datenqualität und die Aufnahmerate der integrierten Vibrationssensoren.[219]

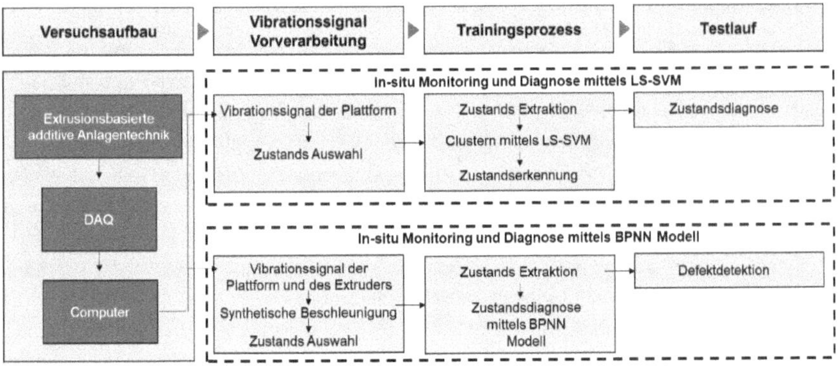

Abbildung 3.10: Ablaufdiagramm für die Echtzeitüberwachung und die Diagnose nach LI et al.[220]

[217] Vgl. Li Y. et al., (2019), In-Situ Monitoring and Diagnosing for Fused Filament Fabrication Process Based on Vibration Sensors, S. 1

[217] Vgl. Kim J.S. et al., (2018), Development of data-driven in-situ monitoring and diagnosis system of fused depostioton modeling process based on support vector machine algorithm, S. 479-486

[219] Vgl. Li Y. et al., (2019), In-Situ Monitoring and Diagnosing for Fused Filament Fabrication Process Based on Vibration Sensors, S. 3-4

[220] Vgl. Li Y. et al., (2019), In-Situ Monitoring and Diagnosing for Fused Filament Fabrication Process Based on Vibration Sensors, S. 4

Im nächsten Schritt erfolgt die Echtzeit Überwachung und Diagnose der Anlagentechnik basierend auf dem ausgewählten LS-SVM Modell. Dafür werden die Vibrationssensoren genutzt um die Materialzuführung mit Hilfe von abnormalen Vibrationen zu klassifizieren. Verstopfungen bei der Materialzuführung führen dazu, dass sich die Vibrationen, ausgelöst durch den Antriebsmotor, verändern. Zusätzlich führen Verstopfungen dazu, dass die zugeführte Menge Material sich verringert, was dazu führt, dass sich die Kraft zwischen dem Extruder und dem Bauteil verringert. Der Vibrationssensor detektiert dann eine geringere Amplitude der Plattform. Das LS-SVM Modells wird in einem nächsten Schritt genutzt um den jeweils normalen oder abnormalen Zustand der Anlagentechnik zu klassifizieren. Mit Hilfe von Echtzeit Daten wird in einem letzten Schritt die Genauigkeit des LS-SVM Modells überprüft. [221]

Parallel zu der Zustandsüberwachung der Anlagentechnik erfolgt die Echtzeit Überwachung und Diagnose für die Bauteilqualität mittels eines BPNN Modells. Auch hier werden zusätzliche Daten mit Hilfe des Vibrationssensors generiert und anschließend extrahiert. LI et al. bauen ihre Untersuchungen auf der Detektion des Verzugs und des nicht normalen Materialflusses auf. Dabei verknüpfen sie Verzug mit der, auf die Plattform einwirkenden Vibrationskraft und dem Einfluss der Reibungskräfte zwischen dem Extruder und dem zu fertigenden Bauteil. Der nicht normale Materialfluss wird direkt verknüpft mit Materialanhäufungen auf dem Bauteil, was wiederum zu nicht normalen Vibrationen des Extruders und der Bauplattform führt. Das BPNN Model ist ein Netzwerk, das Fehler aus der Diskrepanz zwischen den vorhergesagten und den gewünschten Daten ermittelt. Mit Hilfe des trainierten BPNN Modells werden also anschließend die Defekte des Bauteils, die durch Verzug oder nicht normalen Materialfluss entstehen vorhergesagt. [222]

Ergebnisse hinsichtlich Datenbereitstellung, Prozessanalyse, Prozessoptimierung: LI et al. verfolgen mit ihrem Ansatz das Erreichen einer hohen Bauteilqualität mittels der Überwachung der Anlagentechnik und der Produktionsqualität des Bauteils. Mit den beiden genutzten Modellen für die Zustandsüberwachung SVM und LS-SCM lassen sich Abweichungen für die Zuführung des Materials erkennen. Dabei ermitteln LI et al., dass der LS-SVM Modell bessere Ergebnisse für die Testgruppen erzielt 97,5 %, 97,5 % und 91,25 %. Gleichzeitig verfolgen LI et al. mit ihren Untersuchungen die Überwachung der Bauteilqualität während des Fertigungsprozesses. Das dafür genutzte BPNN Model weißt für den SA Algorithmus höhere Genauigkeiten für Vorhersage der Ergebnisse auf als der UA Algorithmus. Auch hier erreichen LI et al. Werte von über 95,0 %.[223]

---

[221] Vgl. Li Y. et al., (2019), In-Situ Monitoring and Diagnosing for Fused Filament Fabrication Process Based on Vibration Sensors, S. 4-8

[222] Vgl. Li Y. et al., (2019), In-Situ Monitoring and Diagnosing for Fused Filament Fabrication Process Based on Vibration Sensors, S. 4-8

[223] Vgl. Li Y. et al., (2019), In-Situ Monitoring and Diagnosing for Fused Filament Fabrication Process Based on Vibration Sensors, S. 8-15

Damit erreicht LI et al. mit ihrem Ansatz sowohl für die Zustandsüberwachung der Anlagentechnik, als auch für die Überwachung der Bauteilqualität Genauigkeiten von über 95% und damit signifikante Ergebnisse für die Vorhersage dieser beiden wichtigen Indikatoren für die Qualität komplexer geometrischer Bauteile aus extrusionsbasierten additiven Verfahren. LI et al. bauen mit ihrem Ansatz ein methodisches Vorgehen für die Überwachung und sogar Vorhersage extrusionsbasierter additiver Verfahren auf. Systematisch werden Methoden des maschinellen Lernens ausgewählt, die zur Prädiktion und Optimierung genutzt werden können. Es lässt sich jedoch auch feststellen, dass für die Datenbereitstellung wenig auf die bestehenden maschineninternen Daten eingegangen wird und keine Verknüpfungen zwischen maschineninternen und den Sensordaten gezogen werden. Hervorzuheben ist, dass LI et al. für die Prozessanalyse auf die Datenqualität eingehen und diese optimieren. Mit ihrer Arbeit liefern LI et al. einen deutlichen Mehrwert für die Prozessoptimierung und die Prädiktion extrusionsbasierter additiver Verfahren, welcher sich besonders in ihrem systematischen Vorgehen und in der Genauigkeit der Prädiktion wiederspiegelt.

3.4.2.3 Multi-Sensor Data Fusion for In-Process Monitoring nach Moretti et al.

Problem- und Zielsetzung: MORETTI et al. untersuchen die Integration unterschiedlicher Sensorik in eine extrusionsbasierte additive Anlagentechnik und die anschließende Anwendung von Multi-Sensor Daten Fusions Technologien. MORETTI et al. beziehen sich auf die vielen bisher existierenden Lösungen aus der metalllbasierten additiven Fertigung, bei der auch Anlagenhersteller daran forschen wie Mess- und Monitoringmethoden in den Fertigungsprozess integriert werden können. Aufgrund der höheren Kosten für Anlagentechnik und Bauteile für kostenintensive Anwendungen wie Raumfahrt und Luftfahrt, lässt die optimierte Technologie auch für die Anlagenhersteller wirtschaftlich vertreiben. Demgegenüber sieht MORETTI et al. neue Möglichkeiten für die Kunststoff basierte additive Fertigung in der Biomedizin und in der Pharmazie. Diese Bereiche profitieren von den niedrigen Verarbeitungstemperaturen des Kunststoffs und den chemischen Komponenten, die in Kunststoff mit eingebunden werden können. Beide Anwendungen benötigen aber auch die strikte Einhaltung von definierten Toleranzen. Daraus motivieren MORETTI et al. die kostengünstige Überwachung der extrusionsbasierten additiven Fertigungsverfahren mittels unterschiedlicher Sensortechnik. Ziel ist es den Fertigungsprozess zu überwachen und die Bauteilqualität während der Fertigung anhand der Prozessparameter vorherzusagen, um abschließend Toleranzschwankungen entgegenzuwirken und den Prozess besser einstellen zu können.[224]

Vorgehen: Zunächst erfolgt dafür die Anpassung der bestehenden Anlagentechnik zur eigentlichen Integration der Sensortechnik. Dafür werden Modifikationen an der Hardware durchgeführt. Diese Modifikationen beziehen sich auf eine neue, zwischen geschaltete, Steuerungseinheit als

---

[224] Vgl. Moretti M. et al., (2020), Towards the development of a smart fused filament fabrication system using multi-sensor data fusion for in-process monitoring, S. 1-2

DAQ-System, diese ermöglicht es weitere Sensortechnik anzuschließen und anzusteuern. Zusätzlich werden die beiden Antriebsmotoren zu einander synchronisiert. Gleichzeitig werden auch auf Seiten der Steuerung Änderungen durchgeführt, sodass bestimmte Veränderungen des Prozesses auch nur über bestimmte Ports ausgegeben werden können. Im nächsten Schritt erfolgt die eigentliche Integration der Sensortechnik. Diese besteht aus einem Positionssensor für alle Achsen (X,Y,Z), einem Encoder für die Messung der Materialführung und drei zusätzlichen Thermoelementen. In einem letzten Schritt erfolgt die Integration einer USB Kamer am Extruderarm. Abbildung 3.11 zeigt alle Komponenten der zusätzlich integrierten Sensortechnik und die daraus resultierende Datenbereitstellung. Alle Komponenten der Sensortechnik werden mit dem DAQ-System verbunden.[225]

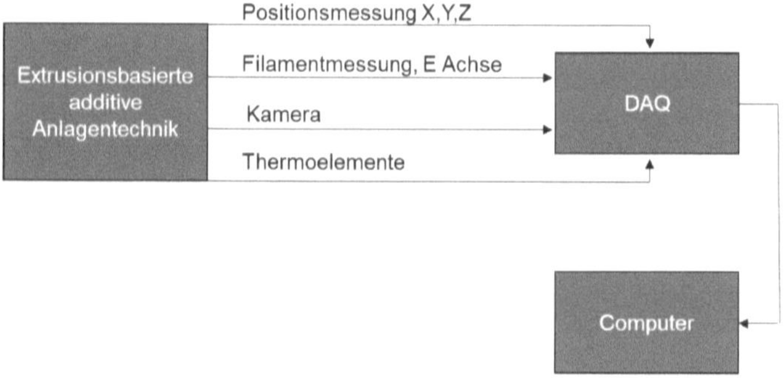

Abbildung 3.11: Schematischer Aufbau der Datenbereitstellung nach Moretti et al.[226]

Für die Versuchsdurchführung werden Fehler bzw. Artefakte durch die Manipulation der Prozessparameter hervorgerufen. Dafür wird die Schichtdicke zwischen 0,15-0,2mm variiert, die Extrusionstemperatur zwischen drei Parametern (220, 230, 240°C) und die Verfahrgeschwindigkeit zwischen 60, 70 und 80 mm/s variiert. Während der Versuche werden einmal die Daten der einzelnen Sensortechnik aufgenommen und analysiert und zusätzlich in einer aggregierten Form, als Sensor Data Fusion untersucht.[227]

Ergebnisse hinsichtlich Datenbereitstellung, Prozessanalyse, Prozessoptimierung: Moretti et al. unterscheiden in ihrer Arbeit zwischen der einzelnen Betrachtung der X,Y,Z Positionsdaten und den Daten des Materialsensors. Anschließend erfolgt die Fusion dieser zwei Datenmengen. Die

[225] Vgl. Moretti M. et al., (2020), Towards the development of a smart fused filament fabrication system using multi-sensor data fusion for in-process monitoring, S. 3-6

[226] Vgl. Moretti M. et al., (2020), Towards the development of a smart fused filament fabrication system using multi-sensor data fusion for in-process monitoring, S. 5

[227] Vgl. Moretti M. et al., (2020), Towards the development of a smart fused filament fabrication system using multi-sensor data fusion for in-process monitoring, S. 5-6

weiteren Einzelanalysen beziehen sich auf die Extruder Temperatur und die Fusion der Temperatur mit den X, Y, Z Daten. Die von der Kamera generierten Daten werden nur einzeln betrachtet und können nicht mit den weiteren Daten fusioniert werden. MORETTI et al. weisen jedoch darauf hin, dass die händische Betrachtung erst wichtige Informationen aus der Kombination der Ergebnisse aus der Auswertung der Kameradaten auf Defekte zwischen den Schichten Aufmerksam machen, die sonst so nicht detektier bar wären.

Die Arbeit von MORETTI et al. zeigt, dass es auch für extrusionsbasierte additive Verfahren möglich ist kostengünstige Sensortechnik zu integrieren und diese zu fusionieren. Im Sinne der Datenbereitstellung findet über die DAQ Komponente eine einheitliche Datenbereitstellung statt, die auch gemeinsam ausgewertet werden kann. Die Prozessanalyse erfolgt jedoch zunächst noch in getrennten Schritten. Einzelne Sensoren können abschließend miteinander verbunden werden, jedoch zeigt die Arbeit auch, dass wichtige Informationen über separate Bildtechnik ermittelt werden und diese Bildtechnik nicht mit der weiteren Sensortechnik fusioniert werden kann. Optimierungsmethoden werden in dieser Arbeit bisher noch gar nicht betrachtet. Moretti et al. liefern mit ihrer Arbeit einen wichtigen Meilenstein im Bereich des Monitorings extrusionsbasierter additiver Anlagentechnik. Die Betrachtung der internen Daten, aber auch der Daten aus zusätzlicher Sensortechnik zu gleicher Maßen wird von MORETTI et al. erstmals durchgeführt. Demgegenüber steht die mangelnde Systematik in der Auswahl der Sensortechnik, welche sich auf die anschließende mangelnde Möglichkeit zur Fursion auswirkt. Moretti et al. liefern mit ihrer Datenbereitstellung die Möglichkeit die Daten auch ohne eine einheitliche Fusionierung für Optimierungsmethoden zu verwenden und legen damit eine gute Basis für darauffolgende mögliche Arbeiten.

3.4.3 Machine-Learning

3.4.3.1 A Framework for AM Process Monitoring & Control nach Cummings et al.

Problem- und Zielsetzung: Für extrusionsbasierte additive Verfahren haben sich weiterhin keine standardisierten Lösungen für die ganzheitliche Prozessüberwachung während des Fertigungsprozesses etabliert und auch die Diagnostik von Fehlstellen stellt weiterhin einer Herausforderung für Anwender der Technologien dar. Die Wissenschaft und Industrie entwickelt bisher nur einzelne Insellösungen, die nur für bestimmte Anlagentechnik geeignet sind und gleichzeitig nicht direkt mit der bestehenden Steuerungseinheit der Anlagentechnik verbunden sind. CUMMINGS et al. untersucht daher die Entwicklung eines Ordnungsrahmens für quantitative diagnostische Lösungen, die gleichzeitig in bestehende Steuerungsstrukturen der Anlagentechnik integriert sind. Mit Hilfe eines Ultraschallsensors die Materialhaftung zwischen den einzelnen Schichten während der Fertigung überwacht und die aus der Überwachung gewonnen Erkenntnisse mit der Betttemperatur der Anlagentechnik verknüpft. Gleichzeitig sollen auch schon erste Optimierungsversuche durchgeführt werden, die Fehler erkennen und anschließend direkt ausgleichen.[228]

Vorgehen: Das Vorgehen von CUMMINGS et al. umfasst den Aufbau einer einheitlichen Datenerfassung und eines Überwachungssystems des extrusionsbasierten additiven Fertigungsverfahrens. Dieses System bezeichnet CUMMINGS et al. als Framework oder Architektur zur Datenbereitstellung und Kontrolle. Abbildung 3.12 zeigt den Aufbau des Frameworks. Bestehend aus der Anlagentechnik und ihrem G-Code als Input aus der bestehenden Steuerungseinheit und der zusätzlich integrierten Sensortechnik zur Datenakquise, -analyse und –verarbeitung. CUMMINGS et al. arbeiten für die Verarbeitung der Daten mit MATLAB, also einem open Source System. Der Aufbau des Frameworks zur Datenerfassung und des Monitoring Systems erfolgen dabei parallel und verfolgt das Ziel, dass die Steuerungseinheit der Anlagentechnik in Echtzeit mit dem Monitoring System kommunizieren kann. In einem nächsten Schritt wird dieses Framework mit geometrisch einfachen Bauteilen erprobt. CUMMINGS et al. gehen so vor, dass gezielt einzelne Parameter verändert werden und damit gezielt Fehler in den Fertigungsprozess eingebracht werden. Hierbei handelt es sich um die Veränderung der Verarbeitungstemperatur, sowie der Betttemperatur. Dabei wird die Betttemperaturen von 25 auf 60 °C erhöht und das Kühlsystem ausgeschaltet. Mit Hilfe des in MATLAB programmierten Kontrollsystems kann erkannt werden, wenn die Parameter abweichen und die dementsprechenden Parameter angepasst werden. Im Extremfall stoppt der Fertigungsprozess, wenn die Abweichung zu groß ist und ein Nachsteuern nicht möglich ist. Zusätzlich zu der Datenerfassung aus der Steuerung setzt Cummings weitere Sensortechnik in Form eines Ultraschallsensors ein. Dieser Sensor wird direkt neben der Düse platziert und kann während des Fertigungsprozesses einen digitalen Schatten des Bauteils in Form einer 3D-Visualisierung aufbauen.[229]

---

[228] Vgl. Cummings I.T. et al., (2017), A Framework for AM Process Monitoring & Control, S. 137

[229] Vgl. Cummings I.T. et al., (2017), A Framework for AM Process Monitoring & Control, S. 137-139

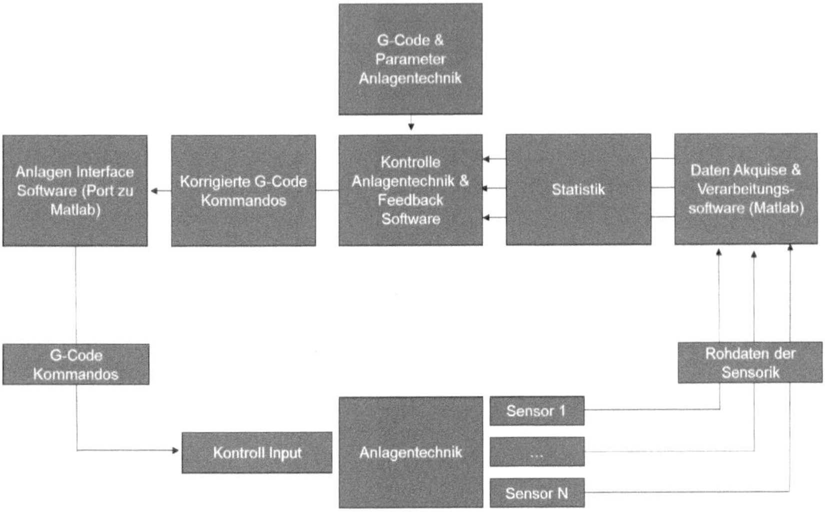

Abbildung 3.12: Aufbau des Frameworks nach CUMMINGS et al.[230]

Ergebnisse hinsichtlich Datenbereitstellung, Prozessanalyse, Prozessoptimierung: In der Ergebnisanalyse von CUMMINGS et al. wird analysiert, ob das entwickelte Framework in der Lage ist nicht nur den Fertigungsprozess zu visualisieren, sondern auch mit hohen Genauigkeiten den Prozess zu überwachen. Ersteres lässt sich mit einer Visualisierung der 3D-Daten durchführen. Gleichzeitig wird überprüft, ob die gewählten Abweichungen der Parameter wirklich detektiert werden können. Anhand von mehreren Testdurchläufen lässt sich von CUMMINGS et al. jedoch feststellen, dass das System noch nicht robust genug ist und eine andere Lösung als der Ultraschallsensor gefunden werden sollte, da dieser auf die Abweichungen des Verfahrwegs der Anlagentechnik zu sensitiv reagiert.[231]

Das Framework zeigt deutliche Fortschritte bei der Entwicklung eines geschlossenen Systems zu Optimierung extrusionsbasierter additiver Anlagentechnik. Die Einordnung in die Datenerfassung erfolgt nicht vollständig, da die Autoren genau an dieser Stelle Verbesserungsbedarf sehen und die Steuerungseinheit mit weiteren Versuchen und damit größeren Datenmengen trainiert werden sollte. Die Prozessanalyse ist noch deutlich verbesserbar und beschreibt keine Lösungen für die Datenfusion der ausgewählten und integrierten Sensortechnik. Im Sinne der Prozessoptimierung mangelt es an den Optimierungsansätzen und der tatsächlichen Kontrolle über den Prozess. Einen Mehrwert der Arbeit bildet die systematische Vorgehensweise für den Aufbau des

[230] Vgl. ebd., S. 138

[231] Vgl. ebd., S. 142-145

Frameworks und der Datenerfassung und die Möglichkeit der Übertragbarkeit der Monitoring Lösung für andere extrusionsbasierte additive Verfahren.

3.4.3.2 Online Convolutional Neural Network-Based Quality Control for FFF Lyu et al.

Problem- und Zielsetzung: LYU et al. adressieren mit ihrer Arbeit die erforderliche Produktqualität und die mangelnde Konsistenz extrusionsbasierter additiver Fertigungsverfahren. Ziel ist es mit Hilfe eines gefalteten neuralen Netzes Anomalien während der Fertigung zu detektieren und zu korrigieren. Dabei erfolgt die Prozessanalyse mit Hilfe eines 3D Laser Scanners. Abschließend wird darauf basierend eine PID-Regelung zur Reduzierung der Schwankungen der Maßhaltigkeit in die von Lyu et al. genutzte extrusionsbasierte additive Anlagentechnik integriert. Zusätzlich soll mit Hilfe dieses Systems Anomalien, die auf der Oberfläche der zu fertigenden Bauteile auftreten, korrigiert werden können.[232]

Vorgehen: LYU et al begründen ihre Auswahl der Sensortechnik mit der Abhängigkeit kamerabasierten 2D Monitoring Systeme von der Lichtintensität innerhalb des Bauraums. Unterschiedliche Lichtqualitäten verändern und erschweren die Auswertung und Erkenntnisse der Überwachung. LYU et al. wählen daher einen 3D Laser Scanner für ihre Arbeit. Detaillierte Analysen aus unterschiedlichen Bereichen sind nur mit mehreren Kameras möglich und die Installation und Fusion dieser Daten ist aufwändig. 3D- Laser haben für bisherige Arbeiten akkurate und zuverlässige Ergebnisse geliefert. Der 3D-Laser Scanner soll nun die Maßhaltigkeit und die Oberflächenqualität der Bauteile innerhalb der Anlagentechnik überwachen. Das schematische Vorgehen von LYU et al. ist in Abbildung 3.13 dargestellt.[233]

[232] Vgl. Lyu J. et al., (2021), Online Convolutional Neural Network-based anomaly detection and quality control for Fused Filament Fabrication process, S. 160

[233] Vgl. ebd. S. 160-163

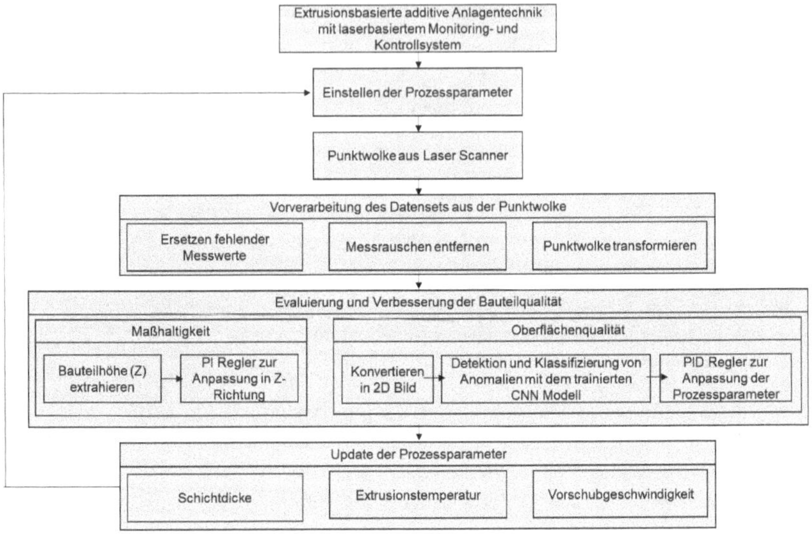

Abbildung 3.13: Schematisches Vorgehen nach Lyu et al.[234]

Zunächst erfolgt das Erzeugen der Punktwolke und die Vorverarbeitung der generierten Datenmenge des Hochgeschwindigkeits 3D-Laser Scanners. Die Daten des Lasers können nicht als Rohdaten verarbeitet werden. Die Störungen kommen von mechanischen Vibrationen, die während der Fertigung auf das mit fahrende Scansystem wirken. Deshalb müssen die Daten vorverarbeitet werden. Dazu gehören das Einsetzen von fehlenden Daten in der Punktwolke, das Entfernen von Störungen und die Transformation der Punktwolke in das Koordinatensystem der Anlagentechnik. Im Anschluss an die Datenbereitstellung verfolgen LYU et al. zwei Ziele und damit verknüpfte Vorgehensweisen. Das ist zunächst die Kontrolltechnik zur Garantie der Maßhaltigkeit. Die Basis ist die Punktwolken Datenmenge des Laser Scanners. Die Daten werden mit Hilfe eines PID-Reglers angepasst um die Maßhaltigkeit der Bauteile zu verbessern. Mit Hilfe des RANSAC Algorithmus wird zunächst die aktuelle Höhe in Z-Richtung der Bauteile extrahiert. Die Kontrollgrundlage spielt dabei die Vorgabe des G-Codes der Anlagentechnik. Der PID-Regler rechnet während des gesamten Fertigungsprozesses die Differenz zwischen des Ist-Werts aus den Daten des Lasers und aus den Soll-Werten des G-Codes aus. Berücksichtigt wird dabei die

---

[234] Vgl. Lyu J. et al., (2021), Online Convolutional Neural Network-based anomaly detection and quality control for Fused Filament Fabrication process, S. 163

als Prozessparameter festgelegt Schichtdicke und die Ist-Schichtdicke. Mit diesen Informationen wird der PID-Regler durchgehend gefüttert.[235]

Parallel dazu wird die Oberflächenqualität untersucht. Dazu wird ein Tiefenbild der oberen Oberfläche generiert. Mit der ermittelten Höhe des gefertigten Teils, können die jeweils in der Ebene vorhandenen Oberflächenanomalien analysiert werden. Zu diesem Zweck wird die Punktwolke der obersten Oberfläche in ein Tiefenbild umgewandelt. Dieses Tiefenbild gilt allein der Erhöhung der Berechnungseffizienz zur Garantie der Echtzeit Auswertung. Mit Hilfe der Rasterung Methode wird die 3D Punktwolke in ein 2D Bild umgewandelt, um ausschließlich die Oberfläche des Bauteils zu betrachten. Den Abweichungen wird von LYU et al. eine Farbkodierung zugeordnet um die 2D Bilder besser analysieren zu können. Kontrolliert wird die Oberflächenqualität abschließend mit Hilfe eines Convolutional Neuronalen Netzwerks. Das Vorgehen dazu ist in Abbildung 3.14 dargestellt. [236]

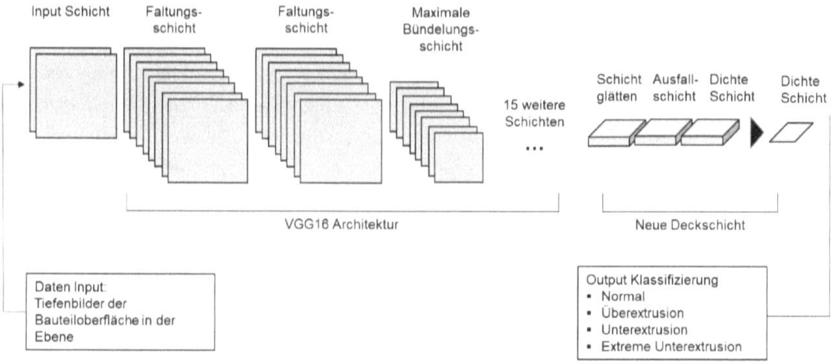

Abbildung 3.14: Detektion und Klassifikation der Oberflächenqualität mit Hilfe des Convulutional Neural Networks nach LYU et al.[237]

LYU et al. unterscheiden von Anfang an zwischen Überextrusion, Unterextrusion, extremer Unterextrusion und der normalen Extrusion. Diesen Bereichen ordnen sie entsprechende Variablen zu. Diese werden mit der Vorschubsgeschwindigkeit und der Extrusionstemperatur als auslösende Prozessparameter verknüpft und eine weitere Variabel beschreibt den Schweregrad der Anomalie. Auch hier kontrolliert ein PID-Regler jeweils die Extrusionstemperatur und die Vor-

[235] Vgl. Lyu J. et al., (2021), Online Convolutional Neural Network-based anomaly detection and quality control for Fused Filament Fabrication process, S. 163-166

[236] Vgl. ebd. S. 166-1669

[237] Vgl. ebd. S. 167

schubgeschwindigkeit mit den festgelegten Variablen wird jeweils die detektierte Abweichung angepasst. LYU et al. untersuchen ihr Vorgehen mit Hilfe von unterschiedlichen Fallstudien. Dazu wird ein Algorithmus in Python generiert und ein Versuchsplan aufgestellt.[238]

Ergebnisse hinsichtlich Datenbereitstellung, Prozessanalyse, Prozessoptimierung: Mit Hilfe der Fallstudien lässt sich eine Gesamtklassifiziergenauigkeit des Anomalie Tests von 90,08% von LYU et al. erzielen. Für die Regelung der Maßhaltigkeit wird mit Hilfe des entwickelnden Systems die Maßhaltigkeit auf 0,1% gehalten. Zusätzlich lässt sich mit Hilfe der Fallstudien abschließend noch die Wirksamkeit des Kontrollsystems zur Korrektur der Anomalien durch automatische Anpassung der Prozessparameter Extrusionstemperatur und Vorschubgeschwindigkeit ermöglichen.[239]

LYU et al. nutzen für ihre Untersuchungen die Datenbereitstellung aus dem G-Code der Anlagentechnik und ausgewählte Prozessparameter der Anlagentechnik wie die Schichtdicke, die Extrusionstemperatur und die Vorschubgeschwindigkeit. Daraus erzeugen sie eine Datenmenge der Maschinen internen Daten. Gleichzeitig wird zur Prozessanalyse ein 3D-Laser Scanner der Firma Keyence integriert. Die daraus entstehenden Daten werden anschließend aber nicht zentral fusioniert, sondern separat voneinander analysiert und weiterverarbeitet. Die darauffolgende Prozessoptimierung erreicht mit einer Klassifiziergenauigkeit von 90,08% einen Wert unter 95% und ist damit zunächst als nicht genau genug einzustufen. Einen Mehrwert liefert das Gesamtvorgehen von LYU et al, dieses erfolgt nachvollziehbar und systematisch und lässt sich auch auf weitere Anlagentechnik übertragen.

3.4.3.3 Deep Learning Solution for Real-Time Assessment and Control nach Akhavan et al.

Problem- und Zielsetzung: AKHAVAN et al. motivieren ihre Arbeit mit der mangelnden Wiederholgenauigkeit und den fehlenden Lösungen zur Steuerung der extrusionsbasierten additiven Verfahren um Zeit- und Materialverluste zu vermeiden. Ziel ihrer Arbeit ist es Unter- und Überextrusion als Auslöser für Artefakte in der Bauteilqualität in Echtzeit zu kontrollieren. Dafür soll mit Hilfe eines Hybrid Convolutional Auto-Encoder decoder (HCAE) Modells die Artefakt Qualität beschrieben werden. Genutzt wird dazu ein Laser Scanner und über die Anpassung des G-Codes und die Anpassung der Prozessparameter Verfahrgeschwindigkeit und Durchsatz werden gezielt Defekte in das Bauteil eingebracht. [240]

---

[238] Vgl. Lyu J. et al., (2021), Online Convolutional Neural Network-based anomaly detection and quality control for Fused Filament Fabrication process. ebd. S.168-169

[239] Vgl. ebd. S. 170-174

[240] Vgl. Akhavan J. et al., (2023), A deep learning solution for real-time quality assessment and control in additive manufacturing using point cloud data, S. 1389

Vorgehen: AKHAVAN et al. haben für ihre Zielstellung ein eigenes Vorgehen entwickelt. Abbildung 3.15 zeigt das entwickelte Vorgehen, bestehend aus dem eigentlichen Fertigungsprozess und der Nutzung eines 2D Laser Scanners. Mit Hilfe des 2D Lasers Scanners wird zunächst nur die Oberfläche der zuletzt aufgetragenen Schicht untersucht. Aus den gewonnen Daten kann im Anschluss eine 3D Punktwolke generiert werden. Die Daten dieser Punktwolke werden im ersten Verarbeitungsschritt vorbereitet, weiterverarbeitet, transformiert und abschließend segmentiert. Mit Hilfe dieser Datenvorbereitung kann im Anschluss der Multi-region HCAE die Daten analysieren und besondere Features extrahieren. Abschließend entsteht ein bewertetes Datenset, welches dann im letzten Schritt vom Controller und dem G-Code Manipulator verarbeitet wird und sowohl die Prozessparameter, als auch den G-Code für eventuelle Abweichungen anpasst.[241]

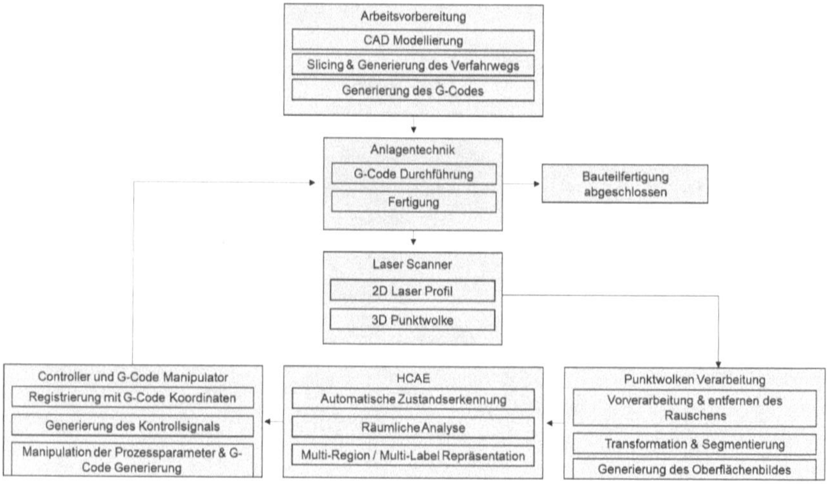

Abbildung 3.15: Prozessdiagramm zum Vorgehen nach Akhavan et al.[242]

Die Hardware von AKHAVAN et al. setzt sich aus der extrusionsbasierten additiven Anlagentechnik und einem 2D- Laser Scanner zusammen. Der Scanner wird dabei nicht am Extrusionskopf selber angebracht, sondern läuft auf einem Schienensystem in X-Y- Richtung über dem Extrusionskopf mit, sodass immer die letzte Schicht eingescannt werden kann.[243]

---

[241] Vgl. Akhavan J. et al., (2023), A deep learning solution for real-time quality assessment and control in additive manufacturing using point cloud data, S. 1392-1394

[242] Vgl. ebd. S. 1393

[243] Vgl. Akhavan J. et al., (2023), A deep learning solution for real-time quality assessment and control in additive manufacturing using point cloud data, S. 1393

Ergebnisse hinsichtlich Datenbereitstellung, Prozessanalyse, Prozessoptimierung: Mit Hilfe einer Konfusionsmatrix analysieren AKHAVAN et al. die Ergebnisse ihres Vorgehens und können die Korrelationen zwischen den einzelnen Prozessparametern, sowie den Defekten und Artefakten resultierend aus Über- und Unterextrusion untersuchen. Die Genauigkeiten der Vorhersage variieren zwischen 85% und 98,38%. Damit lassen sich einige Korrelationen und Artefakte über das durchgeführte Vorgehen sehr gut vorhersagen und optimieren. Ein Beispiel dafür ist das Leerlaufen des Extrusionskopfs, also wenn gar kein Material mehr zugeführt wird. Ein negatives Beispiel ist die normale Extrusion und die Kombination aus Überextrusion und normaler Extrusion (Vgl. Abbildung **3.16**). Es lässt sich also erkennen, dass mit dem Vorgehen von AKHAVAN et al. besonders die Extremzustände mit klaren Defekten sehr gut vorhergesagt werden können und damit auch optimiert werden können. Für kleinere Ausreißer ist das Modell noch nicht gut genug trainiert.[244]

	Leer	Über	Normal	Unter	Über & unter	Unter & Normal	Über & Normal	Genau-igkeit
Leer	8146.0	13.0	17.0	0	4.0	5.0	95.0	8280 98,38% 1,62%
Über	192.0	27613.75	54.0	7.0	319.25	545.25	114.0	28845 95,73% 4,27%
Normal	735.0	84.0	17470.25	39.0	286.25	1344.5	549.5	20508 85,19% 14,81%
Unter	16.0	36.0	24.0	15169.5	523.25	319.0	249.75	16337 92,85% 7.15%
Über & unter	6.0	140.25	39.0	76.75	10775.0	383.5	166.0	11586 93,00% 7,00%
Unter & Normal	25.0	12.0	492.25	106.75	119.5	22357.0	41.75	23154 96,56% 3,44%
Über & Normal	46.0	152.0	155.5	36.0	123.75	98.75	5372.0	5984 89,77% 10,23%
Rückruf	9166 88,87% 11,13%	28051 98,44% 1,56%	18252 95,72% 4,28%	15435 98,28% 1,72%	12151 88,68% 11,32%	25053 89,24% 10,76%	6588 81,54% 18,46%	114696 93,21% 6,79%

Abbildung 3.16: Konfessionsmatrix zum Vorgehen von Akhavan et al.[245]

Insgesamt ist die Arbeit von AKHAVAN et al. besonders auf Grund des präzisen Vorgehens, der genauen Auswertung und großen Datenmenge relevant. Die Arbeit mit dem 2D-Laser Scanner

[244] Vgl. ebd. S. 1400 - 1403

[245] Vgl. ebd. S. 1403

erfordert allerdings einen sehr großen Datenhandlings- und Aufbereitungsaufwand. Die Prozessanalyse und das Monitoring erfolgen mit dem Ansatz von Akhavan et al. auch auf Basis der über die Anlagentechnik zur Verfügung stehenden Prozessparameter, dabei wird jedoch die Verarbeitungstemperatur außer Acht gelassen. Die Prozessoptimierung ist mit diesem Vorgehen realisierbar und für extreme Abweichungen des Normalzustands auch präzise. Mit Ergebnissen von über 95 % Vorhersagegenauigkeit, erreichen AKHAVAN et al. mit ihrem Vorgehen sehr gute Ergebnisse, welche die große Datenmenge wiederspiegeln mit der gearbeitet wurde. Zusätzlich ist der Ansatz durch die genaue Beschreibung des Vorgehens gut reproduzierbar und auf andere extrusionsbasierte Anlagentechnik übertragbar.

3.5 Aggregation der Bewertung der Ansätze

Nach der Vorstellung der ausgewählten Ansätze hoher Relevanz aus dem Bereich der Analyse und Optimierung von extrusionsbasierten additiven Verfahren folgt eine aggregierte Bewertung dieser Ansätze. Diese aggregierte Bewertung untersucht die Ansätze gezielt auf den Erfüllungsgrad der definierten Anforderungen aus Kapitel 3.2. Dabei wird jeweils jede der drei Anforderungsdimensionen Datenbereitstellung, Prozessanalyse und Prozessoptimierung analysiert.

Abbildung 3.17 Bewertungsübersicht der analysierten Ansätze hoher Relevanz

zeigt die Bewertungsübersicht der analysierten Ansätze hoher Relevanz. Zugeordnet sind die Ansätze nach den ermittelten Kategorien aus der systematischen Literaturrecherche. Ansätze, die ausschließlich auf prozessinternen Daten basieren. Ansätze deren Fokus der gewählte Monitoring Ansatz ist und Ansätze, die auf ausgewählten Machine Learning Ansätzen basieren. Es lässt sich grundsätzlich feststellen, dass Ansätze, die ausschließlich auf prozessinterne Daten basieren, weniger Anforderungsdimensionen im Bereich der Prozessanalyse und Prozessoptimierung erfüllen. Gleiches lässt sich für Monitoring Ansätze feststellen. Diese erfüllen weniger Anforderungsdimensionen im Bereich der Datenbereitstellung und sogar noch weniger im Bereich der Prozessoptimierung. Machine Learning Ansätze dagegen weisen lediglich im Bereich der Prozessanalyse geringere Erfüllungsgrade auf. Dies hängt damit zusammen, dass die Umsetzung von Optimierungsmethoden sehr eng mit einer erfolgreichen Datenbereitstellung verknüpft ist und eine erfolgreiche Prozessoptimierung nur basierend auf einer erfolgreichen Datenbereitstellung durchgeführt werden kann. Auffällig ist, dass ein einzelner Ansatz von CUMMINGS et al. mit geringeren Erfüllungsgraden im Bereich der systematischen Datengrundlage und der Datenqualität auch nur teilweise Erfüllung der Optimierungsansätze aufweist. Für LYU et al. ist dies auch der Fall, hier basiert dieses Ergebnis jedoch auf der mangelnden Datenfusion und Praktikabilität des genutzten 2D-Laser Scanners. Die Optimierungsansätze lassen hier für alle Ansätze sehr gut qualitativ anhand der Vorhersagegenauigkeiten der genutzten Algorithmen der Prozessoptimierung bewerten.

Für die Monitoring Ansätze sticht die Arbeit von MORETTI et al. heraus. Zwar weist dieser Ansatz keinerlei Optimierungsansätze auf, er legt mit seiner Datenbereitstellung und Prozessanalyse jedoch den Grundstein für mögliche darauffolgende Optimierungsmethoden. Die Datenqualität muss hier gezielt für diese Optimierungsmethoden vorbereitet werden und ist deshalb als sehr gering einzustufen. Mit ihren Ansätzen für die Prozessanalyse entwickeln MORETTI et al. einen praktikablen und übertragbaren Ansatz, der für analytische Arbeiten für extrusionsbasierte additive Verfahren einen wertvollen Grundstein legt. Die Methode ermöglicht es beliebige weitere Sensortechnik zu integrieren und datenfusioniert zu analysieren. Es lässt sich sagen, dass alle ausgewählten Monitoring Ansätze ein methodisch sauberes Vorgehen aufweisen, welches nachvollziehbar und wiederholbar ist. Jedoch ist deutlich zu erkennen, dass die verwendeten 2D- und 3D- Laser Sensoren für WU et al. und LI et al. nur sehr gering bis gering für die Kontrolle des Prozesses geeignet sind und sich auch nur mit erheblichem Aufwand auf andere Prozesse übertragen lassen. Es wird deutlich, dass MORETTI et al. lediglich basierend auf prozessinternen Daten in der Lage ist ein Prozessanalysesystem aufzubauen, welches im Bereich der Analyse die Ergebnisse von WU et al. und LI et al. übertrifft.

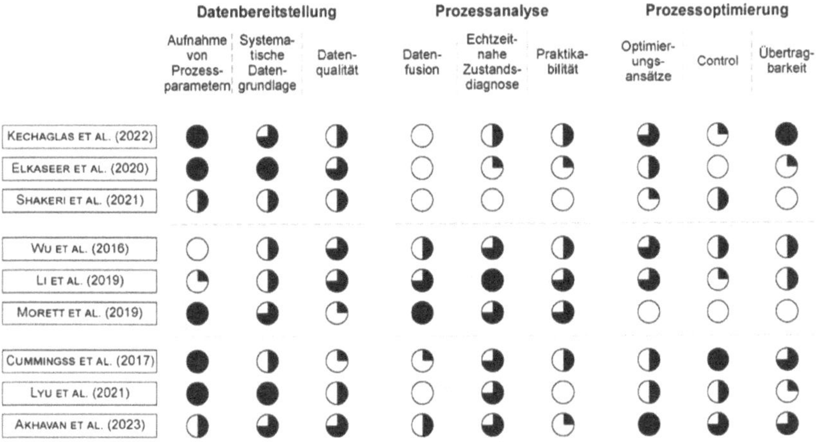

Abbildung 3.17 Bewertungsübersicht der analysierten Ansätze hoher Relevanz

Die Ansätze, die auf prozessinternen Daten basieren, verfügen für alle Anforderungsdimensionen der Datenbereitstellung über eine mindestens teilweise Erfüllung. Auffällig ist hier die Arbeit von SHAKERI et al., die in allen Anforderungsdimensionen unter den Ergebnissen von KECHAGLAS et al. und ELKASEER et al. abschneiden. SHAKERI et al. und ELKASEER et al. verwenden das gleiche Vorgehen, jedoch nutzen sie unterschiedliche Anlagentechnik. Das Vorgehen von SHAKERI et al. basiert auf einer Anlagentechnik, die nur begrenzt relevante prozessinterene Daten auslesen und manipulieren kann, dies führt dazu, dass zwar der Optimierungsansatz zu ersten Ergebnissen hinsichtlich Kontrolle führt, das Vorgehen aber nicht übertragbar ist auf andere Prozesse. Auch die Optimierungsansätze weisen wegen der geringen Anzahl an unterschiedlichen Parametern nur sehr geringe qualitative Ergebnisse im Bereich der Prozessoptimierung auf.

Abschließend lässt sich ebenfalls feststellen, dass für die Datenbereitstellung auffällig ist, dass die Ansätze, welche mit prozessinternen Daten und mit Machine Learning Ansätzen arbeiten, über eine bessere Datenbereitstellung verfügen, als die Monitoring Ansätze. Einzig MORETTI ET

AL. weisen in diesem Bereich eine systematische Datenbereitstellung hinsichtlich der Aufnahme von Prozessparametern auf. Dies lässt sich damit erklären, dass Monitoring Ansätze nicht grundsätzlich auch auf die Optimierung des Prozesses ausgelegt und im Vorfeld beachtet werden muss, ob sich die gewählten Methoden für die nachfolgende Optimierung mittels Machine Learning Ansätzen überhaupt eignen.

3.6 Handlungsbedarf aus der Theorie und Herleitung der Forschungsfrage

Der in Kapitel 2.4 hergeleitete Handlungsbedarf aus der Praxis resultiert nach einer systematischen Methodik zur Prozessoptimierung der Arbeitsvorbereitung extrusionsbasierter additiver Verfahren und adressiert die Anlagenhersteller und die internen und externen Dienstleister als Zielgruppe dieser Methodik. Basierend aus diesem Handlungsbedarf aus der Praxis wurde in Kapitel 3.2 ein Anforderungssystem mit drei übergeordneten Anforderungsdimensionen und insgesamt neun spezifischen Anforderungsdimensionen an eine Methodik zur Prozessoptimierung der Arbeitsvorbereitung extrusionsbasierter additiver Verfahren abgeleitet. Diese Anforderungsdimensionen sind in Kapitel 3.4 auf die aus Kapitel 3.3 resultierenden relevanten Ansätze aus der wissenschaftlichen Literatur angewendet worden.

Die wissenschaftliche Literatur und ihre Vorstellung und Bewertung der relevanten Ansätze zeigt, dass bisher kein Theorieansatz existiert, der die erforderlichen Anforderungen vollumfänglich erfüllt. Die wissenschaftliche Literatur weist also Lücken bei der systematischen Vorgehensweise der Prozessoptimierung der Arbeitsvorbereitung extrusionsbasierter additiver Verfahren auf. Erst mit dieser systematischen Vorgehensweise ist die Prozessoptimierung der Arbeitsvorbereitung mittels Maschinen- und Sensordaten für die Praxis und die adressierten Anlagenhersteller und internen und externen Dienstleister anwendbar. Die Arbeitsvorbereitung mit ihren, in Kapitel 2 detailliert vorgestellten, für die extrusionsbasierte additive Fertigung ausschlaggebenden Teilbereichen, Kalibrierung der Anlagentechnik und empirische Prozessentwicklung, gilt als zu optimierende Zielgröße des Optimierungsproblems. Daraus leitet sich die folgende übergeordnete Forschungsfrage dieser Arbeit ab:

> Wie kann eine datengetriebene Methodik zur Prozessoptimierung der Arbeitsvorbereitung für extrusionsbasierte additive Verfahren aufgebaut sein?

Aus dieser Frage leiten sich weitere untergeordnete Teilfragen ab, deren jeweiligen Antworten einen Beitrag zur Beantwortung der übergeordneten Forschungsfrage leisten. Aus den Erkenntnissen der wissenschaftlichen Literatur resultiert, dass für eine zielgerichtete und qualitative Prozessoptimierung zunächst die prozessinternen Daten in Echtzeit zu einer systematischen Datengrundlage mit entsprechender Datenqualität genutzt werden sollten. Hierbei muss es sich um Prozess relevante Daten handeln, die verallgemeinert für alle extrusionsbasierten additiven Verfahren wichtig sind. Dazu gehören die Extrusionstemperatur, die Verfahrgeschwindigkeit, die Schichtdicke und der G-Code der Anlagentechnik. Die Literatur hat gezeigt, dass sich aus diesen prozessinternen Parametern zunächst erfolgreich Optimierungsansätze umsetzen lassen. Diese

Parameter haben sich für unterschiedliche Zielgrößen von Optimierungsproblemen in extrusionsbasierten additiven Verfahren als Grundlage herausgestellt und tragen über das Prozessverständnis zur Verbesserung der jeweiligen Anlagentechnik bei. Daher benötigt es die Beantwortung der 1. Teilforschungsfrage.

> Wie können prozessinterne Echtzeitdaten zielgerichtet zur Prozessoptimierung in der Arbeitsvorbereitung für extrusionsbasierte Verfahren genutzt werden?

Überwachungs-Ansätze zusammengesetzt aus externer Sensortechnik liefern den größten Mehrwert für die Prozessanalyse. Den vorgestellten Ansätzen fehlt es jedoch an Lösungen, die im industriellen Umfeld eingesetzt werden. Hier gilt es also eine technologisch sinnvolle und kostengünstige Lösung über den Einsatz von Laser-Scannern und Kamerasystemen hinaus zu finden. Zusätzliche Methoden der Prozessanalyse sind direkt verknüpft mit der, darauf aufbauenden, Prozessoptimierung. Jedoch fehlt den Ansätzen aus der Literatur die zielgerichtete Datenfusion der prozessinternen Daten mit den Daten aus der integrierten Sensortechnik. Diese Daten bilden die Datengrundlage für die darauffolgenden Optimierungsmethoden. Ausschließlich MORETTI et al. entwickelte eine Lösung für die Datenfusion dieser Daten. Es mangelt jedoch an der Ausrichtung dieser Datenfusion für die Weiterverarbeitung mittels des maschinellen Lernens. Daraus abgeleitet ergibt sich folgende 2. Teilforschungsfrage.

> Wie erfolgt die Datenfusion aus prozessinternen Daten und integrierter Sensortechnik zur Prozessoptimierung der Arbeitsvorbereitung?

Zuletzt fehlt den Ansätzen der Wissenschaft die ganzheitliche Perspektive, um aus prozessinternen Daten und eingesetzter Prozessanalyse gezielt Optimierungsmethoden anzuwenden. In der Literatur beziehen sich diese Optimierungsmethoden vornehmlich auf Ziele wie die Verbesserung der Oberflächenqualität. Lediglich AKHAVAN et al. betrachten die Produktivität extrusionsbasierter additiver Verfahren als Zielgröße des Optimierungsproblems. Die Optimierung der Arbeitsvorbereitung gilt jedoch als Zielstellung für die Industrialisierung und Transformation der extrusionsbasierten additiven Verfahren zu neuen Einsatzmöglichkeiten. Die Optimierung der Arbeitsvorbereitung ermöglicht neue Lösungen, die bisher keine Anwendung finden.

> Wie können Methoden des maschinellen Lernens zur datengetriebenen Prozessoptimierung der Arbeitsvorbereitung genutzt werden?

Sowohl die leitende Forschungsfrage als auch die daraus resultierenden Teilforschungsfragen werden im Rahmen der Konzeptionierung und Detaillierung der Methodik zur Arbeitsvorbereitung extrusionsbasierter additiver Verfahren mittels Maschinen und Sensordaten im weiteren Verlauf der beantwortet. Der Lösungsansatz soll ein methodisches Vorgehen vorgeben, welches für unterschiedliche extrusionsbasierte additive Anlagentechnik die Arbeitsvorbereitung optimiert und der extrusionsbasierten additiven Fertigung den fehlenden Stellhebel liefert, um neue Anwendungsmöglichkeiten erfolgreich umzusetzen.

4 Konzeptionierung der Methodik

Durch die umfangreiche Analyse der wissenschaftlichen Literatur konnte identifiziert werden, dass bisher kein Lösungsansatz existiert um die vorliegende zentrale Forschungsfrage vollumfänglich zu beantworten. Aus den beiden vorherigen Kapiteln 2 und 3 wurde damit ein Handlungsbedarf aus jeweils der Praxis und der Theorie abgeleitet. Darauf aufbauend wird in diesem Kapitel die Konzeptionierung einer Methodik zur Beantwortung des Handlungsbedarfs aus der Praxis und der Theorie durchgeführt.

4.1 Grundlagen zur Konzeptionierung einer Methodik

Die zu entwickelnde Methodik zur Arbeitsvorbereitung extrusionsbasierter additiver Verfahren mittels Maschinensteuerungs- und Sensordaten wird basierend auf den entsprechenden wissenschaftlichen Grundlagen zur Konzeptionierung einer Methodik entwickelt. Zunächst müssen dafür die systemtheoretischen und die modelltheoretischen Grundlagen dargelegt werden. Im Anschluss wird der Begriff der Methodik definiert und mit Hilfe dieser Grundlagen die, für diese Arbeit wichtigen, Systeme und Modelle, im Rahmen der Methodikentwicklung vorgestellt.

4.1.1 Systemtheoretische Grundlagen

Im Kontext der Wirtschaftswissenschaften kann die allgemeine Systemtheorie nach ULRICH als die formale Wissenschaft für die Struktur, die Verknüpfungen und des Verhaltens jeglicher Systeme bezeichnet werden.[246] BERTALANFFY, FLECHTNER und ULRICH definieren ein System als geordnete Gesamtheit von Elementen, zwischen denen Beziehungen bestehen oder hergestellt werden können.[247] PATZAK definiert aufbauend auf der Definition von BERTALANFFY die Systemtheorie durch die Entwicklung von Ansätzen zur systematischen Lösung komplexer Problemstellungen.[248] Als Unterbegriffe des Systems definiert er Elemente, Eigenschaften, Beziehungen und Mengen. Diese dienen als Grundlage für die detailliertere Definition des Systems: „Ein System besteht aus einer Menge von Elementen, welche Eigenschaften besitzen und welche durch Beziehungen miteinander zur Verfolgung gesetzter Ziele verknüpft sind“.[249] Angeknüpft an die Systemtheorie definiert BRUNS die ingenieurwissenschaftliche Seite der System Wissenschaft: Die Systemtechnik, die eng verknüpft ist zu dem Nachbargebiet der Systemtheorie, aber auch

---

[246] Vgl. Ulrich H., (1975), Der allgemeine Systembegriff, S. 33

[247] Vgl. Bertalanffy L. (1968), Die allgemeine Systemtheorie, S. 55; Vgl. Flechtner H. (1969), Grundbegriffe der Kybernetik: Eine Einführung, S. 208 -228; Vgl. Ulrich H., (1975), Der allgemeine Systembegriff, S. 33

[248] Vgl. Patzak G., (1982), Systemtechnik) – Planung komplexer innovativer Systeme, S. 15

[249] Vgl. Patzak G., (1982), Systemtechnik – Planung komplexer innovativer Systeme: Grundlagen, Methoden, Techniken S. 19

eng verbunden ist mit den ingenieurwissenschaftlichen Disziplinen. Ein direkter Zusammenhang besteht zu der amerikanischen Bezeichnung des „Systems Engineerings“, die die Systemanalyse als Teilprozess der systemtechnischen Entwicklung betrachtet. BRUNS wissenschaftliche Arbeit beruhen auf der Notwendigkeit nach einer systematischen Vorgehensweisen für technische Problemstellungen großem Umfangs und großer Komplexität.[250] PATZAK und darauf aufbauend auch BRUNS unterscheiden zwischen vier unterschiedlichen Typen der Systeme: Zielsysteme, Wirksysteme, Objektsysteme und Programmsysteme. Die Programmsysteme sind im Kontext dieser Arbeit von hoher Relevanz. Programmsysteme, auch Aufgabensysteme genannt, sind abstrakte Systeme, die angeben mit welchen Schritten und Aktivitäten ein Ziel erreicht werden kann. Beispiele dafür sind Programme und Vorhabenspläne. Die Beschreibung aller Systemtypen basiert auf den Eigenschaften der systembildenden Elemente und der Kombination dieser Elemente. So werden zur Beschreibung der Programmsysteme die Eigenschaften in der Systemtheorie zugeordnet nach:

- Zustandseigenschaften: Beschreiben die Beschaffenheit des Programmsystems
- Wirkeigenschaften: Beschreiben die Funktion des Programmsystems
- Verhaltenseigenschaften: Beschreiben das Verhalten des Programmsystems[251]

Die Systemtheorie kann damit als universelle Disziplin verstanden werden.[252] Im Rahmen der vorliegenden Arbeit fundiert die Entwicklung der Methodik zur Arbeitsvorbereitung mittels Maschinensteuerungs- und Sensordaten für extrusionsbasierte additive Verfahren auf den systemtheoretischen und systemtechnischen Grundlagen und Gestaltungsrichtlinien.

4.1.2 Modelltheoretische Grundlagen

Die Modelltheorie betrachtet den kritischen und zweckorientierten Einsatz von Modellen. PATZAK definiert ein Modell als „die Abbildung eines spezifischen Teilbereichs eines in der Realität exis-

---

[250] Vgl. Bruns M., (1991), Systemtechnik: Ingenieurwissenschaftliche Methodik zur interdisziplinären Systementwicklung, S. 3

[251] Vgl. Patzak (1982), Systemtechnik – Planung komplexer innovativer Systeme: Grundlagen, Methoden, Techniken, S. 33

[252] Vgl. Weller W., (2012), Das Systemkonzept – ein produktiver Lösungsansatz zur Behandlung technischer und natürlicher Systeme, S.23

tierenden Systems“ und welches diesen „abstrahiert und simplifiziert“. Grundsätzliche dienen Modelle zur Vorhersage des Verhaltens des Systems.[253] Die verschiedenen wissenschaftlichen Ansätze der Modelltheorie kategorisieren und unterscheiden Modelle jeweils etwas unterschiedlich.[254]

In den Wirtschaftswissenschaften wird zwischen zwei Arten von Modellen unterschieden. Den inhaltlichen Modellen und den formalen Modellen. Dabei beziehen sich inhaltliche Modelle auf einen bestimmten Gegenstandsbereich. Nach HELFRICH zielen inhaltliche Modelle mit technologischer Zielsetzung auf Gestaltungsmaßnahmen innerhalb eines konkreten Handlungsbereichs ab. Formale Modelle sind jedoch meist mathematische Modelle, die natürliche Systeme mit Hilfe ihre mathematisch dargestellten Beziehungen in einem vereinfachten Abbild eines Erfahrungsbereichs darstellen.[255]

STACHOWIAK beschreibt Modelle anhand von drei Hauptmerkmalen des allgemeinen Modellbegriffs dem Abbildungsmerkmal, Verkürzungsmerkmal und pragmatischen Merkmal. Das Abbildungsmerkmal beschreibt Modelle als Abbildung oder Repräsentation natürlicher oder technisch hergestellter Originale. Diese Originale können laut STACHOWIAK selber auch wiederum Modelle sein. Das Verkürzungsmerkmal wiederum bedeutet, dass Modelle nur einen Teil oder Teile eines Originals wiedergeben. Diese Repräsentation eines Originals sind dann nur die Bereiche, die dem Modellschaffenden als relevant erscheinen. Es werden also Teilbereiche eines Originals verkürzt bzw. weggelassen. Das pragmatische Modell ist dem Original nicht eindeutig zugeordnet, sondern erfüllen vielmehr eine Ersetzungsfunktion.[256]

PATZAK hingegen unterscheidet zwischen unterschiedlichen Kategorien von Modellen. Dabei versteht er Modelle als sogenannte Modellsysteme, die wie in der Systemwissenschaft beschrieben, Abbildungen von Realsystemen mit entsprechenden Eigenschaften sein können.[257] Patzak gliedert Modelle in drei Kategorien, anhand dessen diese klassifiziert werden können:

- Technologisch: Objektorientierte Gliederung
- Transformationslogisch: Objektorientierte Gliederung
- Zwecksbezogen: Verrichtungsorientierte Gliederung

---

[253] Vgl. Patzak G., (1982), Systemtechnik – Planung komplexer innovativer Systeme: Grundlagen, Methoden, Techniken S. 306

[254] Vgl. H. Stachowiak (1973), Allgemeine Modelltheorie; Vgl. Patzak G.; (1982), Systemtechnik – Planung komplexer innovativer Systeme: Grundlagen, Methoden, Techniken; Vgl. Helfrich H. (2016), Wissenschaftstheorie für Betriebswirtschaftler

[255] Vgl. Helfrich H. (2016), Wissenschaftstheorie für Betriebswirtschaftler, S. 69

[256] Vgl., S. 131-132

[257] Vgl. Patzak G., (1982), Systemtechnik – Planung komplexer innovativer Systeme: Grundlagen, Methoden, Techniken S. 311

Dabei fallen unter die objektorienterte Gliederung wiederum materielle, verbale, formale und mathematische Modelle. Zu der objektorientierten Gliederung gehören maßstäbliche, analoge und symbolische Modelle. Schließlich fallen unter die verrichtungsorientierte Gliederung Beschreibungs-, Erklärungs-, Vorhersage- und Entscheidungsmodelle.[258]

Für die Modellbildung und Modellentwicklung finden sich in der Wissenschaft unterschiedliche Ansätze. Darunter fallen die Ansätze nach WOLF[259], MILLING[260] und später wiederum PATZAK[261]. Für das Vorgehen der Modellentwicklung definiert PATZAK letztendlich vier Schritte:[262]

- (1) : Abgrenzung und Definition des abzubildenden Sachverhalts
- (2) : Bestimmung und Festlegung der relevanten Modellvariablen und –parameter
- (3) : Bestimmung der Beschaffenheit der Relationen im Modell
- (4) : Modellanalyse

Diese vier Schritte basieren auf den, von PATZAK aufgestellten Beziehungen zwischen Realssystem und Modell. Diese Beziehung ist davon geprägt, dass anstelle des zu Grunde liegenden Systems, das Modell manipuliert werden kann. Damit ist es möglich ein Realsystem in der Praxis als Experiment zu bearbeiten, in dem das Modell systematisch manipuliert wird.[263]

4.1.3 Methodikentwicklung

Die Methodikentwicklung leitet sich von den zuvor beschriebenen Grundlagen der Systemwissenschaft und Modelltheorie ab. Nach NEUHAUSEN definiert sich eine Methodik als „System von zusammengehörigen Modellen, Methoden und Hilfsmitteln zur Lösung einer theoretischen und/

---

[258] Vgl. G. Patzak (1982), Systemtechnik, S. 311-313

[259] Vgl. M. Wolf (1979), Die Leistungsfähigkeit des systemtheoretischen Ansatzes

[260] Vgl. P. Milling (1979), Die Konzipierung von Entscheidungsmodellen sozialer Systeme

[261] Vgl. G. Patzak (1983), Systemtechnik- Planung komplexer innovativer Systeme

[262] Vgl. G. Patzak (Systemtechnik), 1982, Systemtechnik- Planung komplexer innovativer Systeme, S. 309

[263] Vgl. G. Patzak (1983), Systemtechnik- Planung komplexer innovativer Systeme, S. 309-309

oder praktischen Aufgabenstellung".[264] Diese Definition leitet NEUHAUSEN aus den zuvor entwickelten Ansätzen von LAUFENBERG[265], BOCHTLER[266] und abschließend HEYN[267] ab.[268] Abbildung 4.1 zeigt den von HEYN definierten Aufbau einer Methodik, als Zusammenspiel von Modellen, Methoden und Hilfsmitteln. Dabei wirken Modelle als Abbildung der Realität und Methoden als Verfahren zur Erkenntnisgewinnung. Die Methodik an sich funktioniert als ein Zusammenspiel aus Modellen und Methoden, die in Form von Entwicklung, Modell zu Methode und in Form von Anwendung, Methode zu Modell, aufeinander einwirken und einen Kreislauf innerhalb der Methodik bilden. Im Mittelpunkt der Methodik stehen Hilfsmittel und Werkzeuge. Hilfsmittel und Werkzeuge dienen zum einen zum Aufbau und zur Modifizierung der Modelle. Zum anderen werden sie als Entwicklung und Anwendungen der Methoden genutzt. Erst die Interaktion dieser Elemente miteinander ergibt die Methodik.

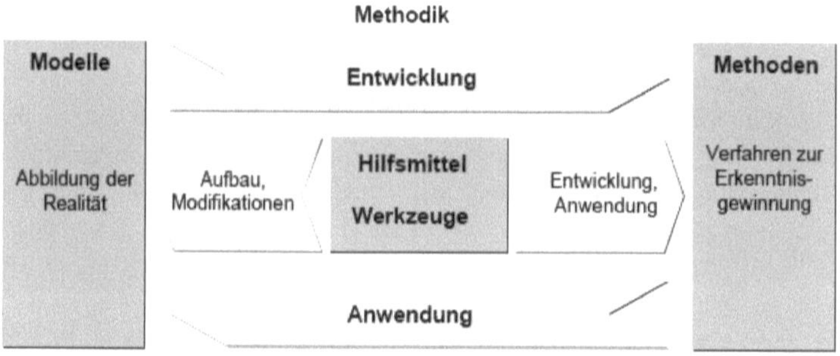

Abbildung 4.1: Methodik als System von zusammengehörigen Modellen, Methoden und Hilfsmitteln[269]

[264] Vgl. Vgl. J. Neuhausen (2001), Methodik zur Gestaltung modularer Produktionssysteme für Unternehmen für Serienproduktion, S. 6

[265] Vgl. L. Laufenberg (1995), Methodik zur integrierten Projektgestaltung für die situative Umsetzung des Simultanous Engineering

[266] Vgl. W. Bochtler (1996), Modellbasierte Methodik für eine integrierte Konstruktion und Arbeitsplanung

[267] Vgl. M. Heyn (1998), Methodik zur schnittstellenorientierten Gestaltung von Entwicklungskooperationen

[268] Vgl. J. Neuhausen (2001), Methodik zur Gestaltung modularer Produktionssysteme für Unternehmen für Serienproduktion

[269] Vgl. M. Heyn (1998), Methodik zur schnittstellenorientierten Gestaltung von Entwicklungskooperationen, S.6

Eine Methodik kann nach TEUBNER[270] als ganzheitlicher Methodenverbund zur Unterstützung einer Gesamtaufgabe gesehen werden. Die Aufgabenstellung der, dieser Arbeit zugrundeliegenden, Methodik liegt in der Arbeitsvorbereitung für extrusionsbasierte additive Verfahren mittels Maschinen- und Sensordaten. In Anlehnung an HEYN wird in dieser Arbeit die Methodik nicht nur als ein System von Methoden verstanden, sondern auch als ein System aus Modellen und Hilfsmitteln bzw. Werkzeugen, die zur Beschreibung des Systems und zur Anwendung der Methoden genutzt werden.

4.2 Strukturierung der Methodik

Basierend auf den voranstehenden theoretischen Grundlagen der Methodikentwicklung mittels Systemwissenschaft und Modelltheorie werden zunächst die nach SCHUPPERT UND PERNE[271] unverzichtbaren Schritte für die Prozessoptimierung bestehender Anlagentechnik definiert. SCHUPERT UND PERNE definieren mit ihrer Arbeit ein Rahmenwerk zur Prozessoptimierung bereits bestehender Anlagentechnik, welches unabhängig von der zugrundeliegenden Technologie und des Fertigungsprozesses für etwaige Anlagentechnik angewendet werden kann. Aufbauend auf diesem allgemeinen Lösungsansatz von SCHUPERT UND PERNE und eines spezifisch für die Arbeitsvorbereitung extrusionsbasierter Fertigungsverfahren hergeleiteten Ordnungsrahmens wird anschließend das Methodikgerüst mit der Benennung der enthaltenen Methodenbausteine entwickelt.

4.2.1 Vorbereitung für die Prozessoptimierung bestehender Anlagentechnik

Aufgrund immer komplexer aufgebauten Produktionsprozesse in entsprechend innovativen Anwendungsfeldern sehen SCHUPPERT UND PERNE die Prozessanalyse und Modellierung der Fertigungsverfahren vor neue Herausforderungen gestellt. Das Vorgehen von SCHUPPERT UND PERNE wurde auf Basis dessen entwickelt, dass immer mehr Fertigungsverfahren eine Vielzahl von potentiell relevanten Prozessparametern aufweisen. Dies erhöht nicht nur die Komplexität, sondern führt auch zu erheblichen Lücken im quantitativen Prozessverständnis. Dementsprechend entwarfen SCHUPPERT UND PERNE mit ihrer Arbeit einen systematischen Lösungsansatz zur Durchführung erfolgreicher Optimierungsprojekte basierend auf den Prozessdaten einer bereits bestehenden Anlagentechnik, der für unterschiedlicher Fertigungsverfahren eine Gültigkeit aufweisen sollte.[272] Abbildung 4.2 zeigt den entwickelten Lösungsansatz zur Prozessoptimierung bestehender Anlagentechnik mittels Prozessdaten nach Schuppert und Perne. Definiert werden demnach zunächst zwei Lösungsräume. Übergeordnet der Lösungsraum der Prozessdaten mit dem jeweiligen Fertigungsprozess, der Datenverarbeitung und der abschließenden Prozessoptimierung.

[270] Vgl. Teubner R., (1999), Organisations- und Informationssystemgestaltung, S.93

[271] Vgl. A. Schuppert, R. Perne (2005), Data Mining mit Prozessdaten, S. 343

[272] Vgl. A. Schuppert, R. Perne (2005), Data Mining mit Prozessdaten, S. 342; S. 345 – S. 346

Dabei gilt der jeweilige Fertigungsprozess mit seinen Prozessparametern als Input und die abschließende Prozessoptimierung als Output der Datenverarbeitung.

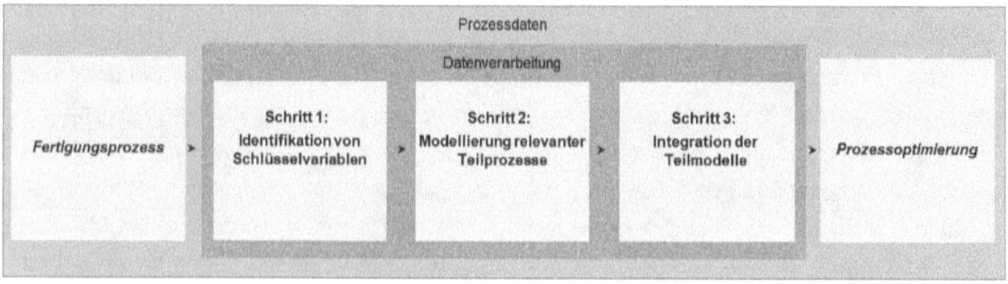

Abbildung 4.2: Lösungsansatz einer Prozessoptimierung bestehender Anlagentechnik mittels Prozessdaten nach Schuppert und Perne[273]

Die Datenverarbeitung gliedert sich wiederum in die drei von SCHUPPERT UND PERNE definierten unverzichtbaren vorbereitenden Schritte für die Prozessoptimierung bestehender Anlagentechnik: [274]

- Schritt 1: Identifikation von Schlüsselvariablen
- Schritt 2: Modellierung relevanter Teilprozesse
- Schritt 3: Integration von Teilmodellen

Schritt 1 fokussiert die Identifikation der Schlüsselvariablen. Denn bisher wird für viele komplexe Fertigungsprozesse hauptsächlich über quantitative Methoden ein Prozessverständnis aufgebaut.[275] Ziel ist es zu ermitteln welche Parameter für das Optimierungsproblem relevant sind. Auf Basis dieser identifizierten Schlüsselvariablen kann eine sogenannte Problemdefinition erfolgen. Die Problemdefinition ist der grundlegende Schritt zur Definition der Ausgangs- und Eingangsdaten von Optimierungsproblemen. Die Grundlage der Problemdefinition ist das Problemverständnis, dieser Schritt ist eng verknüpft mit der Identifikation der Schlüsselvariablen. Die Anforderungen sind Input basiert und fokussieren sich auf die Fragestellungen, welche Daten zur Lösung des Problems nötig sind, wie viele Daten benötigt werden und welche Datenformate vorliegen oder vorliegen sollten. Gleichzeitig werden erste mögliche Outputs definiert.[276] Abschließend muss als Ergebnis dieses Schrittes also eine Inputdatenmenge mit bekannten Schlüsselvariablen für das definierte zu lösende Problem des Fertigungsprozesses vorliegen.

[273] Vgl. A. Schuppert, R. Perne (2005), Data Mining mit Prozessdaten, S. 343

[274] Vgl. A. Schuppert, R. Perne (2005), Data Mining mit Prozessdaten, S. 342 – S. 343

[275] Vgl. A. Schuppert, R. Perne (2005), Data Mining mit Prozessdaten, S. 342

[276] Vgl. A. Fuentes (2018), Hands-On predictive Analytics with Python, S. 13

In Schritt 2 folgt die Modellierung relevanter Teilprozesse und die damit verbundene Durchführung einer explorativen Datenanalyse. Ziel ist es ein bewertetes Trainingsdatenset zu erhalten, welches bereits erste Zusammenhänge zwischen dem Fertigungsprozess und seinen Prozessparametern verdeutlicht. Dieses gelabelte Trainingsdatenset kann dann im Anschluss in Schritt 3 weiterverarbeitet werden. Basierend auf den identifizierten Schlüsselvariablen können Untergruppen erstellt werden, die mittels einzelnen Modellen Korrelationen dominanter Einflussgrößen bestimmen. Wichtig ist dafür, dass mit der Durchführung von ersten Datenanalysen ein Verständnis für die Daten geschaffen wird. Dieses Verständnis geht über das Kennen der Schlüsselvariablen hinaus. Das zu lösende Problem wird damit auf Teilmodelle runtergebrochen, deren Verhalten in einzelnen untersucht wird. Es wird also mit mehreren unterschiedlichen Modellen versucht das Problem in Teilen zu lösen. Die Grenzen zwischen den, in Schritt 2 erfolgenden Methoden verschwimmen und die Methoden können immer wieder iterativ überarbeitet und wieder neu durchgeführt werden. Das Ergebnis zeigt welche Variablen in der Datenmenge in welcher Verteilung und eventuell auch mit fehlenden Werten enthalten sind. Gleichzeitig können erste Korrelationen ermittelt werden um genauer Zusammenhänge zu erfassen.

In Schritt 3 erfolgt die Integration der Teilmodelle. Ziel ist der Aufbau des, für die Optimierung der Anlagentechnik zu nutzenden, Prädiktionsmodells. Aus den besten Teilmodellen lassen sich ein oder mehrere Prädiktionsmodelle entwickeln. Genau wie bei den Teilmodellen müssen diese Prädiktionsmodelle auf ihre Genauigkeit überprüft werden. Es stellt sich die Frage, welches Modell den Prozess am besten vorhersagt und abschließend das zu optimierende Problem am besten lösen kann. Dabei müssen für die abschließende Optimierung, das Modell mit den höchsten Vorhersagewahrscheinlichkeiten gewählt werden. Auch diese können im Anschluss durch weitere Daten weiter für die Problemstellung optimiert werden. Ergebnis dieses dritten Schrittes ist eine optimierte Anlagentechnik des jeweils ausgewählten Fertigungsprozesses.

4.2.2 Ordnungsrahmen

Das Vorgehen von SCHUPPERT UND PERNE einen allgemeinen Lösungsansatz für unterschiedliche Fertigungsprozesse. Aufgrund der multivariaten Steuerung der Prozessparameter, den Innovationsdruck und den Vorsprung der konventionellen Kunststofftechnik sind klassische statistische Verfahren auch für extrusionsbasierte additive Fertigungsverfahren nicht mehr effizient durchführbar.[277] Um ausgehend von dem Vorgehen nach SCHUPPERT UND PERNE eine Methodik zur Arbeitsvorbereitung extrusionsbasierter additiver Fertigungsverfahren zu konzeptionieren, ist es notwendig die beiden Lösungsräume des Vorgehens mit den spezifischen Erkenntnissen aus der bestehenden wissenschaftlichen Theorie des Fertigungsprozesses und der Problemstellung zu füllen. Abbildung 4.3 zeigt den Lösungsansatz spezifiziert auf die Arbeitsvorbereitung extrusionsbasierter additiver Fertigungsverfahren. Dabei bilden extrusionsbasierte additive Verfahren

[277] Vgl. M. Sevcik et al. (2023), Extrusion parameter control optimization for DIW 3D printing using image ana-lysis techniques, S. 517

als Fertigungsprozess den Input und die Optimierung der Arbeitsvorbereitung den Output des Lösungsansatzes.

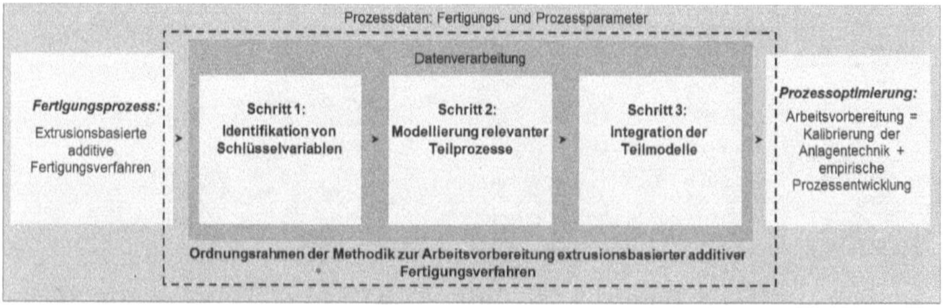

Abbildung 4.3: Lösungsansatz spezifiziert für die Arbeitsvorbereitung extrusionsbasierter additiver Fertigungsverfahren i.A. Schuppert und Perne

Der Lösungsraum der Prozessdaten kann dabei als Fertigungs- und Prozessparameter extrusionsbasierter additiver Fertigungsverfahren spezifiziert werden. Verbindendes Element zwischen den beiden Lösungsräumen ist der, zu definierende Ordnungsrahmen zur Arbeitsvorbereitung extrusionsbasierter additiver Fertigungsverfahren. Zur Festlegung der einzelnen Phasen der zu entwickelnden Methodik wird also im Folgenden der Ordnungsrahmen hergeleitet, der sich am aktuellen Stand der wissenschaftlichen Forschung extrusionsbasierter additiver Fertigungsverfahren orientiert. Nach LENGSFELD wird ein Ordnungsrahmen zur abstrakten Beschreibung oder Konzeption eines größeres Gefüges aus Elementen und Relationen genutzt und repräsentiert dadurch eine begründete Abstraktion.[278] Zur Herleitung des Ordnungsrahmens werden daher die Elemente und aufgezeigten Beziehungen der Anforderungsdimensionen und der ausgewählten Ansätze hoher Relevanz aus Kapitel 2.4.1 untersucht. Für die Untersuchung der Ansätze wird deutlich, dass nicht alle Ansätze ihre Elemente in eine sequentielle Abfolge bringen. Aus diesem Grund werden für diese Ansätze die Elemente nach der Reihenfolge der Nennung gegliedert. Abbildung 4.4 zeigt eine Übersicht der einzelnen Elemente in ihrer sequenziellen oder nicht sequenziellen Abfolge. Aus den Elementen lassen sich die Phasen Aufnahme von Prozessdaten, Integration von Sensortechnik, Prozessanalyse und Prozessoptimierung ableiten.

[278] Vgl. J. Lengsfeld (2018), Digital Era Framework, S.31

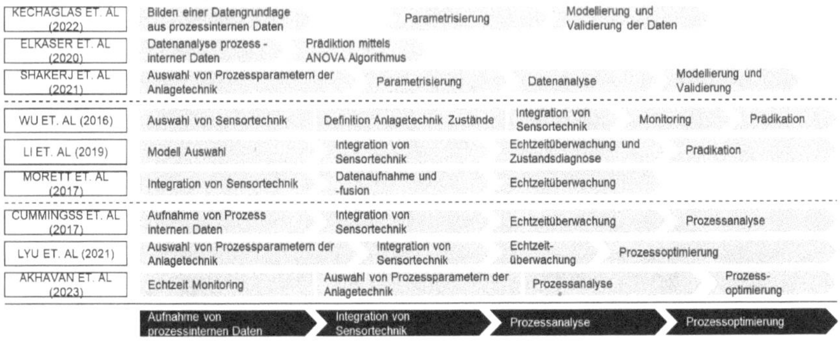

Abbildung 4.4: Herleitung des Ordnungsrahmens der Methodik

In der ersten Phase werden die aufzunehmenden prozessinternen Daten der extrusionsbasierten additiven Anlagentechnik analysiert und definiert. ELKASEER, SHAKERI und KECHAGLAS, aber auch CUMMINGS und LYU analysieren zunächst, die aufzunehmenden und von ihrer Anlagentechnik ausgegebenen internen Daten.[279] Dies kann entweder über die einzustellenden Prozessparameter oder direkt über ausgegebenen Daten der Anlagentechnik erfolgen. KECHAGLAS et al. gehen einen Schritt weiter, in dem sie nicht durch die Daten definieren, sondern auch eine Datengrundlage für die Weiterverarbeitung aufbauen[280]. MORETTI ET AL. fusionieren die prozessinternen Daten der Anlagentechnik in einem zweiten Schritt mit den Daten, der von ihnen gewählten Sensortechnik[281]. Hier werden die prozessinternen Daten also betrachtet, bilden aber direkt eine Grundlage für weitere Schritte, ohne dass sie separat in einem ersten Schritt detektiert oder analysiert werden. Alle weiteren Ansätze betrachten die Prozess internen Daten der Anlagentechnik nicht, sondern springen direkt zur Integration von zusätzlicher Sensortechnik als Lösungsansatz oder Zwischenschritt für das Monitoring der Anlagentechnik.

[279] Vgl. Elkaseer A., (2020), Experiment-Based Process Modeling and Optimization for High-Quality and Re-source-Efficient FFF 3D Printing, S. 1; Vgl. Shakeri Z., (2021), Mathematical Modeling and Optimization of Fused Filament Fabrication (FFF) Process Parameters for Shape Deviation Control of Polyamide 6 Using Tanguchi Method, S. 1-4; Vgl. Kechagias J.D., (2022), Multi-parameter optimization of PLA/Coconut wood compound for Fused Filament Fabrication using Robust Design, S.1-2; Vgl. Cummings I.T. et al., (2017), A Framework for AM Process Monitoring & Control, S. 137; Vgl. Lyu J. et al., (2021), Online Convolutional Neural Network-based anomaly detection and quality control for Fused Filament Fabrication process, S. 160

[280] Vgl. Kechagias J.D., (2022), Multi-parameter optimization of PLA/Coconut wood compound for Fused Fila-ment Fabrication using Robust Design, S.3

[281] Vgl. Moretti M. et al., (2020), Towards the development of a smart fused filament fabrication system using multi-sensor data fusion for in-process monitoring, S. 4

Im zweiten Schritt erfolgt, für einige Ansätze die Integration von Sensortechnik. Wu et al. setzt dem eine systematische Auswahl der Sensortechnik voraus, während LI ET AL. zunächst vorgelagert mögliche Prädiktionsmodelle definieren[282]. MORETTI ET AL. und AKHAVAN et al. führen die Integration der Sensortechnik sogar als ersten Schritt durch und vernachlässigen sowohl die Betrachtung der internen Prozessdaten, als auch die systematische Auswahl der Sensortechnik[283]. Die Auswahl der Sensortechnik erfolgt insgesamt für den Großteil der Ansätze nicht systematisch, sondern ohne Herleitung und führt direkt zur Integration der Sensortechnik in die Anlagentechnik. Die Sensortechnik reicht von Kamerasystemen bis hin zu Ultraschall- und Akustiksensoren. Nicht alle Ansätze lassen sich für die Integration von Sensortechnik in einen sequenziellen Ablauf strukturieren, die Integration erfolgt jedoch immer vor dem Echtzeitüberwachung.

Die Prozessanalyse bildet den dritten Schritt. Die Prozessanalyse kann auch direkt mit der Zustandsdiagnose der Anlagentechnik erfolgen (LI)[284]. Während WU, MORETTI, LI, CUMMINGS und LYU die Prozessanalyse als einen nachgelagerten Schritt durchführen, führen AKHAVAN et al. die Prozessanalyse in Form einer Echtzeitüberwachung als ersten Schritt durch, überspringen also die vorgelagerten Schritte[285]. Die Prozessanalyse gilt für alle Ansätze als Befähiger zur Prädiktion, also Zustandsvorhersage oder Optimierung. Nur ELKASSEER et al. führen Prädiktionmodelle aus, ohne vorher eine Echtzeitüberwachung durchzuführen[286]. Dies ist möglich, weil hier Prozess interne Daten genutzt werden um die Prädiktionsmodelle zu trainieren. Für alle anderen Ansätze liefert eine Echtzeitüberwachung die Input Daten zur Analyse und anschließenden Optimierung, welche zusammengefasst unter dem Begriff der Prozessoptimierung als vierter und letzter Schritt durchgeführt werden. Es wird deutlich, dass nicht alle Ansätze bis hin zur Optimierung reichen, aber vorgelagerte wichtige Schritte durchführen, die dann im Folgenden zur Optimierung der Anlagentechnik genutzt werden können.

Die bestehende wissenschaftliche Theorie zur Arbeitsvorbereitung extrusionsbasierter additiver Verfahren liefert damit verschiedene Erkenntnisse um den Lösungsansatz zu spezifizieren. Dazu gehört, dass der Schritt der Aufnahme von Prozess internen Daten vorgelagert erfolgen sollte.

---

[282] Vgl. Li Y. et al., (2019), In-Situ Monitoring and Diagnosing for Fused Filament Fabrication Process Based on Vibration Sensors, S. 4

[283] Vgl. Moretti M. et al., (2020), Towards the development of a smart fused filament fabrication system using multi-sensor data fusion for in-process monitoring, S. 3; Vgl. Akhavan J. et al., (2023), A deep learning solution for real-time quality assessment and control in additi-ve manufacturing using point cloud data, S. 1393

[284] Vgl. Li Y. et al., (2019), In-Situ Monitoring and Diagnosing for Fused Filament Fabrication Process Based on Vibration Sensors, S. 4

[285] Vgl. Akhavan J. et al., (2023), A deep learning solution for real-time quality assessment and control in additi-ve manufacturing using point cloud data, S. 1393

[286] Vgl. Elkaseer A., (2020), Experiment-Based Process Modeling and Optimization for High-Quality and Re-source-Efficient FFF 3D Printing, S. 7

Dies hat zur Folge, dass im zweiten Schritt der Integration von Sensortechnik, auch die systematische Auswahl von Sensortechnik befähigt und inkludiert werden kann. MORETTI und AKHAVAN et al. machen mit ihren Ansätzen die Technik der Datenfusion vorgelagert zur Echtzeitüberwachung oder als Teil der Echtzeitüberwachung möglich[287]. Ähnlich verhält es sich mit der Prozessanalyse. Diese wird zum Teil innerhalb der Ansätze als separater Schritt durchgeführt. Rein systematisch lässt sie sich jedoch als abschließender und übergeordneter Teil der Echtzeitüberwachung durchführen. Als letzter Schritt erfolgt abschließend die Prozessoptimierung mit ihren Teilbereichen der Modellierung, Validierung und Prädiktion. Die Prädiktion als Vorhersage von Zuständen ist der eigentlichen Optimierung und Rückführung in den Prozess vorgelagert.

4.2.3 Zielsetzung, Nutzende und Nutzungszeitraum der Methodik

Ziel der Methodik ist die Befähigung zur Arbeitsvorbereitung extrusionsbasierter additiver Verfahren mittels Maschinensteuerungs- und Sensordaten. Dabei sollen die in Kapitel 2.4 beschriebenen Produktivitätspotentiale der additiven Fertigung für extrusionsbasierte Verfahren mit Hilfe der Arbeitsvorbereitung und ihren untergeordneten Teilbereichen der Kalibrierung der Anlagentechnik und der empirischen Prozessentwicklung adressiert werden. Die Methodik soll Nutzenden eine leitende Orientierung geben, um für ihre spezifische Anlagentechnik der extrusionsbasierten additiven Fertigungsverfahren die Arbeitsvorbereitung durchzuführen. Daraus resultierend werden die Nutzenden dazu befähigt eines der signifikanten Produktivitätspotentiale der additiven Fertigung zu heben. Die Methodik soll ein Vorgehen definieren, welches es ermöglicht mittels bestehenden Maschinensteuerungsdaten und systematisch ermittelter Sensortechnik die Schritte der Kalibrierung der Anlagentechnik und die empirische Prozessentwicklung durchzuführen. Im Vordergrund steht das methodische und systematische Vorgehen, welches spezifisch für die jeweilige Anlagentechnik anwendbar sein muss und die Entwicklung sensortechnischer Lösungen, die kostengünstig für die Nutzenden in die Anlagentechnik integrierbar ist. Als Nutzende der Methodik können zunächst diejenigen identifiziert werden, die die Arbeitsvorbereitung extrusionsbasierter additiver Verfahren als relevant erachten. Die Nutzenden werden dazu befähigt die Methodik anzuwenden oder weiterzuentwickeln.

Die Anwendung der Methodik ist zeitlich nicht begrenzt. Methoden als Verfahren zur Erkenntnisgewinnung werden in Modelle als Abbildung der Realität überführt. Dies dient dem Zweck, den aktuellen Handlungsbedarf aus Praxis und Theorie zur Arbeitsvorbereitung extrusionsbasierter additiver Verfahren zu adressieren. Angewendet wird damit die Methodik zur Arbeitsvorbereitung extrusionsbasierter additiver Verfahren mittels Maschinensteuerungs- und Sensordaten. Hilfsmittel und Werkzeuge dienen hier dem Aufbau und der Modifikation der Methodik, in einem Nutzungszeitraum, der besteht, solange diese Methodik für die Arbeitsvorbereitung relevant ist. Der

---

[287] Vgl. Moretti M. et al., (2020), Towards the development of a smart fused filament fabrication system using multi-sensor data fusion for in-process monitoring, S. 5; Vgl. Akhavan J. et al., (2023), A deep learning solution for real-time quality assessment and control in additi-ve manufacturing using point cloud data, S. 1393

Nutzungszeitraum endet, wenn die Arbeitsvorbereitung nicht mehr als signifikantes Produktivitätspotential für extrusionsbasierte additive Verfahren gilt. Anwender der Methodik nutzen die Methodik um als interne oder externe Dienstleister die Produktivität der extrusionsbasierten additiven Fertigungsverfahren zu optimieren. Im Vordergrund steht die Anwendung der Methodik für bestehende Anlagentechnik, deren Entwicklung nicht bei dem anwendenden Nutzenden liegt.

Die Entwicklung innerhalb der Methodik ist zeitlich begrenzt und dient der Nutzung von Modellen als Abbildung der Realität hin zur Entwicklung von Methoden als Verfahren zur neuen Erkenntnisgewinnung. Dabei unterstützen Hilfsmittel und Werkzeuge. Die Nutzenden setzen die Methodik ein um gezielt mit der Methodik eine Lösung zu entwickeln, die einen neuen Erkenntnisgewinn für die Arbeitsvorbereitung extrusionsbasierter additiver Anlagentechnik erzeugt. Dieser kann z. B. konkret in der Neuentwicklung und anschließenden Vermarktung einer neuen Anlagentechnik liegen. In diesem Fall sind die Nutzenden also passive Nutzende der Methodik, die diese weiterentwickeln und deren Geschäftsmodell in diesem zeitlich begrenzten Zeitraum aus dem aktuellen Stand der Methodik Nutzen verschafft wird. Konkret lassen sich diese Nutzenden als Anlagenhersteller identifizieren, die weiter an ihrer Methodik zur Arbeitsvorbereitung extrusionsbasierter additiver Verfahren entwickeln. Fokussiert wird dabei die eigene Anlagentechnik mit ihren konkreten Maschinensteuerungsdaten und der individuell identifizierten Sensortechnik. Diese Sensortechnik kann wiederum eigentlich als Hilfsmittel und Werkzeug identifiziert werden, welche individuell für einen konkreten Fall der Entwicklung und der entwickelnden Nutzenden in diesem ebenfalls konkreten Nutzungszeitraum innerhalb der Methodik angewendet wird. Im Vordergrund steht dabei, dass Modelle, Methoden, aber auch Hilfsmittel und Werkzeuge auf das Geschäftsmodell des entwickelnden Nutzenden angepasst sind.

4.3 Konzeption der Methodik

Basierend auf den in Kapitel 3 ermittelten Anforderungsdimensionen und dem zuvor abgeleiteten Ordnungsrahmen aus der wissenschaftlichen Theorie wird in diesem Kapitel die Methodik konzipiert. Die zu erarbeitende Methodik soll sich auf die Optimierung der Arbeitsvorbereitung mit ihren Teilbereichen der Kalibrierung der Anlagentechnik und empirischen Prozessentwicklung des extrusionsbasierten additiven Fertigungsprozesses beziehen. Dafür wird, in Anlehnung an Kapitel 2, die Prozesskette der extrusionsbasierten additiven Verfahren mit der Schnittstelle zwischen Arbeitsvorbereitung und dem extrusionsbasierten additiven Fertigungsprozess betrachtet. Die Prozesskette und der zu fokussierende Bereich der Methodik sind in Abbildung 4.5 dargestellt.

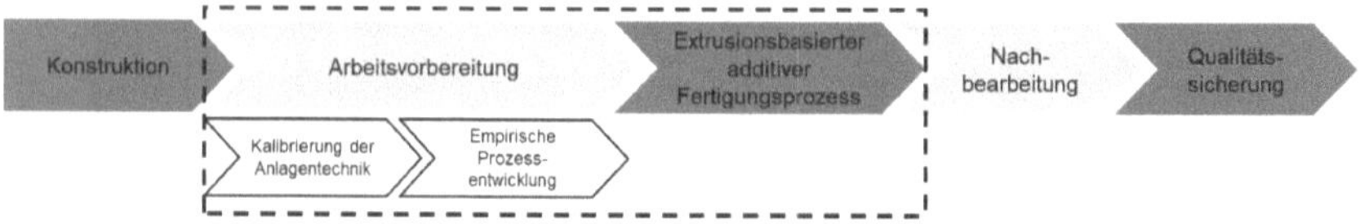

Abbildung 4.5: Fokussierter Bereich der Methodik innerhalb der Prozesskette extrusionsbasierter additiver Fertigungsverfahren

Entsprechend der vorbereitenden Schritte für die Prozessoptimierung bestehender Anlagentechnik nach SCHUPPERT UND PERNE und den aus der Literatur abgeleiteten Ordnungsrahmen wird zunächst das Grobkonzept der Methodik zur Arbeitsvorbereitung mittels Maschinensteuerungs- und Sensordaten aufgebaut. Das Grobkonzept der Methodik ist in Abbildung 4.6 dargestellt und gliedert sich in die, mit Hilfe des Ordnungsrahmens identifizierten, vier Phasen A bis D. Die Methodik mit ihren Phasen Aufnahme und Analyse von prozessinternen Daten, Integration von Sensortechnik, Echtzeitüberwachung und Prozessoptimierung bildet damit ein geschlossenes System rund um die Schnittstelle zwischen dem extrusionsbasierten additiven Fertigungsprozess und seiner Arbeitsvorbereitung. Die vorbereitenden Schritte 1 bis 3 für die Prozessoptimierung bestehender Anlagentechnik sind dabei Teil des Grobkonzepts und finden sich als verbindende Elemente zwischen den einzelnen Phasen wieder. Mit der Konzeption der einzelnen Phasen werden anschließend für jeden Methodik Baustein konkret existierende Methoden und Modelle, sowie Werkzeuge und Hilfsmittel definiert.

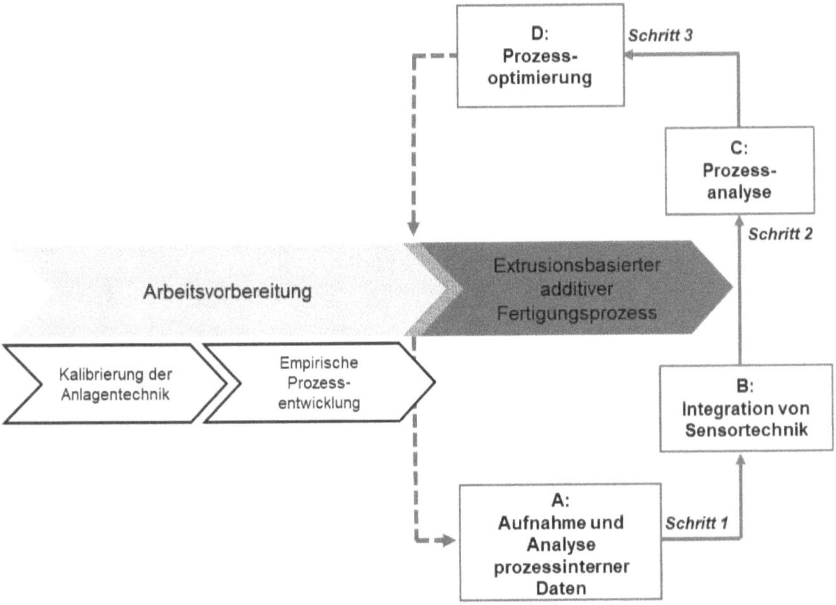

Abbildung 4.6: Grobkonzept der Methodik

4.3.1 Konzeption der Phase A: Analyse von prozessinternen Daten

Die Methodik zur Arbeitsvorbereitung extrusionsbasierter additiver Verfahren mittels Maschinensteuerungs- und Sensordaten beginnt mit der Erfassung, Verarbeitung und Aggregation der Maschinensteuerungsdaten. Die vorhandenen prozessinternen Daten bilden die Grundlage der Optimierungsprobleme. Aufbauend auf der Analyse der Maschinensteuerungsdaten kann im Anschluss festgelegt werden, welche weiteren Daten für die Arbeitsvorbereitung aufgenommen werden sollten und in wie weit die bestehende Datenmenge erweitert werden muss. Die Aufnahme und Analyse von prozessinternen Daten aus der Maschinensteuerung umfasst die ersten zwei Schritte der Methodik, diese sind in Abbildung 4.7 dargestellt.

Zunächst soll in Schritt A1 der Datenerfassung eine aggregierte Datengrundlage aus den Maschinensteuerungsdaten erzeugt werden. Zur Erstellung dieser aggregierten Datengrundlage werden zunächst die Maschinensteuerungsdaten in Form von Prozess- und Fertigungsparametern, sowie des G-Codes aus der Aufzeichnung der Steuerungseinheit der Anlagentechnik entnommen und gesichtet. Dafür ist es ausreichend die Maschinensteuerungsdaten von zwei bis drei Beispielbauteilen zu nutzen. Anhand der Beispiele kann auf Basis dieser Rohdaten eine aggregierte Datengrundlage ermittelt werden. Diese Datengrundlage wird soweit formatiert, dass alle Maschinensteuerungsdaten systematisch angeordnet werden und offensichtlich unerwünschte Werte entfernt werden. Das Format kann anschließend für die darauffolgenden Schritte der Methodik verwendet und jeder Zeit um weitere Daten angereichert werden. Es handelt sich hierbei also um eine Blaupause, die das Format der Datengrundlage angibt.

In Schritt A2 werden die Daten systematisch aufbereitet und durch eine explorative Datenanalyse die Datenqualität bewertet. Dies erfolgt anhand von Kriterien wie der Vollständigkeit, dem Auftreten von Ausreißern und Messfehlern. Es folgt das Ableiten von Zusammenhängen durch Inferenz- und Korrelationsuntersuchungen und ersten Hypothesen über die Einflüsse der Prozess- und Fertigungsparameter untereinander und auf die reale Bauteilgeometrie und Oberflächenbeschaffenheit. Diese Datenanalyse muss bei Anreicherung der Datenmenge jedes Mal aufs Neue durchgeführt werden, um eine entsprechend gute Datenqualität, ohne Ausreißer und Messfehler zu garantieren. Das Ergebnis ist eine durchgeführte explorative Datenanalyse basierend auf den Maschinensteuerungsdaten. Daneben existiert ein erstes Trainingsdatenset aus Maschinensteuerungsdaten mit aufbereiten Inputmerkmalen. Dieses gibt Aufschluss darüber, welche Variablen als Schlüsselvariablenidentifiziert werden und welche weiteren Daten für die Arbeitsvorbereitung des extrusionsbasierten additiven Fertigungsprozess benötigt werden

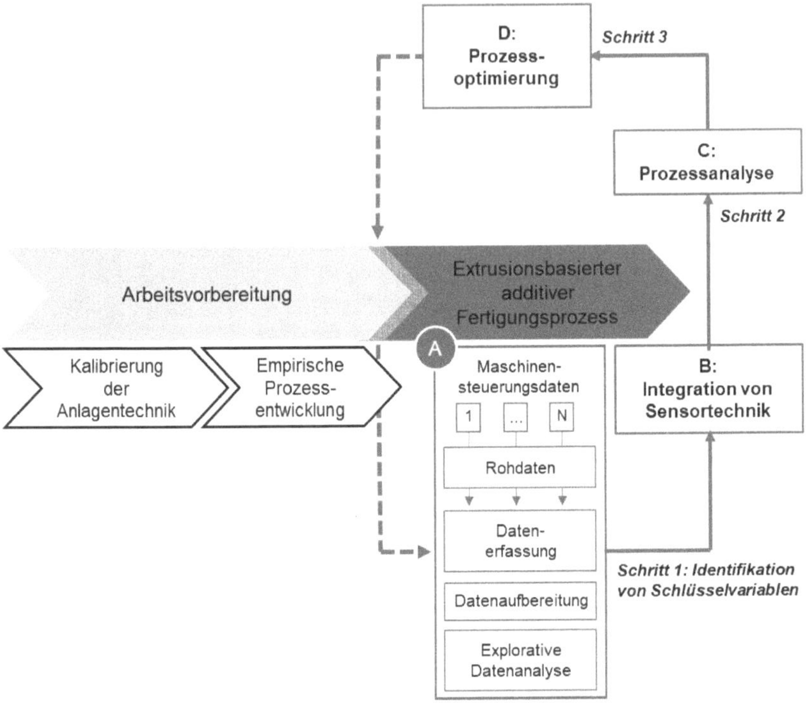

Abbildung 4.7: Konzeption der Phase A –Analyse von prozessinternen Daten

4.3.2 Konzeption der Phase B: Integration von Sensortechnik und Datenfusion

Die Ergebnisse der Aufnahme und Analyse von prozessinternen Daten werden anschließend genutzt um die Integration von Sensortechnik zu konzeptionieren. Folglich überführt Schritt 1: Identifikation der Schlüsselvariablen die Ergebnisse der Phase A in die Phase B. Hierzu bedarf es, den in Abbildung 4.8 dargestellten Teilschritten der Integration von Sensortechnik und der anschließenden Datenverarbeitung und – Fusion.

Für die Umsetzung des Schritts B1, der Integration von Sensortechnik wird basierend auf den Ergebnissen des Schritts A, also der existierenden und analysierten Datenmenge der Maschinensteuerungsdaten die Entscheidung getroffen, welche weiteren Daten für die Arbeitsvorbereitung notwendig sind. Dabei wird zunächst von dem bisher fehlenden zu liefernden Ergebnis ausgegangen. Sensor 1 bis sei es der Temperatur im Bauraum der Anlagentechnik oder der Temperatur am Ausritt der Schmelze aus dem Extruder. Diese Parameter sind hier exemplarisch genannt, um das Vorgehen der Methodik zu erläutern. Ausgehend von den Parametern wird eine Methode zur systematischen Auswahl von Sensortechnik identifiziert und angewendet. Kriterien für die Auswahl der Sensortechnik können Maße, technische Integrierbarkeit, Fusionierbarkeit, aber auch Kosten sein. Das Endergebnis ist eine systematisch ausgewählte und in die Anlagentechnik integrierte Sensortechnik zur Vervollständigung der Datenmenge aus Phase A.

In Schritt B2 wird darauf aufbauend die Fusion der ausgewählten Sensortechnik durchgeführt. Die multisensorielle Datenfusion wird benötigt um die Daten der eingesetzten unterschiedlichen Sensortechnik aus Schritt B1 miteinander und mit denen der Maschinensteuerung zu kombinieren. Abschließend sollen alle Daten gemeinsam über ein einheitliches Dashboard ausgegeben werden. Übergeordnetes Ziel ist es, dass während der Prozessanalyse in Schritt C alle Prozess- und Fertigungsparameter visuell in Echtzeit dargestellt und anschließend für die Optimierungsmodelle in Schritt D einheitlich ausgegeben werden. Daten verschiedener Sensortechnik werden durch ausgewählte Fusionstechniken interdisziplinär miteinander verbunden. Verbindendes Element zwischen Phase B und C ist die Modellierung relevanter Teilprozesse, die auf Basis der fusionierten Datenmenge durchgeführt werden kann und die Ergebnisse aus Phase A komplettiert. Ergebnis des Schrittes B2 ist ein Datenfusionsmodell für die Maschinensteuerungsdaten und die Daten der ausgewählten und integrierten Sensortechnik.

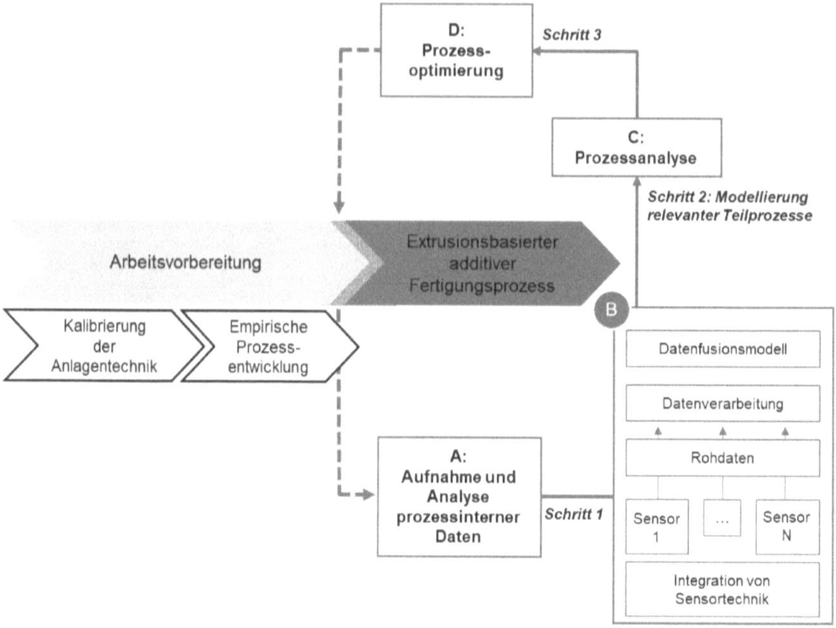

Abbildung 4.8: Konzeption der Phase B – Integration von Sensortechnik und Datenfusion

4.3.3 Konzeption der Phase C: Prozessanalyse

In Phase C der Methodik wird die Sensordatenfusion in Form der Echtzeitüberwachung visualisiert und validiert und ein Trainingsdatenset für den Aufbau des Prädiktionsmodells vorbereitet.

Abbildung 4.9 zeigt das Vorgehen in Phase C. Die Prozessanalyse nutzt die modellierten relevanten Teilprozesse aus Schritt 2 als Input für die Visualisierung des Fertigungsprozesses und das Trainingsdatenset zum Aufbau des in Phase D benötigten Prädiktionsmodells.

In Schritt C1 wird die Echtzeitüberwachung der Maschinensteuerungs- und Sensordaten und damit des extrusionsbasierten additiven Fertigungsprozesses realisiert. Ziel ist es mit Hilfe von unterschiedlichen Bauteilen die Sensordatenfusion in Echtzeit zu validieren und unterschiedliche zusätzliche Sensortechnik an das Datenfusionsmodell anzubinden. Mit Hilfe der Echtzeitüberwachung sollen frühzeitig Abweichungen im Fertigungsprozess erkennbar sein. Das finale Ergebnis sollte es sein mit Hilfe der Echtzeitüberwachung den Fertigungsprozess im Sinne der Arbeitsvorbereitung frühzeitig abbrechen zu können. Definiert und analysiert werden entsprechend zu große Abweichungen der Prozess- und Fertigungsparameter.

Für Schritt C2 werden, die aus der Echtzeitüberwachung gewonnen Daten zu einem Trainingsdatenset zusammengefasst. Dabei werden in den Geometrie- und Oberflächenmessungen definierte Output-Merkmale identifiziert, welche als Zielgrößen für die späteren Prädiktionsmodelle dienen können. Mit diesen Zielgrößen werden die Daten als gute oder schlechte Daten bewertet und erste Hypothesen für den Prädiktionsfall aufgestellt. Sowohl durch Expertenwissen als auch durch Untersuchungen der explorativen Datenanalysen werden relevante Merkmale aus den fusionierten Daten extrahiert, um diese als Input für das Prädiktionsmodell zu nutzen. Das Ergebnis ist ein bewertetes Trainingsdatenset zum Aufbau des Prädiktionsmodells.

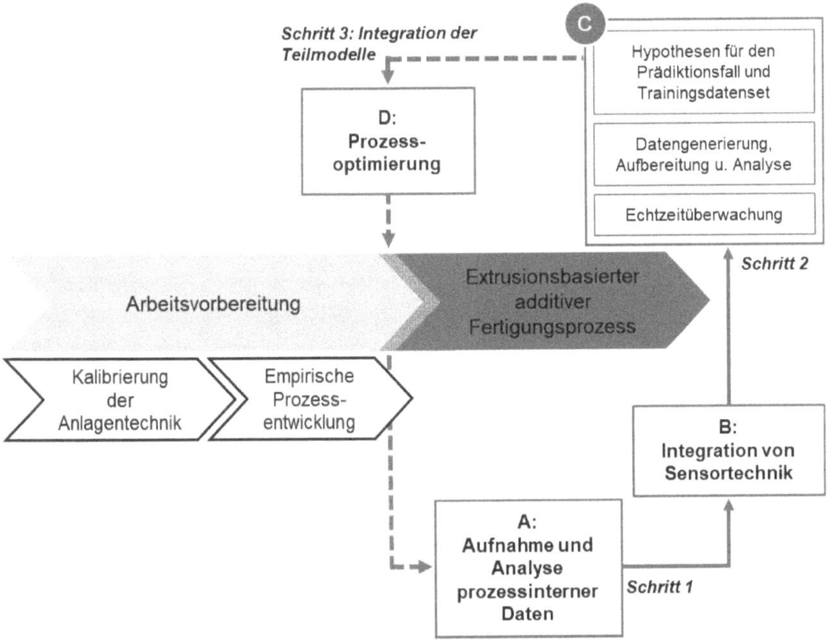

Abbildung 4.9: Konzeption der Phase C – Prozessanalyse

4.3.4 Konzeption der Phase D: Prozessoptimierung

Phase D stellt die abschließende Phase der Arbeitsvorbereitung mittels Maschinen- und Sensordaten dar und umfasst sowohl die Weiterentwicklung des in Phase C2 ausgewählten Prädiktionsmodells und die eigentliche Optimierung der Arbeitsvorbereitung, also die Rückführung der durch die vorherigen Phasen ermittelten Ergebnisse in den extrusionsbasierten additiven Fertigungsprozess. Nach dem Durchlaufen dieser Phase ist Methodik zur Arbeitsvorbereitung für extrusionsbasierte additive Fertigungsverfahren mittels Maschinen- und Sensordaten erfolgreich angewendet. Abbildung 4.10 zeigt das Vorgehen der Phase mit ihren zwei Schritten Prädiktion und Optimierung der Arbeitsvorbereitung.

In Schritte D1 wird einer automatisierten Datenvorverarbeitung der in Phase C identifizierten Inputmerkmale durchgeführt. Ziel ist es mit Hilfe eines Prädiktionsmodells den Verlauf des Fertigungsprozesses im Sinne der Arbeitsvorbereitung vorherzusagen. Anhand der zu prädizierenden Geometrieparameter wird eine geeignete Loss Function für das Training ermittelt. Durch Hyperparametertuning mit einer Kreuzvalidierung wird dieses Modell weiter optimiert und mit dem Trainingsdatenset aus Phase C trainiert. Das trainierte Modell wird in eine Datenpipeline mit der Datenvorverarbeitung integriert und wie die Echtzeitüberwachung aus Phase C softwareseitig aufbereitet. Hierzu gehört wie in Phase C die transparente Datenvisualisierung sowie eine benutzerspezifische Ergebnisaufbereitung. Mit Hilfe des Prädiktionsmodells soll es möglich sein, dass die extrusionsbasierte additive Anlagentechnik den Fertigungsprozess selber abbricht, falls Abweichungen erwartet werden. Die Ergebnisse ergeben liefern weitere Erkenntnisse um die Nutzenden zunächst in der Arbeitsvorbereitung zu unterstützen. Das Ergebnis ist ein entwickeltes Prädiktionsmodell, welches das Prozessverhalten während des extrusionsbasierten additiven Fertigungsprozesses vorhersagt und damit eine gute Grundlage für eine Prozessoptimierung in Echtzeit bildet.

Diese soll in Schritt D2 entwickelt werden. Basierend auf dem Modell werden verschiedene Ansätze des maschinellen Lernens getestet. Es erfolgt das Anpassen von bereits in einer ähnlichen Datenmenge trainierten Modellen mit neuen Daten. Anhand einer GridSearch wird im Anschluss ein Vergleich verschiedener Basismodelle des überwachten Lernens und Deep Learnings durchgeführt. Das beste Modell wird abschließend anhand definierter Validierungsmetriken ausgewählt. Somit wird eine Regellogik entwickelt, die den G-Code und die Prozessparameter bei erwarteter Prozessabweichung optimiert und direkt anpasst. Es soll ermöglicht werden, dass der Algorithmus, auch bei sich ändernden Bedingungen, durch die Echtzeitregelung der Prozessparameter eine gleichmäßig hohe Bauteilqualität sicherstellt. Das Ergebnis ist ein Modell zur maschinellen Analyse der Abweichungen und die automatische Rückkopplung des daraus entstandenen Erkenntnissgewinns in Form von verbesserten G-Code Befehlen und Prozessparametern zur Arbeitsvorbereitung der extrusionsbasierten additiven Fertigungsverfahren.

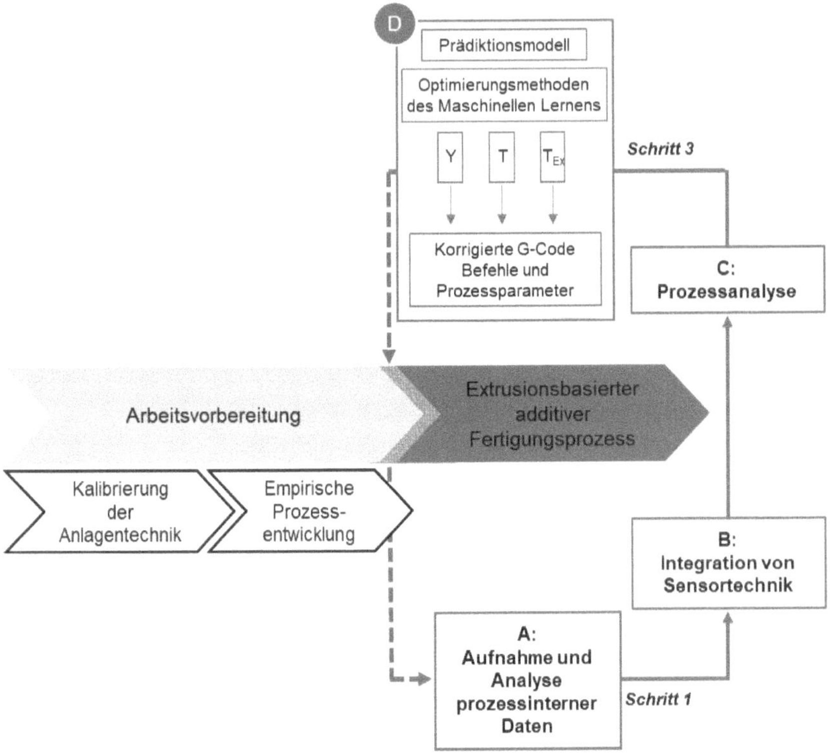

Abbildung 4.10: Konzeption der Phase D – Prozessoptimierung

4.4 Synthese und Zwischenfazit

Die Methodik zur Arbeitsvorbereitung mittels Maschinensteuerungs- und Sensordaten für extrusionsbasierte additive Verfahren setzt sich aus vier Phasen zusammen. Diese vier Phasen der Methodik sind in der aggregierten Darstellung der Methodik in Abbildung 4.11 im Zusammenhang gezeigt. Im Kern der Methodik befindet sich die Schnittstelle zwischen dem extrusionsbasierten additiven Fertigungsprozess und der dazugehörigen vorgelagerten Arbeitsvorbereitung. Die Arbeitsvorbereitung gliedert sich wiederum in die Kalibrierung der Anlagentechnik und die empirische Prozessentwicklung. Der extrusionsbasierte additive Fertigungsprozess setzt sich aus der physischen Anlagentechnik inklusive des Fertigungsprozesses und der Maschinensteuerung mit ihren G-Code Befehlen und Prozess- und Fertigungsparametern zusammen. Den Rahmen der Methodik ergeben die vier Phasen, welche jeweils zwei untergeordnete Methodikschritte umfassen.

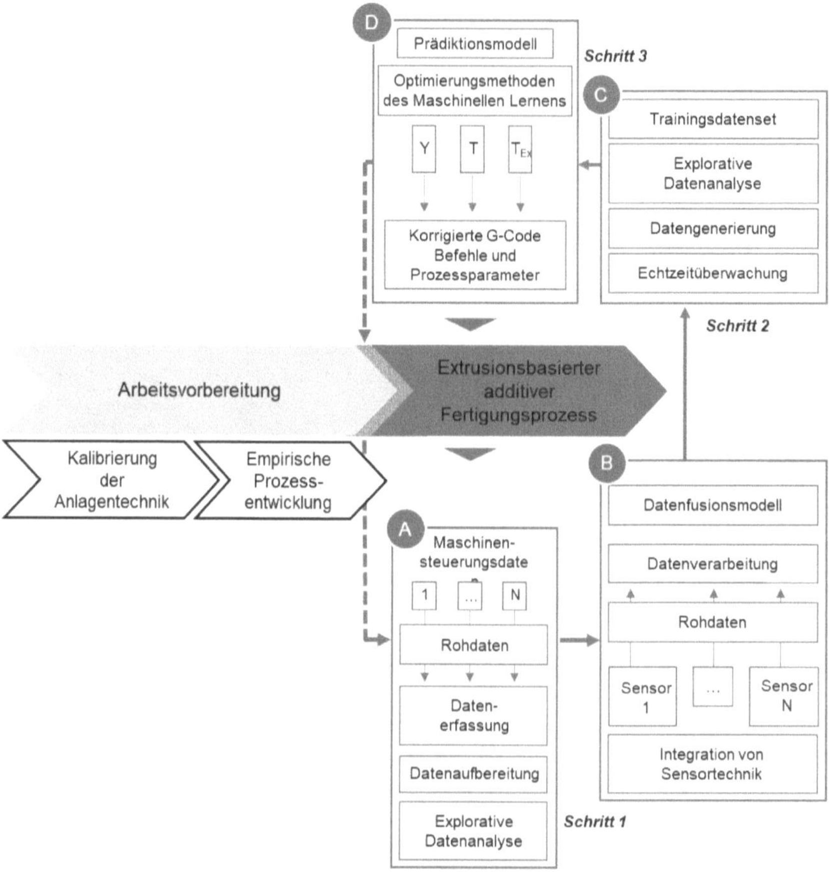

Abbildung 4.11: Feinkonzept der Methodik zur Arbeitsvorbereitung extrusionsbasierter additiver Verfahren

Die Maschinensteuerungsdaten werden als Ist- und Sollwerte in Form von Rohdaten aus dem Fertigungsprozess ausgegeben und in Phase A verarbeitet. Dabei werden diejenigen Daten mit Hilfe der explorativen Datenanalyse ermittelt, die einen Einfluss auf die Schnittstelle zwischen Arbeitsvorbereitung und extrusionsbasierten additiven Fertigungsprozess haben. In Phase B werden diese Daten um die Daten der zusätzlichen Sensortechnik erweitert. Basierend auf dieser gemeinsamen Datenmenge wird anschließend die Phase C der Prozessanalyse realisiert. Die daraus folgenden Ergebnisse können daraufhin in die letzte Phase, die Phase D übergeben und in Form von korrigierten G-Code Befehlen und Prozessparametern zurück in den Fertigungsprozess gespielt werden.

Das vorgestellte Feinkonzept der Methodik zur Arbeitsvorbereitung extrusionsbasierter additiver Verfahren mittels Maschinensteuerungs- und Sensordaten soll die, in Kapitel 3 hergeleitete, Forschungsfrage und ihre untergeordneten Teilforschungsfragen beantworten. Diese fundiert auf Lücken in der wissenschaftlichen Literatur bei der systematischen Vorgehensweise zur Arbeitsvorbereitung extrusionsbasierter additiver Verfahren. Ohne die Methodik ist die Arbeitsvorbereitung extrusionsbasierter additiver Verfahren nicht im Sinne der geforderten Produktivitätssteigerung einsetzbar. Daher soll folgende leitende Forschungsfrage durch die konzeptionierte Methodik beantwortet werden.

> Wie kann eine datengetriebene Methodik zur Prozessoptimierung in der Arbeitsvorbereitung für extrusionsbasierte Verfahren aufgebaut sein?

Die Beantwortung der leitenden Forschungsfrage basiert auf der Verknüpfung, des in Kapitel 3.2 hergeleiteten Anforderungssystem und seinen drei Anforderungsdimensionen mit den Antworten, der in Kapitel 3.6 hergeleiteten Teilforschungsfragen. Im Folgenden wird zunächst auf die Erfüllung der definierten Phasen des Feinkonzepts in Bezug auf die drei Anforderungsdimensionen eingegangen. Abschließend werden die Antworten zu den Teilforschungsfragen diskutiert und diese beiden entscheidenden Aspekte jeweils miteinander verknüpft.

Hinsichtlich der Anforderungsdimension der Datenbereitstellung wird mit Hilfe der Methodik der Hauptaspekt der Aufnahme von prozessinternen Daten und die Erstellung einer systematischen Datengrundlage eingehalten. Dies stellt sowohl die Phase A, die Erfassung und Analyse von prozessinternen Daten, als auch die Phase B mit der Integration von Sensortechnik sicher. Die anschließende Fusion der Maschinensteuerungs- und Sensordaten zu einer einheitlichen systematischen Datengrundlage, welche den Qualitäts- und Weiterverarbeitungsansprüchen entspricht, adressiert die Anforderungsdimension vollumfänglich. Ausgangspunkt der Methodik ist zunächst die Adressierung der Schnittstelle zwischen des extrusionsbasierten additiven Fertigungsverfahrens und seiner Arbeitsvorbereitung. Eine Detaillierung dieser Schnittstelle führt folglich zu einer systematischen Beantwortung der ersten Teilforschungsfrage.

> Wie können prozessinterne Echtzeitdaten zielgerichtet zur Arbeitsvorbereitung extrusionsbasierter additiver Verfahren genutzt werden?

Mit Hilfe des Methodikschritts der Datenerfassung und der anschließenden Datenaufbereitung zur Durchführung einer explorativen Datenanalyse adressiert die Methodik die Beantwortung dieser ersten Teilforschungsfrage. Das Befähigen der Nutzenden zur Durchführung der explorativen Datenanalyse auf Basis der Maschinensteuerungsdaten ermöglicht es im Anschluss erste Erkenntnisse zur Arbeitsvorbereitung extrusionsbasierter additiver Verfahren zu erhalten. Ebenfalls eng mit dieser Forschungsfrage verknüpft ist die Phase der Integration von Sensortechnik und Datenfusion. Diese umfasst die Schritte der Integration von Sensortechnik, sowie die Datenverarbeitung und –fusion. Die Datenverarbeitung basiert auf den Methoden und Erkenntnissen aus Phase A, da diese als eine Blaupause für die Datenverarbeitung und –analyse dieser Methodik liefert. Die Phase B bezieht sich jedoch nicht nur auf die Anforderungsdimension der Datenbereitstellung, sondern auch auf die zweite Anforderungsdimension die Prozessanalyse. Diese erfordert, dass die aufgenommenen Daten aus Maschinensteuerung und Sensortechnik in einer Schnittstelle fusioniert werden und im Anschluss eine echtzeitnahe Zustandsdiagnose über den Verlauf des Fertigungsprozesses erfolgen kann. Bei Reflexion dieser Anforderungsdimensionen zeigt die Methodik mit dem Methodikschritt der Datenverarbeitung und – fusion, sowie der Phase C der Prozessanalyse einen Lösungsweg auf. Der Methodikschritt der Phase C, die Echtzeitüberwachung adressiert die Notwendigkeit einer echtzeitnahen Zustandsdiagnose des extrusionsbasierten additiven Fertigungsprozesses im Sinne der Arbeitsvorbereitung. Die Echtzeitüberwachung weist basierend auf den Maschinensteuerungsdaten und zusätzlich integrierter Sensortechnik einen Lösungsweg auf, der es ermöglicht die Arbeitsvorbereitung durch einen frühzeitigen Abbruch des Fertigungsprozesses zu optimieren. Unter Beachtung der beiden ersten Anforderungsdimensionen und der diskutierten Methodikschritte und Phasen bietet die Methodik inhaltlich die Voraussetzung zur Beantwortung der zweiten Teilforschungsfrage.

> Wie erfolgt die Datenfusion aus Maschinensteuerungsdaten und Daten aus integrierter Sensortechnik zur Echtzeitüberwachung?

Die systematische Auswahl und Umsetzung von Methoden der Multi-Sensor-Datenfusion adressieren die Entwicklung eines Lösungswegs für die Echtzeitüberwachung des Fertigungsprozesses. Die Methodik baut damit im Sinne der Arbeitsvorbereitung auf der Fusion der für die Kalibrierung der Anlagentechnik und zur empirischen Prozessentwicklung notwendigen Prozess- und Fertigungsparameter und deren bereits zuvor analysierten Zusammenhänge auf. Die durchgeführte Datenfusion ermöglicht es mit einer einheitlichen Datenmenge aus Maschinensteuerungs- und Sensordaten die zuvor entwickelten Methoden der Datenanalyse, im Sinne der entwickelten Blaupause aus Phase A, durchzuführen.

Bei der Reflexion der Anforderungsdimension der Prozessoptimierung zeigt die Methodik den Schritt des Trainingsdatensets, der Prädiktion und der Optimierung. Zugeordnet werden diese jeweils der Phase der Prozessanalyse und der Prozessoptimierung. Das Trainingsdatenset wird mit Hilfe der zuvor fusionierten Echtzeitdaten aus Maschinensteuerung- und Sensortechnik entwickelt und ermöglicht es erste Modelle im Sinne der Prädiktion und Optimierung zu trainieren. Die Anforderungsdimension Prozessoptimierung verfolgt das Ziel konkrete Verbesserungsmaßnahmen für die Arbeitsvorbereitung der extrusionsbasierten additiven Verfahren abzuleiten umzusetzen. Die Schritte des Trainingsdatensets und der Prädiktion adressieren die Anforderungsdimension der Prozessoptimierung indirekt und vorbereitend. Der Schritt des Trainingsdatensets definiert die nötigen Rahmenbedingungen dafür, in dem zunächst Hypothesen für den Prädiktionsfall aufgestellt und getestet werden. Es werden technologische Grenzen des Fertigungsprozesses definiert, welche einen Abbruch oder eine mögliche Optimierung im Sinne der Arbeitsvorbereitung auslösen. Der darauf aufbauende Schritt der Prädiktion liefert einen Rahmen um mit Hilfe unterschiedlicher Modelle die Genauigkeit der Vorhersage dieser technologischen Grenzen zu ermitteln. Der abschließende Schritt der Optimierung adressiert die Anforderungsdimension der Prozessoptimierung direkt. Die auf Methoden des maschinellen Lernens basierenden Optimierungsansätze leiten konkrete Verbesserungsmaßnahmen für die Schnittstelle zwischen extrusionsbasiertem additiven Verfahren und seiner Arbeitsvorbereitung ab. Unter Beachtung der dritten Anforderungsdimensionen und der diskutierten Methodik-schritte und Phasen bietet die Methodik inhaltlich die Voraussetzung zur Beantwortung der letzten Teilforschungsfrage.

Wie können Methoden des maschinellen Lernens zur Prozessoptimierung hinsichtlich der Arbeitsvorbereitung extrusionsbasierter additiver Verfahren genutzt werden?

Als Grundlage zur Beantwortung dieser Frage dienen hier die drei systematisch aufeinander aufbauenden Schritte des Trainingsdatensets, der Prädiktion und der Optimierung. Mit Hilfe dieser sequentiellen Abfolge von Schritten und ihrer Interaktion untereinander, ist es möglich die notwendigen Methoden des maschinellen Lernens zur Prozessoptimierung der Arbeitsvorbereitung extrusionsbasierter Verfahren zu identifizieren und anzuwenden. Die dritte Teilforschungsfrage ist somit systematisch durch die Methdodik beantwortet. Eine methodisch, experimentelle Antwort benötigt eine konkrete Ausgestaltung der drei Methodikschritte.

Die Konzeption der Methodik ist einer Strukturierung zunächst auf makroskopischer Ebene vollzogen. In diesem Zwischenfazit besteht die Methodik eine Prüfung der Anforderungsdimensionen vollständig, bietet dennoch die Möglichkeit der Detaillierung und Konkretisierung. Diese Lücken sind einer Detaillierung zu schließen und entsprechende ermittelte Lösungen der Methodik abschließend zuzuführen.

5 Detaillierung der Methodik

Die vier Phasen der bilden den Rahmen der Methodik zur Arbeitsvorbereitung von extrusionsbasierten additiven Verfahren mittels Maschinensteuerungs- und Sensordaten. Der Rahmen wird dabei aus der systematischen Reihenfolge der Phasen und ihren jeweiligen Verknüpfungen gebildet. Die vier Phasen und ihr Zusammenspiel sind im Folgenden detailliert. Dafür werden die in Kapitel 2 eingeführten Grundlagen des Gestaltungs- und Betrachtungsbereichs herangezogen und für die einzelnen Phasen komplementiert.

5.1 Phase A - Detaillierung Analyse von prozessinternen Daten

Während die prozessinternen eigentlich die Grundlage für alle Optimierungsvorhaben mittels maschinellen Lernens sein sollten, wurden diese in der Vergangenheit oft vernachlässigt und mittels komplizierter Sensortechnik übersprungen. Dabei bilden sie die Basis dessen, was innerhalb eines datengetriebenen Ansatzes erarbeitet werden soll. Für diesen Schritt ist es wichtig zunächst eine aggregierte Datengrundlage zu erzeugen und diese Daten auch entsprechend des Anwendungsfalls aufzubereiten. Hier ist nicht nur das methodische Vorgehen zur Erzeugung dieser Datengrundlage von Nöten, sondern auch für die darauffolgenden Schritte und die anschließende Erweiterung um die Daten aus der Sensortechnik. Die Anordnung der Daten, die im ersten Schritt A1 festgelegt wird, aber auch die Ermittlung, Definition und Garantie der Datenqualität und die methodische Durchführung der explorativen Datenanalyse in Schritt A2 bilden die Referenz für die finale Datengrundlage der Prozessoptimierung. Das übergeordnete Ziel der Phase A ist es ein methodisches Prozessverständnis für den extrusionsbasierten additiven Fertigungsprozess zu entwickeln und die, in der konventionellen Kunststoffverarbeitung über Jahrzehnte entwickelten analogen Vorgehensweisen zur Arbeitsvorbereitung und Optimierung der Prozessparameter mit Hilfe von Methoden des maschinellen Lernens zu ermitteln. Anschließend wird in Phase B basierend auf diesen ermittelten Zusammenhängen die zusätzlich benötigte Datenmenge mit Hilfe von Sensortechnik ermittelt.

5.1.1 Schritt A1 – Datenerfassung

Zunächst wir der generelle Versuchsaufbau der Anlagentechnik zur Datenerfassung erläutert und ein generelles Vorgehen beschrieben wie es möglich ist, an die benötigten prozessinternen Daten aus der Maschinensteuerung zu gelangen. Der beschriebene Versuchsaufbau zur Datenerfassung bildet für alle weiteren Versuchsaufbauten die Basis und die daraus ermittelte aggregierte Datengrundlage die Referenz für alle weiteren in dieser Methodik erarbeiten Datenmengen. Die verwendete Anlagentechnik wird hier beispielhaft zur Detaillierung der Methodik verwendet, bei der Ausarbeitung dieser Methodik wird jedoch bedacht, dass diese Methodik auch für weitere Anlagentechnik genutzt werden kann und sich die Detaillierungen verallgemeinert anwenden lassen. Diese Zielstellung bezieht sich nur auf Hardware basierte Schritte der Methodik, alle datenbasierten Schritte und Methoden innerhalb dieser Methodik lassen sich ohne weiteren Aufwand reproduzieren.

Nach der Erläuterung des Versuchsaufbaus erfolgt eine Einführung in die Grundlagen der Datenaufbereitung. Es werden Methoden vorgestellt, die für die Aufbereitung von großen Datenmengen geeignet sind und die sich für die Daten aus extrusionsbasierten additiven Verfahren eignen. Auch hier wird der Fokus auf die Reproduzierbarkeit innerhalb dieser Methodik und für die Nutzenden anderer Anlagentechnik und anderer Maschinensteuerungseinheiten gelegt. Wichtig ist es, schon an dieser Stelle eine Datenanalyse im Sinne der Arbeitsvorbereitung und ihren Teilbereichen der Kalibrierung der Anlagentechnik und der empirischen Prozessentwicklung durchzuführen.

5.1.1.1 Versuchsaufbau zur Datenerfassung

Die Anlagentechnik, welche im Rahmen dieser Arbeit verwendet wird, wurde von dem Unternehmen Creative Polymer bzw. ThinkIng - Additive Technology GmbH entwickelt. Diese Anlagentechnik besitzt ein Achssystem zum Verfahren des Extruders in X,Y und Z-Richtung und eine Außenkonstruktion zum Schutz des Bauraums vor Umwelteinflüssen und der Sicherung einer konstanten Bauraumtemperatur. Bei der Extrudereinheit handelt es sich um einen Extruder, welcher im Rahmen eines Industrieforschungsprojektes zwischen Creative Polymer und dem Werkzeugmaschinenlabor der RWTH Aachen entwickelt wurde und von Creative Polymer für weitere Forschungsarbeiten zur Verfügung gestellt wird.

5.1.1.1.1 Extruder

In Abbildung **5.1** ist das CAD-Modell des Extruders mit allen wesentlichen Bauteilen dargestellt. Zu Beginn wird das Granulat über die Materialzufuhr in den Extruder gefördert und gelangt zu der Extrusionsschnecke des Extruders, welche durch den Extruder Motor angetrieben wird. Im Inneren des Extruders erfolgt das Aufschmelzen des Granulats mit Hilfe von zwei Heizwendeln die jeweils eine Heizleistung von 350 Watt besitzen. Diese zwei Heizwendel bilden somit zwei separate Heizzonen. Das Schmelzen ist entscheidend, um das Material optimal für die Dosiereinheit vorzubereiten, welche sich am Ende der Extrusionsschnecke befindet. Die Dosiereinheit, bestehend aus einer Zahnradpumpe, spielt eine zentrale Rolle für die Funktion des gesamten Extruders. Die Zahnradpumpe wird über ein Kreuzgelenk von einem separaten Pumpenmotor angetrieben und dosiert das geschmolzene Material präzise und ist zudem für den Austrag verantwortlich. Der entsprechende Druckaufbau ist dabei besonders wichtig, da er sicherstellt, dass das Material gleichmäßig und in einer optimalen Austragsrate extrudiert und ausgetragen wird. Hierfür besitzt die Pumpe zwei Heizkartuschen mit einer Heizleistung von jeweils 30 Watt und 24 Volt, die zusammen eine weitere Heizzone darstellen. Diese Heizkartuschen sind entscheidend, um sicherzustellen, dass das Material auf die gewünschte Extrusionstemperatur erhitzt wird. Der eigentliche Austrag des Materials erfolgt dann durch die an der Dosiereinheit installierten Düse. Für die Bewegung des Extruders sind an den Seiten Spannelemente angebracht. An diesen werden die zwei Zahnriemen befestigt, welche die Steuerung und Bewegung des Extruders während der Fertigung gewährleisten. Die Temperatur- und Motorsteuerung des Extruders erfolgt durch ein separates Steuerungssystem, welches unabhängig von der Steuerung der Anlage arbeitet. Dieses separate Steuerungssystem steuert zum einen die Temperaturregelung der ersten beiden Heizzonen mit den Heizwendeln und die Umdrehungsgeschwindigkeit der Extrusionsschnecke.

Die beiden Heizkartuschen an der Dosiereinheit und der Pumpenmotor sind an einem Extruderboard am Extruder angeschlossen, wodurch das Extruderboard für die Steuerung der Dosiereinheit und den Materialaustrag zuständig ist.

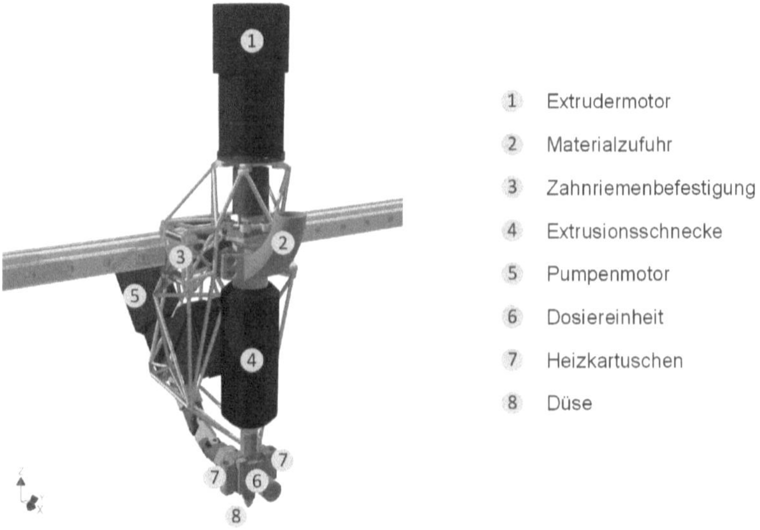

Abbildung 5.1: CAD-Modell des Extruders

In Bezug auf die Förderleistung der Extrusionsschnecke erreicht der Extruder im Langzeitbetrieb einen Durchsatz von etwa 1,4 kg pro Stunde. Hinsichtlich der Austragsrate des Extruders in Verbindung mit der Dosiereinheit zeichnet sich dieser durch eine hohe Austragsrate von über 1 kg/h bei einem kleinen Düsendurchmesser von 0,8 mm aus und erreicht dabei durch den Einsatz der Zahnradpumpe eine hohe Dosiergenauigkeit. Des Weiteren ist der Extruder für eine Vielzahl von Materialien von konventionellen Kunststoffgranulaten aus Polyethylen (PE) und Polyactid (PLA) ausgelegt. Einschränkungen ergeben sich nur für die Verarbeitbarkeit von gefüllten Materialien, die Füllstoffe wie Holz oder Kohlefasern enthalten, sowie durch eventuelle Temperaturgrenzen. Die maximale Betriebstemperatur von über 300°C ermöglicht zudem den Einsatz einer größeren Bandbreite an technisch verarbeitbaren Hochtemperaturmaterialien. Als bereits integrierte Sensortechnik werden insgesamt drei NTC Temperatursensoren verwendet, die an den drei angebracht sind. Außerdem ermöglicht das geringe Gewicht des Extruders eine hohe Achsdynamik und kann ohne zusätzliche Versteifungen an einem Standard-Aluprofil montiert werden.

5.1.1.1.2 Steuerung

Die Steuerung der Anlagentechnik setzt sich aus mehreren Komponenten zusammen, darunter ein Raspberry Pi mit einem CAN Hat, ein Extruderboard BTT EBB42 CAN Toolhead Board und ein Motorsteuerungsboard BIGTREETECH Octopus V1.1 Control Board. Diese Elemente sind Teil eines Systems, das durch die Verwendung der Klipper-Firmware und der Moonraker-Schnittstelle ergänzt wird.

Klipper ist eine Open-Source-Firmware für extrusionsbasierte additive Anlagentechnik, die sich dadurch auszeichnet, dass sie die Rechenleistung eines externen Computers, wie beispielsweise eines Raspberry Pi, nutzt. Diese Konfiguration ermöglicht es, komplexe Algorithmen für die Bewegungssteuerung und Optimierung auszuführen. Klipper erreicht dies, indem es die Aufgaben zwischen der Mikrocontroller-Hardware der Anlagentechnik und dem leistungsfähigeren Prozessor des externen Computers aufteilt. Moonraker hingegen ist eine ergänzende Softwarekomponente für Klipper, die als webbasierte Schnittstelle dient. Sie ermöglicht die Verwaltung und Steuerung der Anlagentechnik über das Netzwerk. Mit Moonraker können Fertigungsaufträge gestartet werden, der Status der Anlagentechnik überwacht und verschiedene Aspekte der Anlagentechnik über eine Benutzeroberfläche gesteuert werden, die mit einem Webbrowser zugänglich ist. Diese erleichtert die Fernsteuerung und Überwachung des Fertigungsprozesses.

Die zentrale Steuerungseinheit dieser Anlagentechnik ist ein Raspberry Pi, ergänzt durch einen CAN Hat, der für die Kommunikation über den CAN-Bus sorgt. Dieser Raspberry Pi ist über ein CAN-Kabel direkt mit dem Extruderboard verbunden, was die Übertragung von Steuerbefehlen für den Extrusionsprozess ermöglicht. Diese Verbindung ist essenziell für die Steuerung des Extruders. Gleichzeitig ist der Raspberry Pi über ein USB-Kabel mit dem Motorsteuerungsboard verbunden. Diese Schnittstelle erlaubt es, Befehle zur Bewegungssteuerung an das Motorsteuerungsboard zu übermitteln, welches für die Steuerung der Motoren der Anlagentechnik zuständig ist. Das Board steuert die Bewegungen der Achsen und die Positionierung des Extruders.

5.1.1.1.3 Kinematik und Schrittmotoren

Die Anlagentechnik verwendet für das Verfahren des Extruders in X- und Y-Richtung ein CoreXY-Achssystem, welches sich durch eine Kreuzgurtanordnung auszeichnet. Hierfür werden zwei Nema 17HS26-2304S Schrittmotoren als Antrieb der zwei Zahnriemen verwendet und besitzen einen Schrittwinkel von 1,8°. In dieser Konstruktion kreuzen sich die Zahnriemen in einem "X"-Muster, wodurch die beiden Schrittmotoren zur Bewegung des Extruders sowohl in X- als auch in Y-Richtung beitragen. Ein wesentlicher Vorteil des CoreXY-Systems ist, dass die Schrittmotoren fest montiert sind und sich nicht mit der Extrusionseinheit bewegen. Dies bedeutet, dass die Extrusionseinheit selbst viel leichter ist, wodurch weniger Trägheit entsteht und somit höhere Fertigungsgeschwindigkeiten realisierbar sind. Die präzise Steuerung der Extruderbewegung und -position wird dadurch ebenfalls verbessert.

Für die Bewegung in Z-Richtung wird das CoreYX-System mit Hilfe von vier Zahnriemen, die jeweils durch einen Nema 17HS24-2104S Schrittmotor angetrieben werden, bewegt. Der Bauraum der Anlagentechnik beträgt 1000 mm x 1000 mm x 1000 mm und ermöglicht die Fertigung von Bauteilen mit den entsprechenden Dimensionen. Die Bauplattform ist fest mit der Außenkonstruktion verbunden und besitzt insgesamt vier quadratische Heizplatten die sich unter einer 1000 mm x 1000 mm großen Aluminiumplatte befinden. Auf der Aluminiumplatte befindet sich eine 1000 mm x 1000 mm große Glasplatte mit einer Dicke von 5 mm, auf welcher die Werkstücke gefertigt werden.

5.1.1.2 Grundlagen der Datenerfassung

Der erste Schritt eines zu lösenden Optimierungsproblems ist die Datenerfassung. Die Grundlage der Datenerfassung bilden die fünf Wertschöpfungsstufen, welche in Abbildung 5.2 dargestellt sind. Mit Hilfe dieser Wertschöpfungsstufen ist es möglich das zu verfolgende Ziel von Beginn der Datenaufnahme an zu verfolgen. Die erste Stufe umfasst die Datenerfassung und Datenaufbereitung und damit den Schritt A1 und den Schritt A2 dieser Methodik. Hierbei werden zunächst die Daten aus der Maschinensteuerung, dem sogenannten Datenlog der extrusionsbasierten Anlagentechnik gesammelt, strukturiert und zunächst einzelne Informationen aus dem Datensatz extrahiert. Dies dient als Vorarbeit zu Schritt zwei der fünf Wertschöpfungsstufen, dem Analysieren der Daten und der Visualisierung.

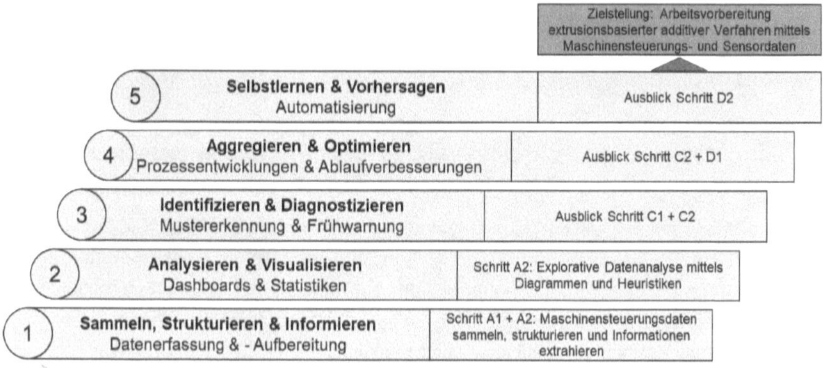

Abbildung 5.2 Die fünf Wertschöpfungsstufen von Daten[288]

Die Analyse und deren Visualisierung erfolgen im Schritt A2 im Anschluss an die Datenaufbereitung. Mit Hilfe einer explorativen Datenanalyse werden die Daten zunächst analysiert und anschließend über verschiedene Darstellungen in Form von Diagrammen und Heuristiken mit ihren einzelnen Zusammenhängen visualisiert. Die fünf Wertschöpfungsstufen von Daten geben auch für das Ziel die Prozessoptimierung der Arbeitsvorbereitung von extrusionsbasierten additiven Verfahren einen Ausblick, auf die nachfolgenden Schritte. So ist es wichtig schon während der Stufe eins das zu lösende Problem, in diesem Fall die Arbeitsvorbereitung als Zielstellung während der Datenerfassung- und Aufbereitung im Fokus zu haben. Auf Basis der Literaturrecherche aus Kapitel 3 lassen sich z. B. die dafür wichtigen Prozessparameter entnehmen. Eine gezielte

[288] Vgl. L.M. Bollweg, (2001), Datengetriebe Prozess- und Systemoptimierung als Taktgeber der digitalen Transformation, S. 119

Datenerfassung hat einen erheblichen Einfluss auf die Prozessplanung und kann damit schon frühzeitig zu einer Optimierung der Arbeitsvorbereitung dienen[289]. Somit ist das Ziel dieser Datenerfassung die übersichtliche Aggregation, der für die Arbeitsvorbereitung wichtigsten Prozessparameter in Echtzeit.[290] Die grundlegende Vorgehensweise zur Datenerfassung der prozessinternen Daten aus einer Maschinensteuerung ist in Abbildung 5.3 dargestellt.

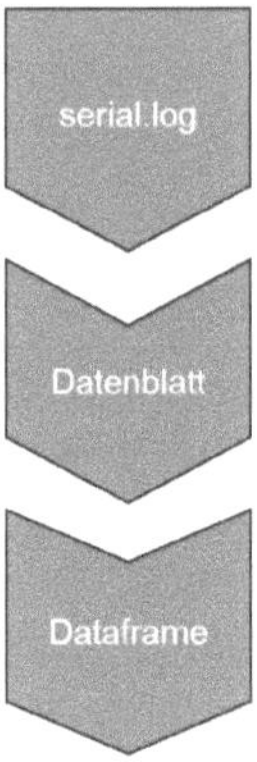

- Dateiformat: Textdatei
- Bearbeitungsschritte: Einfügen von Platzhaltern, umwandeln in Datenblatt
- Informationsinhalt: Rohdaten der Anlagentechnik

- Dateiformat: Datenblatt
- Bearbeitungsschritte: Identifizierung der Informationen und deren Spalte
- Informationsinhalt: Rohdaten der Anlagentechnik in Zeilen und Spalten

- Dateiformat: Dataframe
- Bearbeitungsschritte: Erstellung durch Datenblatt
- Informationsinhalt: Rohdaten der Anlagentechnik in Zeilen und Spalten

Abbildung 5.3 Grundlegende Vorgehensweise zur Datenerfassung der prozessinternen Daten

Es sollte immer zwischen dem aktuellen Dateiformat, dem Bearbeitungsschritt und dem aktuellen Informationsgehalt der vorliegenden Datenmenge unterschieden werden. Die serial.log Daten, also Echtzeitdaten werden während des Fertigungsprozesses in Form einer Textdatei in Echtzeit aktualisiert. Im nächsten Schritt folgt erfolgt das Umwandeln dieser Datei in Echtzeit in ein Datenblatt. Der jetzige Informationsgehalt sind die gesamten Rohdaten der Anlagentechnik. Anhand des Datenblatts können im nächsten Schritt die wichtigsten Informationen gesammelt werden. Mit Hilfe der Spalten lässt sich jede Information und jeder Parameter zuordnen. Auch zu erkennen ist, in welcher Frequenz die Steuerung die Echtzeitdaten auswirft. Gegebenenfalls müssen hier die Zeitabstände geändert oder angepasst werden. Spätestens in Schritt A2 bei der Bestimmung der Datenqualität ist es möglich Rückschlüsse zu ziehen, ob es von Nöten ist, die Frequenz zu reduzieren oder anzuheben. Im letzten Schritt der Datenerfassung der prozessinternen Daten aus der Maschinensteuerung erfolgt die Transformation in das jeweilige Datenverarbeitungsprogramm. An dieser Stelle wird das open Source Programm Python gewählt und das Datenblatt in ein pandas Dataframe transformiert. Hierbei handelt es sich um eine Tabellenform in Python. Der Informationsgehalt inkludiert an dieser Stelle weiterhin die Rohdaten der Anlagentechnik in Zeilen und Spalten, die nun in Echtzeit an das Python Dataframe weitergegeben werden. Es lassen sich

[289] Vgl. Hompel et al. (2020), Handbuch Industrie 4.0), S. 228

[290] Vgl. Hompel et al. (2020), Handbuch Industrie 4.0), S429

somit in Echtzeit die Daten aus der Maschinensteuerung der Anlagentechnik im Datenverarbeitungsprogramm Python verfolgen.

5.1.1.3 Durchführung einer Datenerfassung

Der erste Schritt der Durchführung einer Datenerfassung erfolgt auf dem Raspberry Pi, der dann die Prozess- und Fertigungsparameter wie die Extrudertemperaturen, Betttemperatur, Druckgeschwindigkeit umsetzt. Die Einstellung der einzelnen Fertigungsparameter erfolgt auch über den Raspberry Pi. Bei Inbetriebnahme der Anlagentechnik wird zudem eine serial.log-Datei erstellt. In Abbildung 5.4 ist ein Ausschnitt aus einer serial.log-Datei dargestellt. Hierbei handelt es sich um eine Textdatei, welche beispielsweiße mit dem Editor, einem Standard-Windowsprogramm, geöffnet werden kann. Die Daten werden zeilenweise gespeichert, wobei die Frequenz der gespeicherten Daten lediglich einige Millisekunden beträgt. Diese Frequenz lässt sich nachträglich anpassen, würde aber erst bei der Überprüfung der Datenqualität nochmal hinterfragt und eventuell angepasst.

```
2020-11-21 03:16:21,948 - Send: N2049636 G0 X406.957 Y567.252*44
2020-11-21 03:16:22,105 - Recv: T0:213.8 /215.0 @0 T1:455.9 /0.0 @0 B:59.6 /60.0 @0
2020-11-21 03:16:22,200 - Recv: ok
2020-11-21 03:16:22,201 - Send: N2049637 G0 X408.386 Y565.706*35
2020-11-21 03:16:22,224 - Recv: ok
2020-11-21 03:16:22,226 - Send: N2049638 G0 X418.333 Y565.469*41
2020-11-21 03:16:22,250 - Recv: ok
2020-11-21 03:16:22,252 - Send: N2049639 G0 X420.323 Y565.543*43
2020-11-21 03:16:22,277 - Recv: ok
2020-11-21 03:16:22,278 - Send: N2049640 G0 X422.534 Y565.846*47
2020-11-21 03:16:22,363 - Recv: ok
2020-11-21 03:16:22,364 - Send: N2049641 G0 X423.29 Y566.048*19
2020-11-21 03:16:22,437 - Recv: ok
2020-11-21 03:16:22,439 - Send: N2049642 M105 A*73
2020-11-21 03:16:22,443 - Recv: ok T0:213.8 /215.0 @0 T1:455.9 /0.0 @0 B:59.7 /60.0 @0
2020-11-21 03:16:22,449 - Send: N2049643 G0 X427.052 Y567.32*21
2020-11-21 03:16:22,512 - Recv: ok
2020-11-21 03:16:22,513 - Send: N2049644 G0 X427.385 Y566.973*38
2020-11-21 03:16:22,536 - Recv: ok
```

Abbildung 5.4: Ausschnitt aus einer serial.log-Datei des Extruders

Tabelle **5.1** fasst die Prozess- und Fertigungsparameter und die jeweiligen Einheiten aus dieser Datei zusammen. Bei der Speicherung der Parameter in der serial.log-Datei werden nicht alle aufgeführten Parameter in einer Zeile zurückgegeben. Bspw. werden die Temperaturrückmeldung und der G-Code separat gespeichert.

Tabelle 5.1: Parameter aus einer serial.log-Datei

Parameter	Einheit
Datum und Uhrzeit	yy-mm-tt hh:mm:ss,ms
Status	Send oder Recv
G-Code-Zeile	Nummer
G-Code-Art	spezifischer G-Code-Wert (G0, G1...)
x-Position des Extruders	mm
y-Position des Extruders	mm
z-Position des Extruders	mm
Durchsatz, Vorschub	mm/s
Extrudertemperatur 1 - Soll	°C
Extrudertemperatur 1 - Ist	°C
Extrudertemperatur 2 - Soll	°C
Extrudertemperatur 2 - Ist	°C
Betttemperatur - Soll	°C
Betttemperatur - Ist	°C

Eine solche serial.log-Datei kann zu jeder Zeit aus der Anlagentechnik mitverfolgt werden. Zum Abschluss der Datenerfassung enthält das pandas Dataframe alle Rohdaten aus der Anlagentechnik. In Abbildung 5.5 ist zunächst der Code zur Rohdatenerfassung und ein beispielhafter Datensatz aus den Rohdaten der Anlagentechnik abgebildet.

```
raw_data_1 = pd.read_csv('2021_07_16_part1_my_processed_log_file.csv',sep=';')
raw_data_1.drop(['Unnamed: 0'], axis=1, inplace=True)
#raw_data_1.sample(n=10)

raw_data_2 = pd.read_csv('2021_07_16_part2_my_processed_log_file.csv',sep=';')
raw_data_2.drop(['Unnamed: 0'], axis=1, inplace=True)
raw_data_2.sample(n=10)
```

	index	Time [HH:MM:SS,MS]	N	gCode	X	Y	Z	Koord
3140	3140	2021-07-16 12:16:59.427	17917.0	G1X138.61Y94.523E673.99366	138.610	94.523	7.0	[138.61, 94.523, 7.0]
4437	4437	2021-07-16 12:38:36.408	25225.0	G1X132.629Y88.505E425.47704	132.629	88.505	9.4	[132.629, 88.505, 9.4]
1810	1810	2021-07-16 12:54:49.447	7996.0	G1F4500X236.112Y95.888E718.06149	236.112	95.888	2.2	[236.112, 95.888, 2.2]
4176	4176	2021-07-16 12:34:15.412	24795.0	G1X74.614Y123.829E284.48802	74.614	123.829	9.4	[74.614, 123.829, 9.4]
5414	5414	2021-07-16 12:54:53.399	27258.0	G1X142.18Y81.83E965.74491	142.180	81.830	9.8	[142.18, 81.83, 9.8]
8	8	2021-07-16 12:24:47.473	48.0	G1X239.95Y94.622E11.01296	239.950	94.622	0.6	[239.95, 94.622, 0.6]
3972	3972	2021-07-16 12:30:51.415	23707.0	G1X190.972Y118.858E71.11681	190.972	118.858	9.0	[190.972, 118.858, 9.0]
4766	4766	2021-07-16 12:44:05.403	25596.0	G1X230.044Y116.341E617.19197	230.044	116.341	9.4	[230.044, 116.341, 9.4]
3875	3875	2021-07-16 12:29:14.416	23266.0	G1X84.03Y123.858E1496.90891	84.030	123.858	9.0	[84.03, 123.858, 9.0]
3233	3233	2021-07-16 12:18:22.426	18644.0	G0F12000X89.465Y124.189	89.465	124.189	7.0	[89.465, 124.189, 7.0]

	E	Feed_rate	Nozi_0	Nozs_0	Nozd_0	Nozi_1	Nozs_1	Nozd_1	Bedi	Beds	Bedd	comp_1
3140	673.99366	2700.0	204.5	205.0	-0.5	27.1	0.0	27.1	60.0	59.9	-0.1	[138.61, 94.523, 7.0]
4437	425.47704	900.0	202.4	205.0	-2.6	27.1	0.0	27.1	60.0	60.2	0.2	[132.629, 88.505, 9.4]
1810	718.06149	4500.0	203.2	205.0	-1.8	27.6	0.0	27.6	60.0	59.9	-0.1	[236.112, 95.888, 2.2]
4176	284.48802	900.0	202.7	205.0	-2.3	27.0	0.0	27.0	60.0	59.7	-0.3	[74.614, 123.829, 9.4]
5414	965.74491	900.0	204.5	205.0	-0.5	27.0	0.0	27.0	60.0	60.3	0.3	[142.18, 81.83, 9.8]
8	11.01296	1575.0	208.2	205.0	3.2	26.7	0.0	26.7	60.0	59.8	-0.2	[239.95, 94.622, 0.6]
3972	71.11681	2700.0	202.7	205.0	-2.3	27.0	0.0	27.0	60.0	59.9	-0.1	[190.972, 118.858, 9.0]
4766	617.19197	900.0	204.2	205.0	-0.8	27.0	0.0	27.0	60.0	60.3	0.3	[230.044, 116.341, 9.4]
3875	1496.90891	2700.0	203.5	205.0	-1.5	27.1	0.0	27.1	60.0	59.9	-0.1	[84.03, 123.858, 9.0]
3233	779.81718	12000.0	201.9	205.0	-3.1	27.1	0.0	27.1	60.0	60.4	0.4	[89.465, 124.189, 7.0]

Abbildung 5.5: Rohdaten aus der Anlagentechnik in Form des pandas Dataframes

Es ist zu erkennen, dass sowohl der G-Code, als auch die Prozess- und Fertigungsparameterparameter nebeneinander in einzelnen Spalten abgebildet sind. Mit Hilfe der Zeiterfassung lässt sich auch nochmal die Frequenz der Datenerfassung feststellen. Sollte bei einer Anlagentechnik der G-Code separat zu erfassen sein, dann besteht die Möglichkeit diesen schon über den Raspberry Pi, an dieser Stelle der Methodik, der Textdatei hinzuzufügen.

5.1.1.4 Zusammenfassung

Die Datenerfassung der Maschinensteuerungsdaten der Anlagentechnik bildet die normative Grundlage der Arbeitsvorbereitung mittels Maschinensteuerungs- und Sensordaten. Die Umsetzung dieses Schrittes befähigt Nutzende zur Erfassung von Prozess- und Fertigungsparametern extrusionsbasierter additiver Anlagentechnik in Echtzeit. Das Ergebnis ist eine generierte Datengrundlage aus den bestehenden Rohdaten der verwendeten Anlagentechnik. Diese Datengrundlage befähigt Nutzende zur Weiterverarbeitung der Daten und zur Umsetzung jeglicher Zielstellungen, die mit Hilfe der Maschinensteuerungsdaten verfolgt werden sollen.

5.1.2 Schritt A2 – Datenaufbereitung und explorative Datenanalyse

Die Datenbereinigung und Datenaufbereitung können entweder zusammen oder voneinander getrennt betrachtet und durchgeführt werden. In dieser Methodik werden beide Schritte voneinander getrennt betrachtet, da diese nach Abschluss der Phase B ein weiteres Mal für die fusionierten Daten aus Maschinensteuerung und Sensortechnik durchgeführt werden müssen. Die Datenbereinigung existiert hier als ein Prozess zur Verbesserung der Datenqualität und die Datenaufbereitung als ein Prozess zur Vorbereitung von Daten für die Datenanalyse nach dem diese bereits bereinigt worden sind. Abbildung 5.6 zeigt den, diesem Prinzip entsprechenden, Data Science Prozess. Auf den Schritt A1 dieser Methodik, die Datenerfassung der Rohdaten, erfolgt dann die Datenaufbereitung zur Vorbereitung der Daten. Die Datenbereinigung und die Garantie einer entsprechenden Datenqualität erfolgen als nächster Schritt. Dabei können mit Hilfe von Visualisierungen immer wieder erste Zusammenhänge zwischen den einzelnen Prozess- und Fertigungsparametern im Sinne der Arbeitsvorbereitung und ihren Teilschritten der Kalibrierung der Anlagentechnik und der empirischen Prozessentwicklung gefunden werden. Gleichzeitig können aber auch Ausreißer aus den Daten, die die Datenqualität mindern, entdeckt und eliminiert werden. Die Visualisierung und die Bereinigung erfolgen parallel und erfordern eine iterative Arbeitsweise zwischen diesen beiden Schritten.

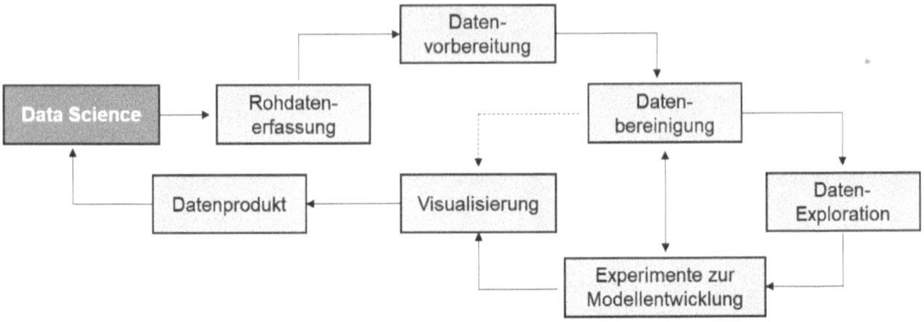

Abbildung 5.6 Data Science Prozess[291]

Der zweite Teil des Schritts A2 inkludiert, die auch im Data Science Prozess verankerte Daten-Exploration. Methodisch steckt dahinter die sogenannte explorative Datenanalyse. Diese ist ebenfalls eng verknüpft mit ersten Experimenten zur Modellentwicklung, das heißt, dass verschiedene Modelle des maschinellen Lernens genutzt und ausprobiert werden, um die Daten zu beschreiben und zu analysieren. Auch hier erfolgt immer wieder die frühzeitige Visualisierung der Daten und der einzelnen Zusammenhänge zwischen diesen Daten. Alle drei Prozessschritte Daten-Exploration, Experimente zur Modellentwicklung und auch die Visualisierung spielen eine große Rolle für die Garantie der Datenqualität und wirken sich signifikant auf den Vorgang der Datenbereinigung aus. Abschließend für diesen Schritt A2 existiert ein fertiges Datenprodukt, in diesem Fall ein bereits für die Arbeitsvorbereitung extrusionsbasierter additiver Verfahren ausgelegte Datenmenge zur Analyse der prozessinternen Daten der Maschinensteuerung.

5.1.2.1 Definition der Datenanforderungen und Datenqualität

Zur Definition der Datenanforderungen und der Datenqualität werden in dieser Methodik die vier Perspektiven der Data Governance nach BOLLWEG[292] verwendet. BOLLWEG definiert dabei den Zusammenhang zwischen der Datenqualität und den vorher definierten Datenanforderungen als sehr eng definierten Zusammenhang, in dem die Messung der Datenqualität erheblich von der Güte der Definition der Datenanforderungen abhängt. Der Zusammenhang aus Daten, den gestellten Datenanforderungen und der jeweiligen Validierung stellt BOLLWEG als einen zyklischen Prozess dar, in dem immer wieder hinterfragt wird wie gut die Daten zu den an sie definierten

---

[291] Vgl. Papp et. al. (2022), Handbuch Data Science, S. 134

[292] Vgl. L.M. Bollweg, (2001), Datengetriebe Prozess- und Systemoptimierung als Taktgeber der digitalen Transformation

Anforderungen passen.[293] Abbildung 5.7 zeigt die Datenanforderungen an die zu nutzenden Daten einer Methodik zur Arbeitsvorbereitung extrusionsbasierter additiver Verfahren in Anlehnung an BOLLWEG.

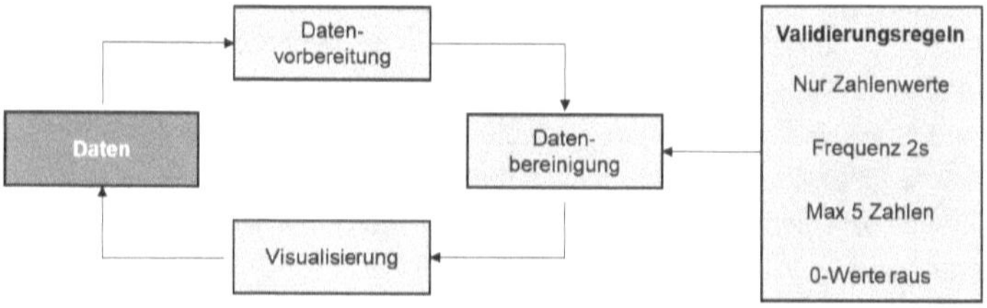

Abbildung 5.7: Datenanforderungen an die Methodik zur Arbeitsvorbereitung extrusionsbasierter additiver Verfahren i.A. BOLLWEG[294]

Zusätzlich definiert BOLLWEG die vier allgemeinen Perspektiven der Data Governance bestehend aus aktuellen Anforderungen, zukünftigen Datenanforderungen, Anforderungen an die Datenarchitektur und Anforderungen an die IT-Architektur. Mit Hilfe dieser unterschiedlichen Perspektiven auf die Datenmenge, sollten die Datenanforderungen definiert werden. Dabei muss auch der Blick auf zukünftige Anforderungen gelegt werden.[295] Im Fall dieser Methodik zum Beispiel die Kompatibilität mit zukünftigen Daten aus zusätzlich integrierter Sensortechnik, aber auch die Möglichkeit der Datenfusion und der Echtzeitüberwachung.

Die Anforderungen an zu verarbeitende Daten setzen sich aus den „sieben V" der Datenanforderungen zusammen[296]. Die sieben V setzen sich wiederum aus den folgenden Begriffen zusammen:

- Veracity = Wahrheit: Vorbereitete und bereinigte Daten
- Volume = Datenmenge: Ausreichende Datenmenge
- Variability = Datenart: Vorliegender Datentyp
- Velocity = Geschwindigkeit: Ausreichende Geschwindigkeit zur Datenübertragung
- Value = Wert der Daten: Validierter und verfifizierter Wert der Datensätze
- Volatlity = Veränderbarkeit: Intervall der Änderung des Datenmaterials
- Validity = Echtheit: Vertrauen in die Datenquelle

[293] Vgl. L.M. Bollweg, (2001), Datengetriebe Prozess- und Systemoptimierung als Taktgeber der digitalen Transformation, S. 73 - 74

[294] Vgl. Bollweg L.M., (2001), Datengetriebe Prozess- und Systemoptimierung als Taktgeber der digitalen Transformation, S.74

[295] Vgl. ebd., S. 74

[296] Vgl. Blum L., (2023), Angewandte Data Science, S. 257

Angewandt auf die Daten der Maschinensteuerung der extrusionsbasierten additiven Anlagentechnik leiten sich Kriterien zur Bewertung der Datenqualität von den Anforderungen sieben V auch für die Anwendung zur Arbeitsvorbereitung extrusionsbasierter additiver Verfahren ab leiten sich die spezifischen Kriterien in Abbildung 5.8 ab. Diese Kriterien zur Bewertung der Datenqualität werden in der folgenden Detaillierung der Methodik und anschließenden Validierung immer wieder validiert und überprüft. BOLLWEG sieht in der Aufbereitung von Daten mittels Diagrammen, Charts und Grafiken eine besondere Bedeutung zur Realisierung der finalen Zielsetzung einer datenbasierten Methodik. Das Ziel ist die äußerst intensive Auseinandersetzung mit dem Inhalt, der Zielgruppe bzw. den Nutzenden und der angestrebten Zielsetzung. Eine gute Datenaufbereitung setzt erste gute Visualisierungen der Daten voraus. [297]

Wahrheit	Das verwendete Datenmaterial aus dem Steuerungssystem der Anlagentechnik muss für die Weiterverarbeitung vorbereitet, bereinigt und auf seinen Wahrheitsgehalt überprüft werden. Das Datenmaterial muss mit den produzierten Bauteil abgestimmt und zeitlich nachvollzogen werden. Eine explorative Datenanalyse muss durchgeführt werden.
Datenmenge	Die Datenmenge sollte sowohl unterschiedliche Bauteile inkludieren, als auch einen Datensatz von mindestens 50 bis 100 Bauteile aufweisen. Diese setzen sich zusammen aus einer Gesamtdauer (Zeit) an 72 Fertigungsstunden.
Datenart	Es sollten ausschließlich strukturierte Daten in die Datengrundlage mit aufgenommen werden. Voraussetzung ist die anschließend Datenfusion in Schritt B.2 und die daraus vorausgesetzte Kompatibilität mit weiteren hinzuzufügenden Daten. Es wird sich auf strukturierte Zahlenwerte beschränkt.
Geschwindigkeit	Ziel ist die Echtzeit Wiedergabe mit einer Frequenz von einer Minute.
Wert	Die Daten müssen dem Ziel der Arbeitsvorbereitung dienen. Alle dafür entscheidenden Parameter wie G-Code, Temperatur, Geschwindigkeit und Schichtdicke müssen abgebildet werden.
Veränderbarkeit	Die Daten, der für das Trainingsdatenset in Phase C Schritt C.2 genutzten Bauteile müssen archiviert werden.
Echtheit	Die Steuerung der Anlagentechnik muss während und mit Hilfe der explorativen Datenanalyse auf ihre Vertrauenswürdigkeit geprüft werden. Alle zusätzlich verwendete Sensortechnik müssen ebenfalls auf ihre Vertrauenswürdigkeit geprüft werden. Dabei werden die Werte hinterfragt und mit den jeweiligen Bauteilen auf ihre Echtheit geprüft.

Abbildung 5.8: Spezifische Kriterien zur Bewertung der Datenqualität innerhalb der Methodik

5.1.2.2 Durchführung einer Datenaufbereitung

Für die exemplarische Durchführung einer Datenaufbereitung werden zunächst die Daten der Prozess- und Fertigungsparameter und des G-Codes separat bereinigt und anhand der zuvor definierten spezifischen Kriterien zur Bewertung der Datenqualität validiert. In Abbildung 5.9 ist die durchgeführte Vorgehensweise zur Aufbereitung der Daten aus der Maschinensteuerung der Anlagentechnik abgebildet. Diese zeigt wie für die Durchführung einer Datenerfassung, welches

---

[297] Vgl. L.M. Bollweg, (2001), Datengetriebe Prozess- und Systemoptimierung als Taktgeber der digitalen Transformation, S. 71

Dateiformat vorhanden ist, welche Bearbeitungsschritte durchgeführt werden und welche Informationen die Daten beinhalten. Die Vorgehensweise schließt sich methodisch und inhaltlich an den letzten Schritt der Datenerfassung an, der letzte Schritt ist daher in der Abbildung 5.9 vorangestellt. Die Datenmenge befindet sich also schon mit Echtzeitübertragung im Python Programm.

- Dateiformat: Dataframe
- Bearbeitungsschritte: Erstellung durch Datenblatt
- Informationsinhalt: Rohdaten der Anlagentechnik in Zeilen und Spalten
- df_sorted:
- Dateiformat: Dataframe
- Bearbeitungsschritte: Erstellen von Spalten für Informationen; Informationen aus df extrahieren; Berechnung von Delta Zeit, Delta x-Pos., Delta y-Pos.
- Informationsinhalt: Datum, Zeit, G-Code, x-Pos., y-Pos., z-Pos., Feed rate, Delta Zeit, Delta x-Pos., Delta y-Pos.
- df_temp:
- Dateiformat: Dataframe
- Bearbeitungsschritte: Erstellen von Spalten für Informationen; Informationen aus df extrahieren
- Informationsinhalt: Datum, Zeit, Ex.Temp-Ist, Ex.Temp-Soll, Bett Temp-Ist, Bett Temp-Soll
- Dateiformat: pandas Dataframe
- Bearbeitungsschritte: Zusammenführen von df_sorted und df_temp, Berechnung der fehlenden Temperaturen (durch lin. Interpolation), Delta Ex. Temp. und Delta Bett Temp.
- Informationsinhalt: Datum, Uhrzeit, G-Code Nr., x-/y-/z-Koordinaten, Feed rate, Ex. Temp-Ist, Ex.Temp-Soll, Bett Temp-Ist, Bett Temp-Soll, Delta Zeit, Delta x, Delta y, Delta Ex. Temp., Delta Bett Temp

Abbildung 5.9 Vorgehensweise einer Datenaufbereitung

Im ersten Schritt müssen für jedes gefertigte Bauteil die passenden und relevanten Informationen in der serial.log-Datei identifiziert werden. Dies ist bereits der erste Schritt zur Validierung der Datenqualität. Hierfür wird der Überwachungszustand der Anlagentechnik genutzt. Die Anlagentechnik besitzt die zwei Zustände „betriebsbereit“ und „drucken“, wobei das Wechseln dieser Zustände in der serial.log-Datei gespeichert wird. Abbildung 5.10 zeigt die Darstellung der zwei Zustandsänderungen der Anlagentechnik.

```
2021-01-04 14:23:23,254 - Changing monitoring state from 'Operational' to 'Printing'
2021-01-04 14:23:23,265 - Send: N0 M110 N0*125
...
2021-01-05 19:13:51,608 - Recv: ok
2021-01-05 19:13:51,734 - Changing monitoring state from 'Printing' to 'Operational'
```

Abbildung 5.10: Statusmeldung zur Änderung des Überwachungszustandes der Anlagentechnik

Die auf ein Bauteil bezogenen Daten fangen somit, mit dem Wechseln des Zustandes von „betriebsbereit“ auf den Zustand „drucken“, an. Wenn die Fertigung des Bauteils beendet ist, wechselt die Anlagentechnik ihren Überwachungszustand von „drucken“ auf „betriebsbereit“. Diese zwei Änderungen bilden dementsprechend die Ränder der Informationsaufnahme. Mit der Identifizierung der relevanten Informationen, können in diesem Fall vier Textdateien erzeugt werden, welche vier unterschiedlichen Bauteilen zugeordnet sind.

Als nächstes werden die Daten der Textdatei in einem Datenblatt abgerufen und transformiert. Hierbei wird als Datenursprung „1252: Westeuropäisch (Windows)“, als Trennzeichen das „Leerzeichen“ und als Datentyperkennung „Basierend auf dem gesamten Dataset“ verwendet. Um sicherzustellen, dass bei dieser Formatierung keine Informationen verloren gehen, wird überprüft welche Zeile in der Textdatei die längsten Informationen besitzt. Dies ist der Fall bei der Temperaturrückmeldung. Diese Zeile muss in 14 Spalten geteilt werden, damit keine Informationen verloren gehen. Damit die komplette Datei bei der Formatierung in 14 Spalten geteilt wird, werden in der ersten Zeile manuell vier zusätzliche Platzhalter mit Leerzeichen als Trennzeichen eingefügt. Das Vorgehen ist in Abbildung 5.11 exemplarisch dargestellt.

Abbildung 5.11: Platzhalter für die Formatierung

Um die Datenaufbereitung mit Hilfe von Python durchführen zu können, wird im ersten Schritt das Datenblatt in ein Dataframe geladen. Dies ist eine Klasse, welche die Informationen ebenfalls in Tabellenform speichert und eine einfache Verarbeitung in Python ermöglicht. In Tabelle **5.2** wird aufgeführt, welche Parameter extrahiert werden. Parameter in Klammern werden teilweise oder komplett berechnet. Auf die Berechnung wird im Folgenden näher eingegangen.

Tabelle 5.2: Aus den Anlagendaten zu extrahierenden Informationen

Datum	Zeit	G-Code Nr.	x-Position	y-Position	(z-Position)
Feed rate	Soll-Temperatur Extruder	(Ist-Temperatur Extruder)	Soll Temperatur Bett	(Ist-Temperatur Bett)	(Delta Zeit)
(Delta x-Position)	(Delta y-Position)	(Delta Extruder Temperatur)	(Delta Bett Temperatur)		

Es wird ein weiteres, leeres Dataframe mit den in Tabelle 5.2 erwähnten Features als Spalten erzeugt. Nun wird mithilfe eines iterations-Befehls df durchlaufen und anhand bestimmter Bedingungen df_sorted befüllt. Der Code zur Iteration und if-else-Bedingungen ist in Code 5.1 dargestellt.

Code 5.1: Iteration und if-else-Bedingungen

```
for index, row in df.iterrows():
    if row['Column5'].startswith('N') == True:
        df_sorted.at[index, 'Datum'] = row['Column1']
        df_sorted.at[index, 'gCode Nr.'] = row['Column5']
        df_sorted.at[index, 'z-Pos.'] = z_pos.split("*")[0]
        if row['Column2'].find(".") == -1:
            df_sorted.at[index, 'Zeit'] = row['Column2'] + ".000000"
        else:
            df_sorted.at[index, 'Zeit'] = row['Column2']

    if row['Column7'].startswith('X') == True:
        x_pos = row['Column7'].lstrip("X")
        df_sorted.at[index, 'x-Pos.'] = x_pos.split("*")[0]
    if row['Column8'].startswith('X') == True:
        x_pos = row['Column8'].lstrip("X")
        df_sorted.at[index, 'x-Pos.'] = x_pos.split("*")[0]
```

Die if-else-Bedingungen sind nötig, da sich einige Parameter nicht immer in der gleichen Spalte befinden. Des Weiteren ist die z-Position der Daten nicht in jeder Zeile vorhanden. Diese wird nur einmalig bei einer Änderung angegeben. Dementsprechend muss dieser Wert stets zwischengespeichert und weiterkopiert werden. Das Dataframe df_sorted beinhaltend folgende Parameter: Datum, Zeit, G-Code Nr., x-Pos., y-Pos., z-Pos. und Feed rate. Zudem werden die Parameter Delta Zeit, Delta x, sowie Delta y berechnet. Diese bilden jeweils die Differenz des Parameters zum vorherigen Punkt. Als nächste wird ein Dataframe df_temp erzeugt, um die Temperaturinformationen aus df zu extrahieren. Die Temperaturinformationen stehen nicht in der gleichen Zeile wie die Informationen aus df_sorted. Somit ergibt sich eine zeitliche Differenz für die Angabe der Temperaturen und der Positionen. df_sorted und df_temp werden in einem weiteren Dataframe df_final zusammengeführt. Als nächstes werden die fehlenden Parameter Extruder Temperatur-Ist und Bett Temperatur-Ist berechnet. Hierbei wird zwischen den nächsten beiden Punkten linear interpoliert. Da die Zeit- und Temperaturdifferenz zwischen zwei Punkten gering ist, wird diese Annahme als zulässig betrachtet. Zusätzlich werden die Parameter Delta Extruder Temperatur sowie Delta Bett Temperatur berechnet. Diese bilden ebenfalls die Differenz des Parameters zum vorherigen Punkt. Das Dataframe df_final beinhaltet somit alle Informationen, welche in Tabelle 5.2 dargestellt wurden.

5.1.2.3 Grundlagen der explorativen Datenanalyse

Die explorative Datenanalyse (EDA) ist eine Methode um ein Verständnis für vorliegende Daten oder Datenmengen zu erzielen und das Erfolgspotenzial zur Lösung einer Fragestellung und Umsetzung der Zielstellung einzuschätzen. Die EDA ordnet sich zwischen der Datenaufbereitung und der ersten Modellbildung ein. Abbildung 5.12 zeigt links die explorative Datenanalyse als Grundlage des maschinellen Lernens innerhalb des dreistufigen Ablaufplans. Der detaillierte Ablauf der explorativen Datenanalyse ist rechts in der Abbildung 5.12 dargestellt. Auf die physische

Datenerfassung und die Datenaufbereitung erfolgt die Durchführung der EDA. Der erste Schritt ist hier die Elimination von Ausreißern, das Löschen von Duplikaten und die grundsätzliche Prüfung auf Richtigkeit der Daten. Die EDA teilt sich in drei Techniken auf. Die uni-variate EDA bezieht sich dabei auf ein einzelnes zu untersuchendes Merkmal bzw. eine Zielvariable. Die bivariate EDA betrachtet die Exploration möglicher Beziehungen zwischen zwei Merkmalsausprägungen. Und die Multi-variate EDA analysiert die Beziehungen und das gemeinsame statistische Verhalten zwischen drei oder mehreren Merkmalen. Unterstützt werden die einzelnen Techniken der EDA durch unterschiedliche methodische Verfahren bzw. Darstellungs- und Analysemethoden. Typischerweise sind das Box-Plot-Diagramme, Histogramme, Streudiagramme, Mosaik-Plots, Violin-Plots oder auch Heuristiken. Diese werden unterstützt von quantitativen Methoden wie die Mittelpolitur, die Widerstandsfähige Linie. [298]

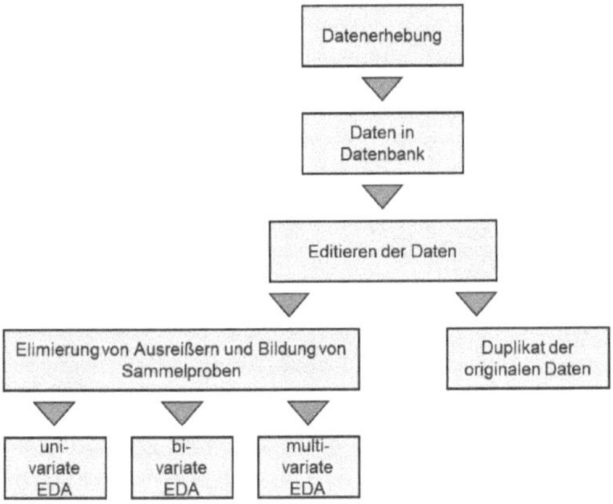

Abbildung 5.12 Explorative Datenanalyse als Grundlage des maschinellen Lernens und Ablauf einer explorativen Datenanalyse[299]

5.1.2.4 Durchführung einer explorativen Datenanalyse

Als nächster Schritt wird exemplarisch eine explorative Datenanalyse für extrusionsbasierte additive Anlagentechnik im Sinne der Arbeitsvorbereitung durchgeführt. Ein entscheidender Faktor für die Zuverlässigkeit der Vorhersage, auch genannt Prädiktion, ist die Konsistenz der genutzten Daten. Daher wird hier zunächst getrennt von den Prozess- und Fertigungsparametern der G-Code in Abbildung 5.13 betrachtet. Er gibt eine grundlegende und erste Visualisierung der Bauteile wider. Die Darstellung zeigt die X- und Y- Koordinaten, sowie farblich in einer Frequenz von zwei Schichten die Z-Richtung. Zu erkennen ist, dass die Punkte aus der zweiten Schicht etwas

---

[298] Vgl. Mälzer et. al., (2022), Nutzung künstlicher Intelligenz im Fertigungsmanagement, S.334 336

[299] Vgl. Mälzer et. al., (2022), Nutzung künstlicher Intelligenz im Fertigungsmanagement, S.335

außerhalb der anderen Koordinaten liegen. Diese Beobachtung in der Analyse lässt sich jedoch mit der Auftragung der ersten Schichten und dem sogenannten Bedding begründen. Dabei werden die ersten Schichten etwas breiter als das eigentliche Bauteil angesetzt, um die Haftung auf dem Bett zu gewährleisten. Die explorative Datenanalyse lässt also visuell schon die ersten geometrischen Abweichungen erkennen.

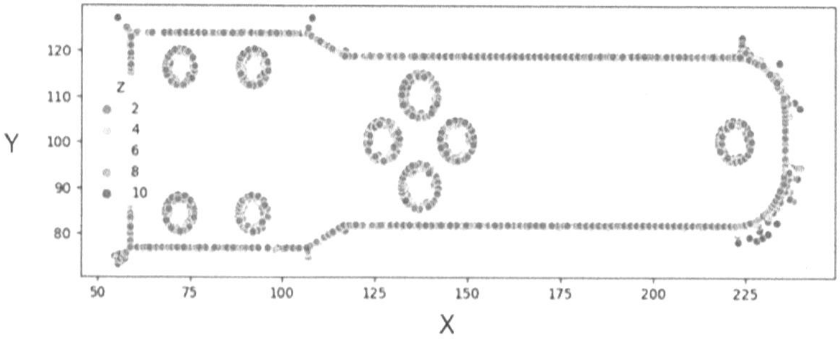

Abbildung 5.13: Datenanalyse der G-Code Daten eines beispielhaften Bauteils

Im nächsten Schritt wird der Parameter der Extrusionstemperatur untersucht. Dieser hat einen großen Einfluss auf die Arbeitsvorbereitung, da vor allem die Temperatureinstellungen einen großen Einfluss auf das Finden der optimalen Parameter für extrusionsbasierte additive Verfahren aufweist. Abbildung 5.14 zeigt für ein beispielhaftes Bauteil die Datenanalyse der Extrusionstemperaturen über den Verlauf des Fertigungsprozesses. Deutlich wird, dass die Amplitude zu Beginn des Fertigungsprozesses und zum Ende des Fertigungsprozesses zunimmt. Die Temperaturschwankungen nehmen zu Beginn der Fertigung bei genauerer Analyse zwischen Index 600 und 800 erstmals ab. Diese Beobachtung wird auch für andere Bauteile deutlich. Es lässt sich also festhalten, dass die Temperaturschwankungen besonders zu Beginn der Fertigung signifikant ausfallen. Daher wird für die explorative Datenanalyse eine weitere Ansicht gewählt.

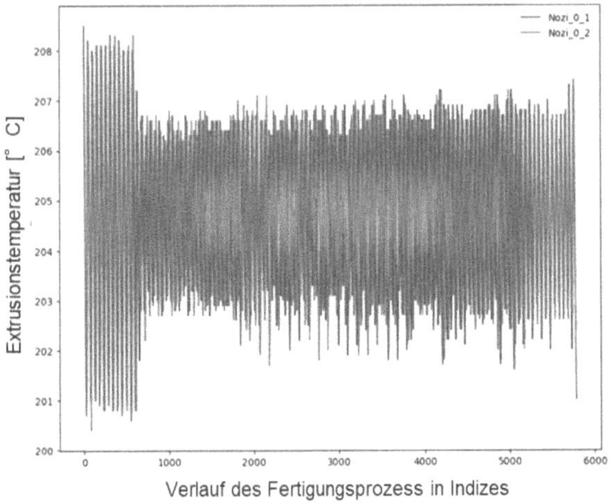

Abbildung 5.14: Datenanalyse der Extrusionstemperaturen über den Verlauf des Fertigungsprozesses

Abbildung 5.15 zeigt daher die zweite Datenanalyse der Extrusionstemperaturen im Verhältnis zur Bauteilhöhe bzw. bezogen auf die jeweilige Schicht. Auch hier lässt sich erkennen, dass besonders zu Beginn und zum Ende des Fertigungsprozesses signifikante Temperaturamplituden vorliegen. Es lässt sich also festhalten, dass besonders für die Arbeitsvorbereitung die Extrusionstemperatur zu Beginn der Fertigung mit ihren Amplituden optimiert werden sollte.

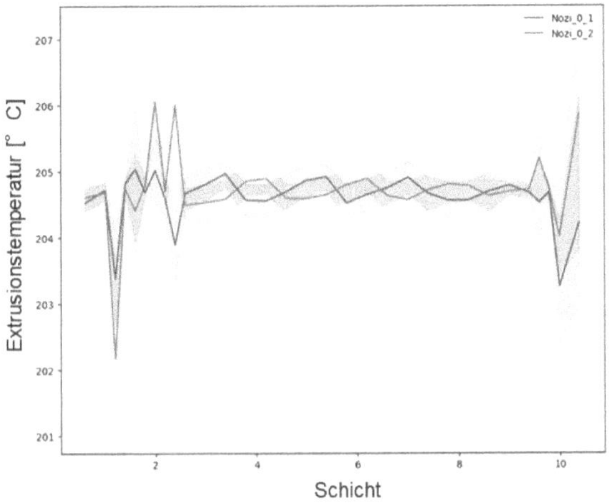

Abbildung 5.15: Datenanalyse der Extrusionstemperaturen im Verhältnis zur Schicht

Beispielhaft zeigt die Abbildung 5.16 die Untersuchung des Einflusses der Extrusionstemperaturen auf die Betttemperaturen. An dieser Stelle lässt sich keine Korrelation feststellen. Darauf aufbauend wird der Zusammenhang zwischen den Temperaturabweichungen, also den Schwankungen der Extrudertemperaturen und dem Durchsatz des Extruders analysiert.

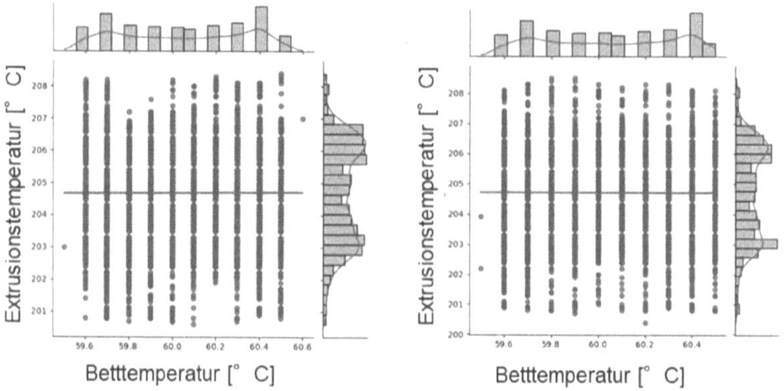

Abbildung 5.16: Datenanalyse des Einflusses der Extrusionstemperatur auf die Betttemperaturen

Abbildung 5.17 untersucht die Korrelation zwischen dem Durchsatz des Extruders und den Temperaturschwankungen der Extrudertemperaturen. Hier wird direkt deutlich, dass mit jeweils einem niedrigem und einem erhöhten Durchsatz, auch die Höhe der Schwankungen der Extrudertemperaturen zunehmen. Es besteht also eine Korrelation zwischen einem gemittelten kontinuierlichen Durchsatz und einer konstanten Extrudertemperatur mit geringen Schwankungen. Beide Erkenntnisse lassen sich auf die Schwankungen des Durchsatzes bei sowohl niedrigen Durchsätzen, als auch bei hohen Durchsätzen erklären. So kann in beiden Fällen die Extrudertemperatur nicht vollständig geregelt werden bzw. muss aufgrund von Scherungen innerhalb des Material genauer korrigiert und nachgeregelt werden.

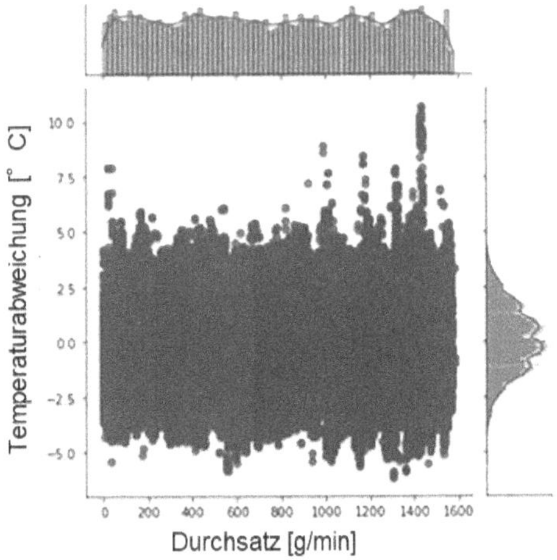

Abbildung 5.17: Datenanalyse der Korrelation zwischen dem Durchsatz und den Temperaturabweichungen

5.1.2.5 Zusammenfassung

Mit Hilfe dieses Vorgehens werden für diese Arbeit alle Prozessparameter in unterschiedlichen Korrelationen zueinander analysiert. Dargestellt sind die auffälligsten Analyseergebnisse. Die Ergebnisse der Datenaufbereitung und explorativen Datenanalyse sind jeweils beispielhaft für eins von 100 beispielhaften Bauteilen, nur die zentralen geltenden Ergebnisse wurden in dieser Arbeit dargestellt. Die Umsetzung dieses Schrittes befähigt die Nutzenden dieser Methodik zu einem ersten Schritt hinzu einer optimierten Kalibrierung der Anlagentechnik einer besseren empirischen Prozessentwicklung im Sinne der Arbeitsvorbereitung extrusionsbasierter additiver Anlagentechnik. Ergebnis dieses Schrittes ist die durchgeführte explorative Datenanalyse mit den Daten aus der Maschinensteuerung der Anlagentechnik und eine erarbeitete gute Datenqualität zur Weiterverarbeitung dieser Datengrundlage. Der Methodikschritt der Datenqualität und explorativen Datenanalyse bezieht sich direkt auf die Anforderungsdimension der Datenbereitstellung und ermöglicht es, alleine basierend auf den Daten der Maschinensteuerung der extrusionsbasierten additiven Anlagentechnik erste Erkenntnisse im Sinne der Arbeitsvorbereitung zu gewinnen und weiterzuverarbeiten.

5.1.3 Integration der Methodikschritte

Die Schritte A1 und A2 der Methodik zur Arbeitsvorbereitung mittels Maschinensteuerungs- und Sensordaten definieren die Phase A der Aufnahme und Analyse von prozessinternen Daten. Die Detaillierung der Phase und ihrer Schritte setzt sich aus existierenden Ansätzen zusammen, erläutert neue Ausführungsweisen und führt die Methodikschritte jeweils exemplarisch anhand von Experimenten durch. Abbildung 5.18 zeigt die Integration der Detaillierung der Phase A in das

Rahmenwerk der Methodik zur Arbeitsvorbereitung mittels Maschinensteuerungs- und Sensordaten.

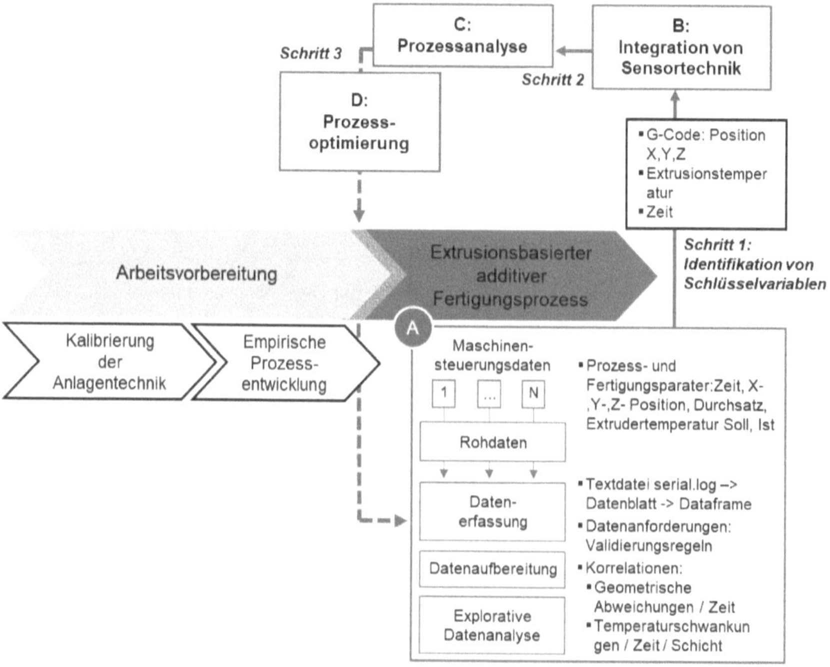

Abbildung 5.18: Integration der Methodikschritte der Phase A

Im Rahmen der Methodik ist es hier zunächst, die aus dem extrusionsbasierten additiven Fertigungsprozess, der hier exemplarisch genutzten Anlagentechnik, extrahierten Maschinensteuerungsdaten zu definieren. Mit Hilfe der Grundlagen der fünf Wertschöpfungsstufen von Daten kann im Anschluss ein Vorgehen zur Datenerfassung prozessinterner Daten extrusionsbasierter additiver Verfahren ermittelt werden. Dieses leitet die Nutzenden von der Textdatei der Maschinensteuerung, zum Dataframe und damit zur Bearbeitung mittels weiterführenden Programmiersprachen. Der Methodikschritt der Datenerfassung adressiert den ersten Teil der Anforderungsdimension der Datenbereitstellung und bildet die Grundlage, für die anschließende Durchführung einer Datenaufbereitung und einer explorativen Datenanalyse.

Anhand von zunächst allgemeinen Datenanforderungen und anschließend individuell zu definierenden Validierungsregeln lassen sich im Rahmen der Datenaufbereitung spezifische Kriterien zur Bewertung der Datenqualität innerhalb der Methodik entwickeln. Die exemplarisch durchgeführte Datenaufbereitung ermöglicht ein systematisches Vorgehen von Dataframe bis hin zur finalen aufbereiteten Datenmenge für extrusionsbasierte additive Verfahren zu definieren. Die explorative Datenanalyse als Grundlage des maschinellen Lernens und ihr dazugehöriger Ablauf befähigen die Nutzenden zur Durchführung einer explorativen Datenanalyse mit der aufbereiteten

Datenmenge aus der extrusionsbasierten additiven Anlagentechnik. Exemplarisch lassen sich bei der Durchführung der explorativen Datenanalyse erste Korrelationen zwischen den Prozess- und Fertigungsparametern im Sinne der Arbeitsvorbereitung ermitteln. Dazu gehört die geometrischen Abweichungen des G-Codes über die Zeit und eine Korrelation aus Temperaturschwankungen über Zeit und Fertigungsschicht. Auf der anderen Seite lassen sich zunächst auch exemplarisch Korrelationen ausschließen, wie die zwischen dem Durchsatz und den Temperaturschwankungen. Damit befähigen die Ergebnisse der Phase die notwendige Identifikation von Schlüsselvariablen. Definiert werden können hier auf Basis der experimentellen und exemplarischen Durchführung der Datenerfassung, Datenaufbereitung und explorativen Datenanalyse die Prozessparameter G-Code, Extrusionstemperatur und der Verlauf des Fertigungsprozesses über die Zeit.

Mit Hilfe der Phase A ist es also möglich die Schritte der Datenerfassung und der Datenaufbereitung und explorativen Datenanalyse als Teil dieser Methodik zur Arbeitsvorbereitung extrusionsbasierter additiver Verfahren umzusetzen. Auch der verbindende Schritt zwischen Phase A und Phase B, die Identifikation von Schlüsselvariablen für den extrusionbasierten additiven Fertigungsprozess ist im Rahmen der Detaillierung der Phase A erfolgreich umsetzbar. Das Zusammenspiel der gewählten Methoden, Hilfsmittel und Werkzeuge innerhalb der Methodikschritte lassen sich somit im Sinne der Methodik für diese erste Phase A erfolgreich integrieren.

5.2 Phase B - Detaillierung der Integration der Sensortechnik und Datenfusion

Die Arbeitsvorbereitung extrusionsbasierter additiver Verfahren benötigt zusätzliche Sensortechnik und die Fusion der daraus resultierenden Daten mit den Maschinensteuerungsdaten. Ziel ist daher zunächst die systematische Auswahl der, für die Arbeitsvorbereitung, benötigten zusätzlichen Sensortechnik. In Anlehnung an die in Kapitel 3.4 vorgestellten Ansätze wird dafür ein systematisches und für die Arbeitsvorbereitung angepasstes Vorgehen entwickelt und anschließend umgesetzt. In einem zweiten Schritt werden Methoden der Datenverarbeitung und –Fusion ermittelt und erprobt und der Aufbau einer Datengrundlage aus Maschinensteuerungs- und Sensordaten umgesetzt, welche anschließend für die Echtzeitüberwachung aufbereitet und weiterverarbeitet werden kann.

5.2.1 Schritt B1 – Integration von Sensortechnik

Die Detaillierung erfordert zunächst, aufbauend auf den Ergebnissen aus Schritt A1, mit der systematischen Auswahl und Integration der zusätzlich benötigten Sensortechnik. Die Auswahl und Integration der Sensortechnik erfolgt basierend auf methodischen Grundlagen und einer daraus abgeleiteten methodischen Vorgehensweise. Die eigentliche Auswahl wird im Anschluss in einem zweiten Schritt durchgeführt. Auf die Auswahl der Sensortechnik erfolgt dann abschließend die Integration der Sensortechnik in die bestehende Anlagentechnik und die Beschreibung des entwickelten Versuchsaufbaus zur Integration der ausgewählten Sensortechnik. Das Ziel ist die Aufnahme aller, für die Arbeitsvorbereitung extrusionsbasierter additiver Verfahren relevanten, Prozess- und Fertigungsparameter.

5.2.1.1 Grundlagen der Auswahl und Integration von Sensortechnik

Die methodischen Grundlagen zur Auswahl und Integration von Sensortechnik gehen über die meist verbreiteten Möglichkeiten der Parametermessung hinaus und basieren auf dem Vorgehen von ZELLER[300]. LÖPELT et al. nutzen dieses Vorgehen als Grundlage um, auf diesem sehr linearen Ansatz von ZELLER aufbauend, ein methodisches Vorgehen mit integrierten Möglichkeiten für Korrekturen vorheriger Entscheidungen und Schleifen zur Einarbeitung neuer Erkenntnisse zu entwickeln[301]. Das Vorgehen konzentriert sich auf die Auswahl von Sensortechnik für Bestandsanlagentechnik und kann somit auf extrusionsbasierte additive Verfahren und deren Anlagentechnik angewendet werden. Abbildung 5.19 zeigt die methodische Vorgehensweise zur Auswahl der Sensortechnik in Anlehnung an ZELLER und LÖPELT.[302] Die Vorgehensweise gliedert sich in zwei Phasen die Vorbereitungsphase und die Auswahlphase. Zunächst jedoch muss der positive Nutzen, in diesem Fall für die Arbeitsvorbereitung extrusionsbasierter additiver Verfahren, der jeweiligen Sensortechnik definiert werden. Danach wird in der Vorbereitungsphase eine Analyse der Anforderungen an die Sensortechnik und die Definition möglicher Messgrößen durchgeführt. Es findet nach jedem untergeordneten Schritt eine Detaillierung und Konkretisierung der Aufgaben und Anforderungen an die Sensortechnik statt. Anschließend wird in der Auswahlphase anhand der, in der Vorbereitungsphase ermittelten, Messgrößen die geeignete Sensortechnik ermittelt. Der erste Schritt zur Auswahl möglicher Messprinzipien trägt wiederum ebenfalls zur Detaillierung und Konkretisierung der Aufgaben und Anforderungen an die Sensortechnik bei, sodass ein fließender Übergang zwischen den zwei Phasen gegeben ist.

---

[300] Vgl. Zeller F., (1995), Sensorplanung und schnelle Sensorregelung für Industrieroboter

[301] Vgl. Löpelt et al., (2019), Sensorauswahl für Bestandsanlagen, S. 273

[302] Vgl. ebd. S. 273 - 274

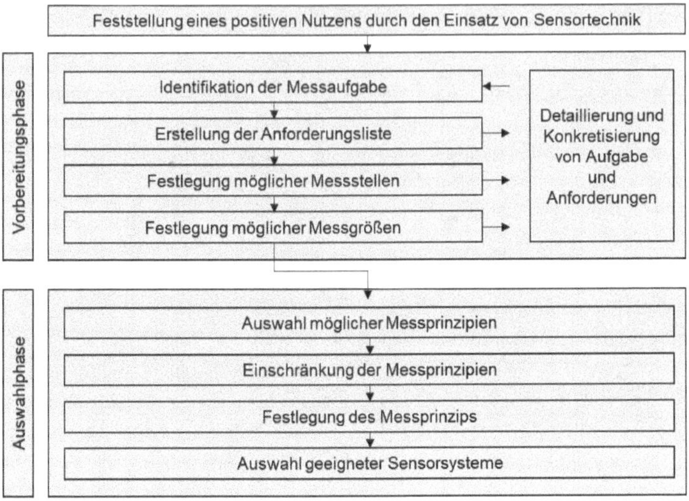

Abbildung 5.19 Methodische Vorgehensweise für die Auswahl von Sensortechnik in Anlehnung an LÖPELT ET. AL.[303]

5.2.1.2 Durchführung der systematischen Auswahl von Sensortechnik

Ziel des Vorgehens ist es, nicht nur die Integration der Sensortechnik, sondern auch die Ermittlung der Wertigkeit der Integration dieser Sensortechnik für die gesamte Anlagentechnik anhand von globalen und technisch-ökonomischen Kenngrößen. Diese sind ausgerichtet auf das globale Ziel der Arbeitsvorbereitung für extrusionsbasierte additive Verfahren mit ihren untergeordneten Teilschritten der Kalibrierung der Anlagentechnik und der empirischen Prozessentwicklung. Für die Umsetzung der systematischen Auswahl der Sensortechnik für die bestehende Anlagentechnik extrusionsbasierter additiver Verfahren wird daher in diesem Schritt die Vorgehensweise nach LÖPELT exemplarisch umgesetzt.

5.2.1.2.1 Vorbereitungsphase

Die Identifikation der Messaufgaben orientiert sich an der Zielgröße der Arbeitsvorbereitung und die für die Arbeitsvorbereitung notwendigen weiteren Prozessparameter. Anhand Schritt A1 konnten die existierenden Prozessparameter der Maschinensteuerung bereits definiert und analysiert werden, sowie die Schlüsselvariablen identifiziert werden. Die Prozessparameter extrusionsba-

---

[303] Vgl. Löpelt et al., (2019), Sensorauswahl für Bestandsanlagen, S. 273

sierter additiver Verfahren lassen sich abgeleitet aus Kapitel 2 und 3 in verschiedene Parametergruppen unterteilen. Dazu gehören als erstes die Parameter für die Aufbaustrategie des Bauteils, die sogenannten Aufbauparameter. Dazu gehören Parameter wie zum Beispiel die Orientierung, der Rasterwinkel, die Rasterbreite, der Luftspalt, die Extrusionsgeschwindigkeit, das Infill-Muster, die Infill-Dichte und die Schichtdicke. Weiter gehören die Parameter Düsentemperatur, Düsendurchmesser und die Bauplattformtemperatur der Gruppe der Maschinenparameter an. Umweltfaktoren wie Luftfeuchtigkeit und Umgebungstemperatur zählen zu den Umweltparametern. Zuletzt können Parameter wie Materialdichte, Farbe aber auch Materialfeuchtigkeit zu den Materialparametern gezählt werden.[304] Somit lassen sich alle für extrusionsbasierte additive Verfahren ausschlaggebende Prozessparameter, in die vier Parametergruppen Aufbauparameter, Maschinenparameter, Umweltparameter und Materialparameter zuordnen. Eine Übersicht aller Prozessparameter, welche von MOHAN, DEY und RAO genannt werden und welcher Parametergruppe diese angehören, ist in Tabelle 5.3 dargestellt. Gleichzeitig wird bewertet, ob diese für den Versuchsaufbau als vorhandene Prozess- oder Fertigungsparameter vorliegen. Diese Übersicht dient der Identifikation jener Maschinenparameter die übereinstimmend von MOHAN, DEY und RAO als ausschlaggebend für das extrusionsbasierte additive Verfahren angesehen werden wie beispielsweise die Extrusionstemperatur oder die Orientierung[305]. In einigen Publikationen wird auch die Extruderposition als Prozessparameter genannt und untersucht.[306] Diese bezieht sich auf die genaue Lage des Extruders während des Fertigungsprozesses. Die Positionierung des Extruders bestimmt, an welchen Stellen das Material aufgetragen wird. Eine fehlerhafte Extruderposition kann dabei zu einer Ebenenverschiebung führen indem beispielsweise der Extruder in X-Richtung unbeabsichtigt verschoben wird, wodurch am Ende das Bauteil in X-Richtung eine Ebenenverschiebung aufweist.[307]

---

[304] Vgl. Ning F. et al., (2015), Additive manufacturing of carbon fiber reinforcement thermoplastic composites using fused deposition modeling, S. 371

[305] Vgl. Mohan N., (2017), A review on composite materials and process parameters optimisation for the fused deposition modelling process, S. 55-57; Vgl. Dey a. et al., (2019), A Systematic Survey of FDM Process Parameter Optimization and Their Influence on Part Characteristics, S. 2-3; Vgl. Rao P., (2015), Online Real-Time Quality Monitoring in Additive Manufacturing Processes Using Hetero-geneous Sensors, S. 7-8

[306] Vgl. Oleff A. et al., (2021), Process monitoring for material extrusion additive manufacturing: a state-of-the-art-review, S. 705 - 710

[307] Vgl. Moretti M. et al., (2020), Towards the development of a smart fused filament fabrication system using mul-ti-sensor data fusion for in-process monitoring, S. 5

Tabelle 5.3: Übersicht der relevanten Parameter in extrusionsbasierten additiven Verfahren

Maschinenparameter	Vorhandener Prozessparameter	Vorhandener Fertigungsparameter
Ablagegeschwindigkeit	-	-
Bauplattformtemperatur	X	X
Eingangsdruck an der Düse	-	-
Extruderposition	X	-
Extrusionsgeschwindigkeit	X	-
Extrusionstemperatur	X	x

Für die Arbeitsvorbereitung der Anlagentechnik lassen aus diesen forschungsseitigen Ergebnissen alle Parameter der Maschinensteuerung als relevante Parameter und damit als Messaufgabe ableiten. Ziel sollte es sein zu jedem Maschinenparameter jeweils den jeweiligen Fertigungsparameter ermitteln zu können. Aus Sicht der Praxis gilt es jedoch für die dafür benötigte Sensortechnik eine Anforderungsliste aufzustellen. Abbildung 5.20 zeigt die Anforderungsliste an die für diese Messaufgabe benötigte Sensortechnik. Die Anforderungsliste gliedert sich angelehnt an LÖPELT in fünf, für die Praxis relevante, Überkategorien Kosten, Systemfähigkeit, Integration, Lebensdauer und Übertragungseigenschaften.[308]

[308] Vgl. Löpelt et al., (2019), Sensorauswahl für Bestandsanlagen, S. 274

Abbildung 5.20 Anforderungsliste an die Sensortechnik[309]

Im nächsten Schritt erfolgt die Festlegung möglicher Messstellen und Messgrößen innerhalb der extrusionsbasierten additiven Anlagentechnik. Dazu wird sich wie schon zuvor auf den in Schritt A1 definierten Versuchsaufbau bezogen. Tabelle 5.4 zeigt die möglichen Messstellen der einzelnen Parameter und die dazu definierten möglichen Messgrößen mit ihrer jeweiligen Messeinheit.

[309] Vgl. ebd.

Tabelle 5.4: Mögliche Messstellen und Messgrößen

Maschinenparameter	Mögliche Messstelle	Mögliche Messgröße
Ablagegeschwindigkeit	Bauplattform	Geschwindigkeit [mm/s]
Bauplattformtemperatur	Bauplattform	Temperatur [°C]
Eingangsdruck an der Düse	Düse	Druck [bar]
Extruderposition	Achssystem	Position X,Y,Z [mm]
Extrusionsgeschwindigkeit	Schnecke	Geschwindigkeit [mm/s]
Extrusionstemperatur	Extruder	Temperatur [°C]x

5.2.1.2.2 Auswahlphase

In der Auswahlphase erfolgt für die zuvor definierten Maschinenparameter und ihre Messstellen und –Größen zunächst die Auswahl, Einschränkung und Festlegung der Messprinzipien. Anschließend erfolgt basierend auf diesen Ergebnissen die Auswahl der geeigneten Sensortechnik. Geprüft werden vier unterschiedliche Messprinzipien für die jeweils zu messenden Geschwindigkeiten, Temperaturen, Drücke und der Positionsmessung.

Abbildung 5.21 zeigt mögliche Messprinzipien zur Geschwindigkeitsmessung. Hierbei wird geprüft welche Sensorik für die Ablagegeschwindigkeit oder die Extrusionsgeschwindigkeit genutzt werden könnten. Die Ablagegeschwindigkeit lässt sich nicht durch eine mechanische oder optische Messung detektieren. Die optischen und mechanischen Verfahren zur Drehzahlmessung zielen auf die Messung der Drehzahl und darauffolgende Übersetzung der Geschwindigkeit ab. Die Drehzahl wird als Prozessparameter bereits für die Extrusionsgeschwindigkeit gemessen und eignet sich daher nicht als zusätzliches Messprinzip.

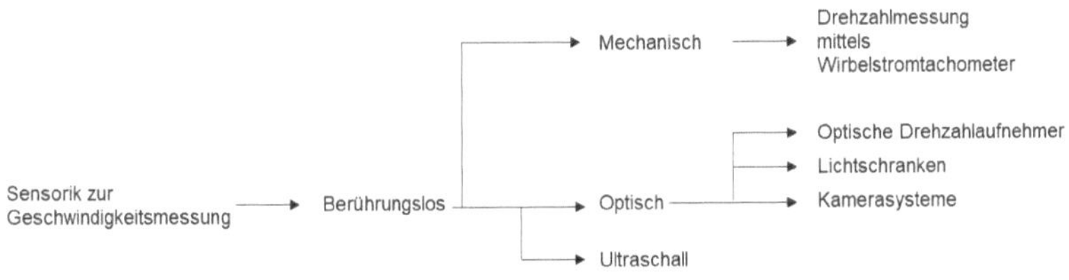

Abbildung 5.21 Messprinzipien zur Geschwindigkeitsmessung

Die Ablagegeschwindigkeit des Materials auf der Bauplattform lässt jedoch optisch photoelektrisch durch Lichtschranken und Kameras, sowie durch Ultraschall Sensorik messen. Alle drei Optionen stellen jedoch aufgrund der Datenverarbeitung und Transformation der Daten und der Kosten für die Ultraschallsensorik eine Herausforderung dar.

Die Messprinzipien zur Temperaturmessung sind in Abbildung 5.22 dargestellt. Für die Temperaturmessung kann zwischen berührender und berührungsloser Sensorik unterschieden werden. Für die Berührungslose Temperaturmessung eignet sich das Infrarot Messprinzip. Optisch mittels einer Infrarotkamera oder mittels eines Infrarotthermometers. Aufgrund der hohen zusätzlichen Kosten können die Infrarot Messprinzipien ausgeschlossen werden. Stattdessen wird das einfache und kostengünstige Thermoelement gewählt, welches für die berührende Temperaturmessung ausgelegt ist. Thermoelemente benötigen keine zusätzlichen Bohrungen oder Vorrichtungen und erhöhen zusätzlich das Gewicht des Extruders nur marginal.

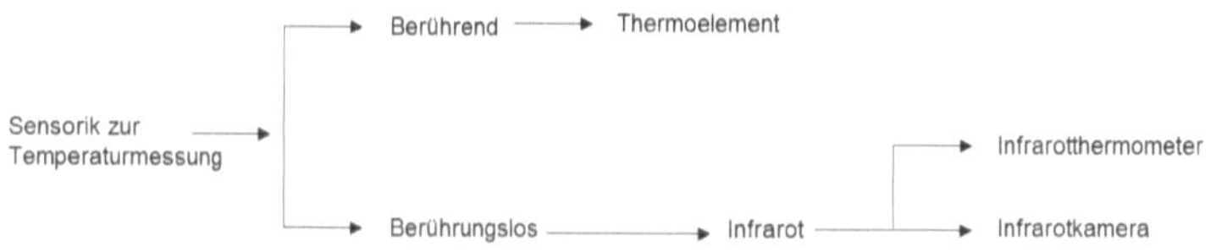

Abbildung 5.22 Messprinzipien zur Temperaturmessung

Die Messprinzipien zur Druckmessung sind in Abbildung 5.22 dargestellt. Für die Messprinzipien der Druckmessung kommen aufgrund der hohen Verarbeitungstemperaturen innerhalb des Extruders nur absolute oder relative Extruderdrucksensorik in Frage. Beide Messprinzipien benötigen allerdings spezielle Bohrungen zur Integration der Sensorik in den Extruderkopf. Zusätzlich ist die Sensorik kosten- und gewichtsintensiv. Aus diesem Grund werden sie für die extrusionsbasierte additive Anlagentechnik ausgeschlossen.

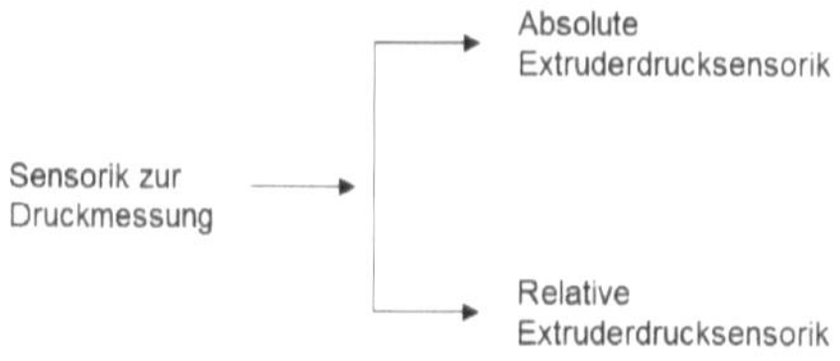

Abbildung 5.23 Messprinzipien zur Druckmessung

Die Messprinzipen zur Positionsmessung sind in Abbildung 5.24 dargestellt. Für die Positionsmessung wird ebenfalls zwischen berührungslos und berührenden Sensoren unterschieden. Ausgeschlossen werden hierbei Lasersysteme aufgrund der hohen Anschaffungs- und Wartungskosten sowie der komplexen Integrierbarkeit. Gewählt wird für die Positionierung im Achssystem ein kostengünstiger Encoder und ein magnetischer Drehgeber, da diese in ihrer Kombination die Positionsmessung in X,Y und Z-Richtung garantieren.

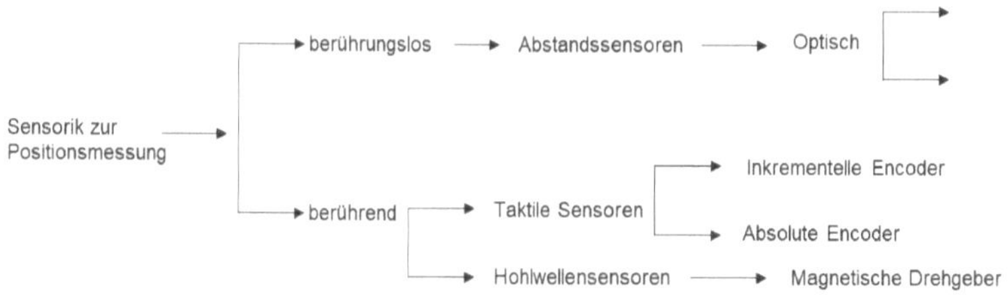

Abbildung 5.24 Messprinzipien zur Positionsmessung

5.2.1.3 Versuchsaufbau zur Integration der Sensortechnik

Der Versuchsaufbau zur Integration der Sensortechnik umfasst die beiden gewählten Verfahren zur Gewinnung von zusätzlichen Daten für die Arbeitsvorbereitung. Dabei handelt es sich um die Positionsmessung des Extruders mit dem gewählten Messprinzip des Encoders und die zusätzliche Temperaturmessung des Extruders mit dem gewählten Thermoelement. Auf die jeweilige Integration und Positionierung sowie die Datenausgabe wird in den folgenden beiden Unterkapiteln eingegangen.

5.2.1.3.1 Extruderposition

Um die Position des Extruders zu erfassen, der durch den Zahnriemen angetrieben wird, ergibt sich die Möglichkeit, die Bewegungen des Zahnriemens zur Bestimmung der Extruderposition zu nutzen. Dabei kann zum einen eine Soll-Position mit der Bewegung der Motorwelle des Schrittmotors und zum anderen eine Ist-Position mit der Bewegung der Zahnriemen erfasst werden. Aus diesem Grund werden zwei verschiedene Sensoren für die Positionserfassung verwendet. Der erste Sensor ist der magnetische Drehgeber, welcher in dem MKS Servo42C Modul von dem Unternehmen Makerbase verbaut ist. Dieser Sensor bzw. dieses Modul wird am Schrittmotor befestigt und misst die Drehbewegung der Motorwelle. Dafür wird ein diametrischer Magnet an das Ende der Motorwelle befestigt. Durch die Drehbewegung der Motorwelle, dreht sich auch das Magnetfeld des Magneten. Diese Richtungsänderung des Magnetfeldes wird dann vom MKS Servo42C Modul erfasst und gibt einen Schrittwert für die Drehung aus. Für eine ganze Umdrehung der Motorwelle 360° gibt der Sensor 65536 Schritte aus, was für jeden Schritt eine Drehbewegung von 0,0054° entspricht. Für die Datenerhebung besitzt das MKS Servo42C Modul eine Schnittstelle mit insgesamt 4 Pins. Dabei entspricht der „3v3"-Pin der Stromversorgung mit 3 Volt, der „G"-Pin der Erdung, der „TX"-Pin dem Sender und der „RX"-Pin dem Empfänger. Mit diesem Modul soll die erforderte Position des Extruders mit Hilfe der Drehbewegung des Schrittmotors erfasst werden. Abbildung 5.25 zeigt ein MKS Servo42C Modul, welches an einen Schrittmotor montiert ist.

Abbildung 5.25: Das MKS Servo42C Modul an einem Schrittmotor montiert[310]

[310] Vgl. eigene Darstellung

Der zweite Sensor ist der Optische Inkremental Drehgeber (OID) mit der Seriennummer 8.KIH40.5462.0500 des Herstellers Kübler Group. Dieser OID gibt für eine ganze Umdrehung 1000 Schritte aus, was für jeden Schritt eine Drehbewegung von 0,36° entspricht. Die Signalübertragung erfolgt dabei über das am OID montierten Datenkabel, welches insgesamt 8 Adern besitzt. Für die Anwendung in dieser Arbeit sind jedoch nur die Adern mit den Farben Weiß, Braun, Grün und Grau von Bedeutung. Der OID besitzt eine Hohlwelle mit einem Durchmesser von 8 mm, in welche man eine Welle befestigt, dessen Drehbewegung man messen möchte. Um die Bewegung der Zahnriemen zu messen, wird ein Zahnriemenrad an eine Welle mit einem Durchmesser von 8 mm befestigt, dieser ist in Abbildung 5.26 dargestellt. Somit werden die Bewegungen des Zahnriemens über das Zahnriemenrad in eine Drehbewegung umgewandelt, welche dann vom OID gemessen wird.

Abbildung 5.26: Der Optische Inkremental Drehgeber mit der 8 mm Hohlwelle[311]

5.2.1.3.2 Extrudertemperatur

Um die Temperatur des Extruders zu erfassen wird ein NTC-Thermistor verwendet, welcher einen Widerstand von 100.000 Ohm besitzt. Thermistoren sind elektronische Bauteile, die aus einem halbleitenden Material bestehen dessen elektrischer Widerstand sich in Abhängigkeit der Temperatur ändert. Bei NTC-Thermistoren nimmt der Widerstand mit zunehmender Temperatur ab und zeichnen sich diese durch ihre kleine Größe, schnelle Reaktionszeit, höhere Zuverlässigkeit sowie ihre Unempfindlichkeit gegen mechanische Stöße und Vibrationen aus. Der NTC 3950-Thermistor, welcher in dieser Arbeit verwendet wird, deckt einen Temperaturbereich von -40°C bis 300°C ab, was ihn ideal für den Einsatz in extrusionsbasierten additiven Verfahren macht. Durch die Messung des elektrischen Widerstands und dessen Änderung kann die Extrusionstemperatur gemessen werden. In Abbildung 5.27 ist der verwendete NTC 3950-Thermistor dargestellt.

[311] Vgl. eigene Darstellung

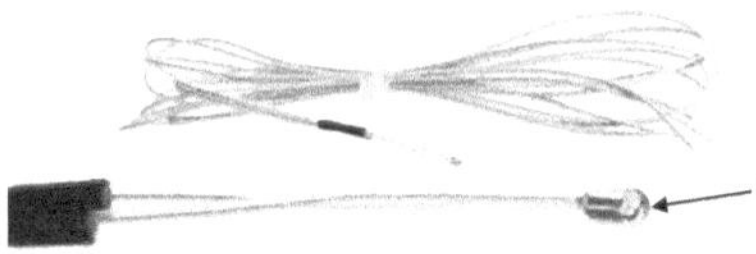

Abbildung 5.27: NTC 3950 Thermistor[312]

5.2.1.4 Zusammenfassung

Die Integration von Sensortechnik in die extrusionsbasierte additive Anlagentechnik bildet die Grundlage für die weitere Datenverarbeitung- und fusion. Im Vordergrund steht die systematische Auswahl der zusätzlich für die Arbeitsvorbereitung benötigten Sensortechnik und die Möglichkeit der erfolgreichen Integration dieser Sensortechnik in die bestehende Anlagentechnik. Mit Hilfe des methodischen Vorgehens zur Auswahl der zusätzlich benötigten Sensortechnik für die Arbeitsvorbereitung der extrusionsbasierten additiven Anlagentechnik konnte exemplarisch weitere Sensortechnik in die Anlagentechnik integriert werden. Bei den zusätzlichen Sensoren handelt es sich um Positionssensorik, die den Fertigungsparameter zum existierenden Prozessparameter für die Position des Extruderkopfes liefert und um einen weiteren Temperatursensor, der die Extrusionstemperatur vor dem Austritt der Düse misst. Beide zusätzlichen Sensortechniken liefern für die Theorie benötigten Daten und lassen sich langfristig und kostengünstig in der Anlagentechnik umsetzen. Die ausgewählte Sensortechnik liegt zwischen der Anforderungsdimension der Datenbereitstellung und der Prozessanalyse und bildet damit die Grundlage für den darauffolgenden Schritt der Datenverarbeitung und –fusion.

5.2.2 Schritt B2 – Datenverarbeitung und –fusion

In Schritt B2 wird die Datenverarbeitung der Daten aus der Maschinensteuerung und der zusätzlichen Sensorik detailliert. Der Schritt der Datenfusion soll so aufgebaut werden, dass sich beliebige weitere Sensortechnik in die Anlagentechnik integrieren und anschließend in die Datenschnittstelle fusionieren lassen kann. Ziel ist einheitliche Datenverarbeitung aller aufzunehmenden Daten und die Visualisierung der Daten in einer einheitlichen Schnittstelle.

5.2.2.1 Grundlagen der Multi-Sensordatenfusion

Die Methoden zur Kombination oder Fusion von Daten stammen aus einer Vielzahl traditioneller Disziplinen wie der digitalen Signalverarbeitung, der statistischen Schätzung, der Kontrolltheorie, der künstlichen Intelligenz und klassischen numerischen Methoden.[313] Die Bayes Regel ist ein

312 Vgl. eigene Darstellung

313 Vgl. Hall D. et al., (1997), An Introduction to Multisensor Data Fusion, S. 6-7

grundlegendes Konzept der Wahrscheinlichkeitstheorie und ist für die meisten Methoden der Datenfusion von zentraler Bedeutung. Grundsätzlich bietet sie eine Möglichkeit, aus Beobachtungen z Rückschlüsse auf ein Objekt oder eine Umgebung abzuleiten, die durch den Zustand x beschrieben wird.[314] Im Kontext der Datenfusion wird die Bayes Regel verwendet, um vorherige Informationen über ein System mit neuen Sensormessungen zu kombinieren, um eine genauere Schätzung des Systemzustands zu erhalten. Die Grundidee besteht darin, die nachträgliche Wahrscheinlichkeitsverteilung des Systemzustands unter Berücksichtigung der Sensormessungen zu berechnen, die proportional zum Produkt aus der vorherigen Wahrscheinlichkeitsverteilung und der Wahrscheinlichkeitsfunktion der Messungen ist.[315]

Im Folgenden werden verschiedene Methoden und Algorithmen der Datenfusion vorgestellt, welche für die Multi-Sensordatenfusion verwendet werden. Diese sind in Tabelle 5.5 aufgelistet.

Tabelle 5.5: Methoden und Algorithmen der Datenfusion für die Multi-Sensordatenfusion[316]

Datenfusions-Methode	Beschreibung
Gewichtete Durchschnittsmethode	Die Kombination von verschiedenen Sensordaten durch Berechnung eines gewichteten Durchschnitts. Dabei werden die Sensordaten gewichtet, um ihre relative Zuverlässigkeit oder Genauigkeit zu berücksichtigen.
Kalman-Filter	Ein mathematischer Algorithmus, der dabei hilft, die Genauigkeit und Präzision der Schätzungen von Sensordaten zu verbessern. Er basiert auf dem Konzept der Zustandsvorhersage und -korrektur. Der Filter nutzt sowohl Vorwissen als auch aktuelle Messungen, um optimierte Schätzungen zu generieren.
Bayes'sche Inferenz	Basiert auf dem Bayes'schen Theorem und nutzt statistische Wahrscheinlichkeiten, um Schätzungen zu verbessern. Sie ermöglicht die Aktualisierung von Schätzungen basierend auf neuen Messungen. Dies ist besonders nützlich, wenn Unsicherheit und Rauschen in den Daten vorhanden sind.
Parameter Schätzung	Methode verwendet Stichprobendaten (in der Regel „Zeit bis zum Ausfall“ oder Erfolgsdaten), um die Parameter der ausgewählten Verteilung zu schätzen.

[314] Vgl. Durrant-Whyte, H.; Henderson, T. (2016), Multisensor Data Fusion , 867–896.

[315] Vgl. ebd.

[316] Vgl. ebd.

Fuzzy-Clustering Algorithmen	Methode zur Gruppierung von Datenpunkten in Klassen, wobei diese Algorithmen auf der Beziehung zwischen Mustern und dem Fuzzy-C-Mittelwert-Algorithmus (FCM) basieren.
Dirichlet Prozess	Ein nicht-parametrischer Bayes'scher Ansatz, der zur Clusterbildung und Modellierung von Daten mit einer unbekannten Anzahl von Gruppen oder Kategorien verwendet wird. Wird angewendet, um ähnliche Beobachtungen von verschiedenen Sensoren zu gruppieren und zu-grunde liegende Muster oder Trends in den Daten zu erkennen.
Cluster-Analyse	Die Cluster-Analyse ist eine Methode zur Gruppierung von Datenpunkten in Clustern oder Gruppen, basierend auf ihrer Ähnlichkeit oder Distanz zueinander. Dies ermöglicht die Identifizierung von gemeinsamen Mustern oder Merkmalen in den Daten.

Ziel ist es ein System aufzubauen, welches von der Datenaufnahme der einzelnen Sensoren bis hin zur Datenauswertung mittels der gebündelten visuellen Ausgabe und Datenausgabe aller aufgenommener Daten funktioniert. Parallel dazu wird eine Datenbank aufgebaut, welche die aufgenommenen Daten speichert und in das System zurückführt. Abbildung 5.28 zeigt das dazugehörige System der Multi-Sensordatenfusion.

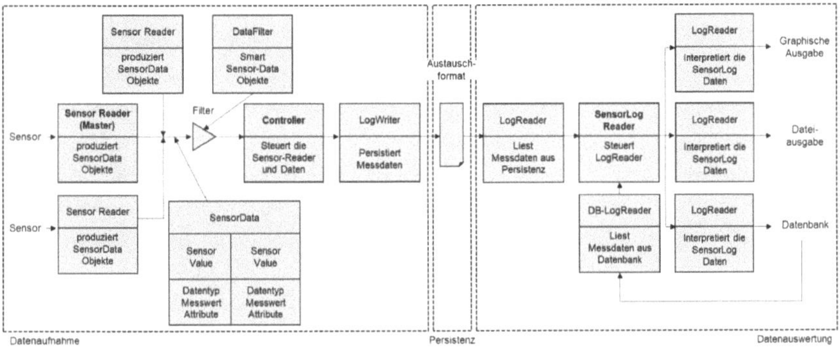

Abbildung 5.28: System der Multi-Sensordatenfusion[317]

5.2.2.1 Versuchsaufbau der Multi-Sensordatenfusion

Im Rahmen dieser Arbeit wird ein Überwachungssystem entwickelt, welches durch den Einsatz der Multi-Sensordatenfusion die Prozesskontrolle und -qualität in der extrusionsbasierten

[317] Vgl. Bergelt R. et al., (2012), Heterogene Sensor-Aktor-Systeme, S. 7

additiven Fertigung verbessern soll. Dafür werden zum einen die Soll-Position und die Ist-Position des Extruders miteinander verglichen um mögliche Bewegungsfehler des Extruders zu erkennen. Zum Anderen werden ähnlich wie in dem Ansatz von MORETTI die Positionsdaten des Extruders mit der Extrusionstemperatur verknüpft um den Fertigungsprozess zu visualisieren.

Für die Datenerhebung und -verarbeitung des Überwachungssystems, werden verschiedene elektronische Bauteile und Komponenten eingesetzt. Eine zentrale Anforderung an das System ist die Fähigkeit, zusätzliche Sensortechnik zu integrieren, um die Funktionalität und Effizienz zu erhöhen. Diese Anforderung wird durch die Verwendung der Controller Area Network Bus (CAN-Bus) Kommunikation erfüllt. CAN-Bus ist ein etablierter, robuster Fahrzeugbusstandard, der ursprünglich für die Automobilindustrie entwickelt wurde, aber mittlerweile in einer Vielzahl von Anwendungen weit darüber hinaus eingesetzt wird. Dieser ermöglicht eine effiziente und zuverlässige Kommunikation zwischen verschiedenen Geräten in einem Netzwerk, ohne die Notwendigkeit eines zentralen Computers. Dies ist besonders vorteilhaft in Umgebungen, in denen Echtzeitreaktionen und hohe Zuverlässigkeit gefordert sind. Für die Datenübertragung werden die Geräte mit den zwei Kabeln CAN-High (H) und CAN-Low (L) verbunden. Die Differenz der Spannungen in den zwei Leitungen ermöglicht das Übertragen von Daten.[318] Durch die Nutzung der CAN-Bus-Kommunikation zur Datenübertragung ist es somit möglich, zusätzliche Sensoren und Messinstrumente in das System zu integrieren, indem ein Sensor an das CAN-Bus-Netzwerk angeschlossen wird.

Die Zentrale Recheneinheit des in-situ Überwachungssystems bildet ein Raspberry Pi Modell 4B mit 8 GB Arbeitsspeicher. Alle Daten werden über ein am Raspberry Pi installierten CAN-Modul empfangen und im Anschluss weiterverarbeitet und analysiert. Um die Sensordaten in ein CAN-fähiges Informationsformat umzuwandeln, wird ein im Rahmen dieser Arbeit entwickeltes Sensordaten-CAN-Modul verwendet. In Abbildung 5.29 ist der Schaltplan für das Sensordaten-CAN-Modul mit angeschlossenem Optischen Inkremental Drehgeber als Sensor dargestellt.

[318] Vgl. Voss W., (2008), A Comprehensible Guide to Controller Area Network: Controller Area Network (CAN): Main Characteristics, Message Frame Architecture, Message Broadcasting, Bus Arbitration, Error Detection and Fault Confinement, Physical Layer, S. 2-10

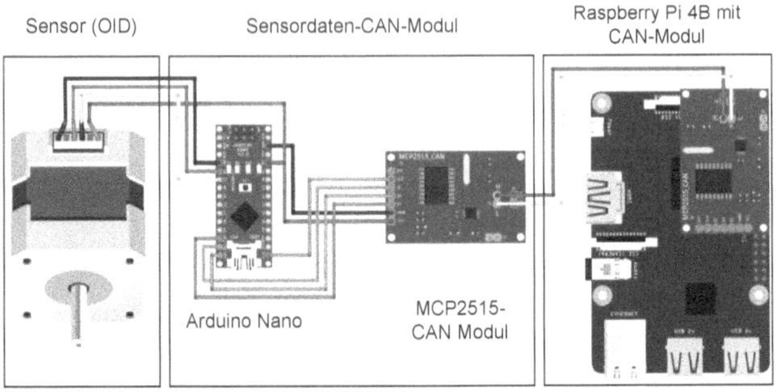

Abbildung 5.29: Schaltplan für das Sensordaten-CAN-Modul mit Optischen Inkremental Drehgeber als Sensor[319]

Das Sensordaten-CAN-Modul besteht aus einem MCP2515-CAN Modul für die CAN-Datenschnittstelle, einem Arduino Nano zur Datenverarbeitung und einer Sensorschnittstelle. Die Sensordaten werden über eine Sensorschnittstelle an den Arduino Nano geschickt und dort verarbeitet. Mit dem MCP2515-CAN Modul werden die Daten im nächsten Schritt in ein CAN-Signal verwandelt und über die CAN-Schnittstelle mit CAN-High (H) und CAN-Low (L) an das am Raspberry Pi installierte CAN-Modul gesendet. Zu beachten ist hierbei, dass für jeden Sensortyp möglicherweise eine andere Sensorschnittstelle benötigt wird. In Abbildung 5.29 ist das Sensordaten-CAN-Modul für den Optischen Inkremental Drehgeber gezeigt. Hier wird eine Schnittstelle mit den Anschlüssen 5 Volt, Erdung, Kanal A und Kanal B benötigt, wobei die Anschlüsse Kanal A und Kanal B an die digitalen Pins D2 und D3 des Arduino Nano angeschlossen werden müssen.

Um ein MKS Servo42C Modul an das Sensordaten-CAN-Modul anzuschließen, wird eine andere Sensorschnittstelle benötigt. In diesem Fall werden die Anschlüsse 3,3 Volt, Erdung, TX und RX benötigt. In Abbildung 5.30 ist der Schaltplan für das Sensordaten-CAN-Modul mit angeschlossenem MKS Servo42C Modul als Sensor abgebildet.

[319] Vgl. eigene Darstellung

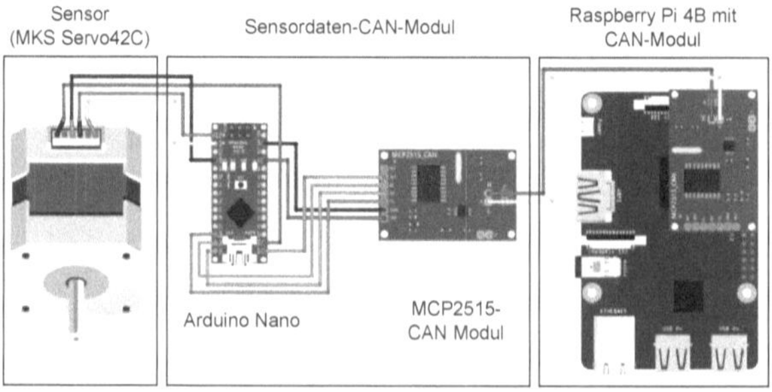

Abbildung 5.30: Schaltplan für das Sensordaten-CAN-Modul mit MKS Servo42C Modul als Sensor[320]

Im Falle des NTC 3950-Thermistors werden die Anschlüsse 5 Volt, Erdung und der analoge Pin A0 benötigt. Des Weiteren wird für die Messung der Extrusionstemperatur ein elektrischer Widerstand mit 4700 Ohm zwischen der Verbindung zum A0 Pin und der Erdung benötigt. In Abbildung 5.31 ist der Schaltplan für das Sensordaten-CAN-Modul mit angeschlossenem NTC 3950-Thermistor als Sensor abgebildet.

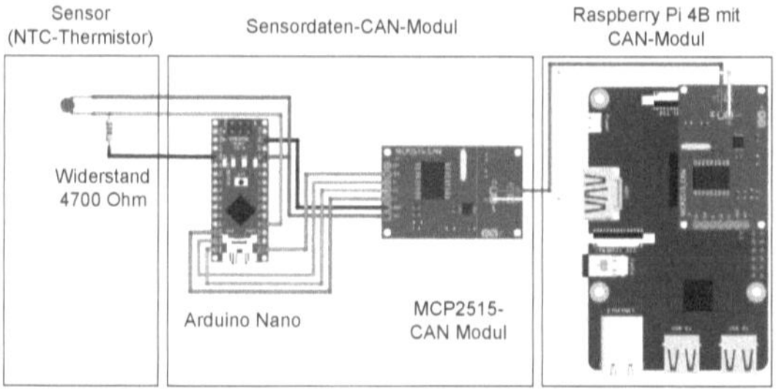

Abbildung 5.31: Schaltplan für das Sensordaten-CAN-Modul mit NTC 3950-Thermistor als Sensor[321]

Alle benötigten elektrischen Bauteile für das Sensordaten-CAN-Modul werden nach dem jeweiligen Schaltplan auf einer Leiterplatte miteinander verlötet. In Abbildung 5.32 ist die Vorder- und Rückseite eines Sensordaten-CAN-Moduls dargestellt, an welchem der NTC 3950-Thermistor angeschlossen wird.

---

[320] Vgl. eigene Darstellung

[321] Vgl. eigene Darstellung

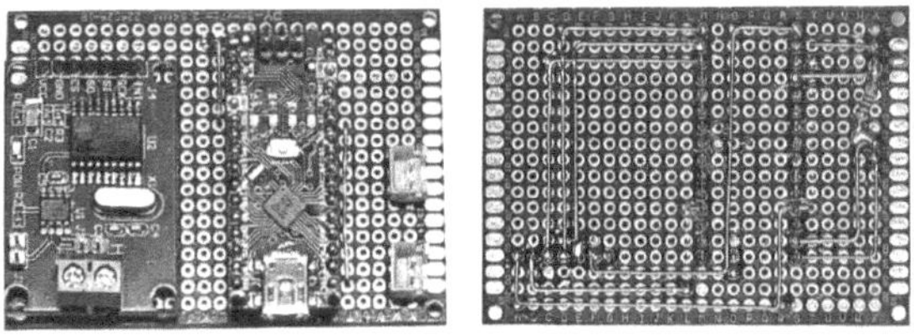

Vorderseite Sensordaten-CAN-Modul Rückseite Sensordaten-CAN-Modul

Abbildung 5.32: Vorder- und Rückseite eines Sensordaten-CAN-Moduls (Hier mit Anschluss für den NTC 3950-Thermistor zur Messung der Extrusionstemperatur)[322]

In Abbildung 5.33 ist die gesamte Sensorik und Elektronik für die Positionserfassung in X- und Y-Richtung des Extruders dargestellt.

1	MKS 1	5	OID 1Pumpenmotor
2	Sensordaten-CAN-Modul für MKS 1	6	Sensordaten-CAN-Modul für OID 1
3	MKS 2	7	OID 2
4	Sensordaten-CAN-Modul für MKS 1	8	Sensordaten-CAN-Modul für OID 2

Abbildung 5.33: Montiertes Sensor-Messsystem auf dem CoreXY-Achssystem[323]

Da für das CoreXY-Achssystem zwei Zahnriemen verwendet werden, sind der MKS 1 und OID 1 für den oberen Riemen und der MKS 2 und OID 2 für den unteren Riemen zuständig. Die Daten der Sensoren werden dann über das zugehörige Sensordaten-CAN-Modul über CAN versendet. Analog dazu wird auch die Position in Z-Richtung von dem MKS 3 erfasst und ist in Abbildung 5.34 dargestellt.

[322] Vgl. eigene Darstellung

[323] Vgl. eigene Darstellung

Abbildung 5.34: Am Schrittmotor installiertes MKS Servo42C Modul zur Erfassung der Z-Position[324]

Für die Erfassung der Extrusionstemperatur wird ein NTC 3950-Thermistor an der Dosiereinheit befestigt und dessen Messwert von einem Sensordaten-CAN-Modul verarbeitet und über CAN-Bus versendet. Der Aufbau des Messsystems zur Erfassung der Extrusionstemperatur mittels NTC 3950-Thermistor ist in Abbildung 5.35 dargestellt.

Abbildung 5.35: Messsystem zur Erfassung der Extrusionstemperatur mit dem NTC 3950-Thermistor, dem Sensordaten-CAN-Modul und dem Raspberry Pi als zentrale Recheneinheit[325]

---

[324] Vgl. eigene Darstellung

[325] Vgl. eigene Darstellung

5.2.2.2 Durchführung der Datenverarbeitung mittels Multi-Sensordatenfusion

Die Datenverarbeitung und die Multi-Sensordatenfusion erfolgt auf dem Raspberry Pi. Für die Zusammenführung aller Sensordaten und dessen Verarbeitung wird ein Python Programm verwendet. In Code 5.2 ist der erste Teil des Python Codes dargestellt.

Code 5.2: Teil 1, Definition der Funktionen und Anfang der Programmschleife

```
import os
import can
import math
import time

os.system('sudo /sbin/ip link set can0 up type can bitrate 500000')
os.system('sudo ifconfig can0 up')  # Enable can0

bus = can.interface.Bus(channel='can0', bustype='socketcan')  # socketcan_native

data_file_path = '/home/pi/Desktop/CAN/CAN_Data/data_file.txt'

def reverse_hex(hex_string):
    hex_list = hex_string.split()
    reversed_hex_list = hex_list[::-1]
    reversed_hex_string = " ".join(reversed_hex_list)
    return reversed_hex_string

def hex_to_decimal(hex_string):
    hex_list = hex_string.split()
    hex_value = "".join(hex_list)
    decimal_value = int(hex_value, 16)
    return decimal_value

MKS_1 = 0
MKS_2 = 0
MKS_3 = 0
OID_1 = 0
OID_2 = 0
NTC = 0.0

X_ist = 0.0
Y_ist = 0.0
Z_ist = 0.0

X_soll = 0.0
Y_soll = 0.0
Z_soll = 0.0

r_Sensorwelle = 12
getriebe = 0.1061
korrekturfaktor = 0.009275

phi_1 = 0
phi_2 = 0
phi_3 = 0
phi_4 = 0
phi_5 = 0
```

Zu Beginn werden benötigte Bibliotheken, dessen Funktionen im weiteren Verlauf benötigt werden, importiert. Darunter „os“ für den Betriebssystemzugriff, „can“ für die CAN-Bus-Kommunikation, „math“ für mathematische Berechnungen und „time“ für Zeitoperationen. Im nächsten Schritt werden die „os.system“-Befehle ausgeführt und die Variable „bus“ definiert um das CAN-Modul am Raspberry Pi zu aktivieren und CAN-Nachrichten zu empfangen. Des Weiteren wird der Dateipfad „data_file_path” definiert in welchem sich ein Textdokument mit dem Namen „data_file.txt“ befindet, dass als Schnittstelle zwischen dem Python Programm und einer Benutzeroberfläche dient.

Im nächsten Abschnitt werden die zwei Funktionen „reserve_hex“ und „hex_to_decimal“ definiert, welche im weiteren Verlauf benötigt werden. Die Funktion reverse_hex nimmt eine hexadezimale Zeichenfolge als Eingabe, teilt sie in eine Liste von Hex-Werten auf, kehrt die Reihenfolge der Werte um und erstellt dann eine umgekehrte hexadezimale Zeichenfolge. Dies wird benötigt, da die CAN-Nachrichten in umgekehrter Zeichenfolge empfangen werden. Die zweite Funktion „hex_to_decimal“ nimmt eine hexadezimale Zeichenfolge als Eingabe, entfernt Leerzeichen, konvertiert sie dann in eine zusammenhängende hexadezimale Zeichenfolge (hex_value) und wandelt schließlich diese hexadezimale Zeichenfolge in eine Dezimalzahl (decimal_value) um. Danach folgen Definitionen von Variablen wie den Sensorwerten der MKS-, OID- und NTC-Sensoren, den Soll- und Ist-Positionen in X-, Y- und Z-Richtung und den spezifischen Variablen zur Positionsberechnung.

Der zweite Teil des Python Programms ist in Code 5.3 dargestellt.

Code 5.3: Teil 2, Beginn der Hauptschleife des Programms und die Zuordnung der CAN-Daten zu den zugehörigen Variablen

```
# Hauptschleife des Programms
def main_loop(bus):
    global MKS_1, MKS_2, MKS_3, OID_1, OID_2, NTC, X_ist, Y_ist, Z_ist, X_soll,
Y_soll, Z_soll
    last_print_time = time.time()  # Zeit des letzten Abspeicherns der Daten
    while True:
        message = bus.recv()
        hex_data = " ".join("{:02x}".format(byte) for byte in message.data)
        reversed_hex_data = reverse_hex(hex_data)
        decimal_data = hex_to_decimal(reversed_hex_data)
        can_id = message.arbitration_id & 0x7FF # Filtern der unteren 11 Bits
        formatted_can_id = "{:04X}".format(can_id)  # Formatierung der CAN-ID

      # Zuweisung der empfangenen Daten entsprechend der aufsteigenden CAN-ID
      if formatted_can_id == "0001":
          NTC = decimal_data / 10
      elif formatted_can_id == "0101":
          OID_1 = decimal_data
      elif formatted_can_id == "0102":
          OID_2 = decimal_data
      elif formatted_can_id == "0111":
          MKS_1 = decimal_data
      elif formatted_can_id == "0112":
          MKS_2 = decimal_data
      elif formatted_can_id == "0113":
```

```
        MKS_3 = decimal_data
```

Zu Beginn der Hauptschleife des Programms werden die Variablen der Sensordaten der MKS-, OID- und NTC-Sensoren und der Soll- und Ist-Positionen in X-, Y- und Z-Richtung als globale Variablen definiert, damit sie von verschiedenen Teilen des Codes zugänglich sind und aktualisiert werden können. Weiter wird die Zeit des letzten Abspeicherns aktualisiert. Im nächsten Abschnitt beginnt die „while True"-Schleife. Hier empfängt der Raspberry Pi über das CAN-Modul eine CAN-Nachricht von einem der verschiedenen Sensoren. Die Daten der Nachricht sind in hexadezimaler Form dargestellt und werden mit der Funktion „reverse_hex" umgekehrt. Anschließend werden die umgekehrten Hex-Daten in Dezimaldaten umgewandelt, indem die Funktion „hex_to_decimal" angewendet wird. Im nächsten Schritt wird die CAN-ID der Nachricht durch Anwenden einer Bitmaske (0x7FF) extrahiert, um nur die unteren 11 Bits zu behalten. Die formatierte CAN-ID wird dann als vierstellige hexadezimale Zeichenfolge erstellt. Die Daten „decimal_data" aus der CAN-Nachricht werden entsprechend der CAN-ID der zugehörigen Variable abspeichert. Zu beachten hierbei ist, dass der CAN-Wert vom NTC 3950-Thermistor für die Extrusionstemperatur um den Faktor 10 dividiert werden muss, da dieser vorher für das Versenden über CAN-Bus vom Arduino Nano um den Faktor 10 multipliziert wurde. Bei der Integration weiterer Sensoren können diese an das CAN-Bus-System angeschlossen und einer CAN-ID zugeordnet werden, welche nicht der CAN-ID eines bestehenden Sensors entspricht.

Eine Zuordnung, welche CAN-ID und dessen Sensordaten zu welcher Variable gehören, ist in Tabelle 5.6 dargestellt.

Tabelle 5.6: Zuordnung der CAN-ID zu einem Sensor

Sensor/Variable	**Identifikationsnummer (CAN-ID)**
NTC 3950-Thermistor	001
Optischer Inkremental Drehgeber 1 (OID_1)	101
Optischer Inkremental Drehgeber 2 (OID_2)	102
MKS Servo42C 1 (MKS_1)	111
MKS Servo42C 2 (MKS_2)	112
MKS Servo42C 3 (MKS_3)	113

Im nächsten Schritt werden die Ist-Position und die Soll-Position mit Hilfe der Sensordaten berechnet. Für die Berechnung der X- und Y-Position des Extruders müssen die Daten der Sensoren anhand der CoreXY-Kinematik und dessen Formeln verwendet werden.

$$\Delta X = \frac{1}{2}(\Delta A + \Delta B) \tag{1}$$

$$\Delta A = \Delta\varphi_1 * r \qquad \Delta B = \Delta\varphi_2 * r \tag{2}$$

$$\Delta X = \frac{1}{2}\,(\Delta\varphi_1 + \Delta\varphi_2) * r \tag{4}$$

$$\Delta Y = \frac{1}{2}(\Delta A - \Delta B) \tag{5}$$

$$\Delta Y = \frac{1}{2}\,(\Delta\varphi_1 - \Delta\varphi_2) * r \tag{6}$$

ΔX = Positionsänderung in X-Richtung

ΔY = Positionsänderung in Y-Richtung

ΔA = Bewegung des ersten Riemen

ΔB = Bewegung des zweiten Riemen

$\Delta\varphi 1$ = Rotation der Sensorwelle 1

$\Delta\varphi 2$ = Rotation der Sensorwelle 2

r = Radius der Sensorwelle

Aus den zuvor aufgeführten Formeln zeigt sich, dass für die Berechnung der X- und Y-Position die Werte „MKS_1" und „MKS_2" für die Soll-Position und analog dazu die Werte „OID_1" und „OID_2" für die Ist-Position benötigt werden. Dies wird im dritten Teil des Python Programmes in Code 5.4 wie folgt umgesetzt.

Code 5.4: Teil 3, Berechnung der Ist-Position und Soll-Position

```
# Berechnung der Ist-Positionen
phi_1 = OID_1 * 0.36
phi_2 = OID_2 * 0.36
X_ist = 0.5 * (phi_1 + phi_2) * r_Sensorwelle * korrekturfaktor
Y_ist = 0.5 * (phi_2 - phi_1) * r_Sensorwelle * korrekturfaktor

# Berechnung der Soll-Positionen
phi_3 = MKS_1 * (360 / 65535)
phi_4 = MKS_2 * (360 / 65535)
phi_5 = MKS_3 * (360 / 65535)
X_soll = 0.5 * (phi_3 - phi_4) * r_Sensorwelle * korrekturfaktor
Y_soll = -0.5 * (phi_3 + phi_4) * r_Sensorwelle * korrekturfaktor
Z_soll = phi_5 * ((2 * math.pi * r_Sensorwelle) / 360) * getriebe

# Zeitüberprüfung für das Abspeichern der Daten
current_time = time.time()
```

Der Sensorwert wird zunächst in eine Rotationsänderung mit dem sensorabhängigen Auflösungsfaktor in die Variable „phi" gespeichert. Dieser Auflösungsfaktor des Sensors setzt sich dabei aus der Umdrehung 360° und der Schrittzahl pro Umdrehung zusammen. Im nächsten Schritt wird die Ist-Position in X-Richtung X_ist und Y-Richtung Y_ist mit der bereits genannten Formel berechnet und abgespeichert. Zu den Formeln wird noch ein Korrekturfaktor multipliziert, um den korrekten Wert für die Position zu erhalten. Analog dazu wird auch die Soll-Position in X-Richtung

X_soll und Y-Richtung Y_soll berechnet. Für die Soll-Position in Z-Richtung wird die folgende Formel verwendet, die auf der Umrechnung von Winkeln und Radien in eine lineare Position basiert.

$$\Delta Z = \Delta\varphi * \frac{2\pi * r}{360°} \tag{7}$$

ΔZ = Positionsänderung in Z-Richtung

$\Delta\varphi$ = Rotation der Sensorwelle

r = Radius der Sensorwelle

Außerdem wird im Anschluss die aktuelle Zeit in der Variable „current_time“ mit der Funktion „time.time()“ festgehalten.

Zum Ende der Programmschleife werden die gewonnenen Daten der einzelnen Sensoren, der berechneten Soll-Position und Ist-Position in X-, Y-, und Z-Richtung und der Extrusionstemperatur in das Textdokument abgespeichert. Das Schreiben der Daten erfolgt nur, wenn seit dem letzten Speichern eine Zeitspanne von mindestens 0,5 Sekunden vergangen ist. Zum Schluss wird die Variable last_print_time durch time.time() aktualisiert, um den Zeitpunkt des letzten Speicherns zu markieren. Dies ermöglicht die regelmäßige Überprüfung der zeitlichen Differenz zwischen dem aktuellen Zeitpunkt und dem letzten Speichervorgang in das Textdokument.

Zum Ende des Python Programms wird die Hauptfunktion „main()“ definiert, die den Ablauf des Programms steuert. In der Hauptfunktion wird zunächst ein „try-except-finally“-Block eingerichtet. Im „try“-Block wird die Hauptprogrammschleife aufgerufen, die die zentrale Verarbeitung der Daten von der CAN-Schnittstelle übernimmt. Diese Schleife wird innerhalb eines „try“-Blocks ausgeführt, um mögliche Ausnahmen abzufangen, die während der Ausführung auftreten können. Dabei wird insbesondere auf das „KeyboardInterrupt“-Event geachtet, das ausgelöst wird, wenn der Benutzer eine Tastenkombination auf einer angeschlossenen Tastatur wie „Strg+C“ eingibt, um das Programm zu beenden. Im „Except“-Block für „KeyboardInterrupt“ wird keine weitere Aktion ausgeführt, und das Programm endet einfach. Schließlich wird im Finally-Block sichergestellt, dass bestimmte Aufräumarbeiten durchgeführt werden, bevor das Programm endet. Konkret wird hier die CAN-Schnittstelle deaktiviert, indem der Befehl „sudo ifconfig can0 down“ ausgeführt wird. Die letzte Zeile des Codes überprüft, ob das Skript direkt ausgeführt wird (if name == "main":). Wenn dies der Fall ist, wird die „main()“-Funktion aufgerufen, um den Programmablauf zu starten. Dies ermöglicht es auch, den Code in anderen Skripten als Modul zu importieren, ohne dass die „main()“-Funktion automatisch ausgeführt wird. Die beschriebenen Funktionen zur Speicherung der Daten in das Textdokument sowie das Programmende sind im vierten Teil des Python Programmes in Code 5.5 dargestellt.

Code 5.5: Teil 4, Abspeichern aller Daten in ein Textdokument und Programmende

```
# Zeitüberprüfung für das Abspeichern der Daten in das Textdokument
if current_time - last_print_time >= 0.3:
    with open(data_file_path, 'w') as f:
```

```
        f.write("X_ist: {:.2f}\n".format(X_ist))
        f.write("Y_ist: {:.2f}\n".format(Y_ist))
        f.write("X_soll: {:.2f}\n".format(X_soll))
        f.write("Y_soll: {:.2f}\n".format(Y_soll))
        f.write("Z_soll: {:.2f}\n".format(Z_soll))
        f.write("OID_1: {:.2f}\n".format(OID_1))
        f.write("OID_2: {:.2f}\n".format(OID_2))
        f.write("MKS_1: {:.2f}\n".format(MKS_1))
        f.write("MKS_2: {:.2f}\n".format(MKS_2))
        f.write("MKS_3: {:.2f}\n".format(MKS_3))
        f.write("Extrusionstemperatur: {:.2f} °C\n".format(NTC))

    last_print_time = time.time()  # Aktualisierung der Zeit des letzten
                                     Abspeicherns
# Hauptfunktion
def main():
    try:
        # Hauptprogrammschleife ausführen
        main_loop(bus)
    except KeyboardInterrupt:
        pass
    finally:
        os.system('sudo ifconfig can0 down')  # Deaktiviere can0

# Eintrittspunkt
if __name__ == "__main__":
    main()
```

Ein weiteres Python Programm liest dann die Werte aus dem Textdokument aus und erstellt ein HTML-Dokument, in welches die Daten eingefügt werden. Diese beiden Schritte sind für die darauffolgende Datenvisualisierung notwendig.

Zur Überwachung des Prozesses wird eine Benutzeroberfläche in einem HTML-Dokument erstellt. Diese Oberfläche ist mit mehreren Funktionen implementiert, die durch JavaScript unterstützt werden und in Abbildung 5.36 dargestellt. Um darauf zuzugreifen, genügt die Eingabe der IP-Adresse des Raspberry Pi (192.168.1.2) in einen beliebigen Browser, sofern eine Verbindung über ein Ethernet-Kabel mit dem Raspberry Pi hergestellt ist.

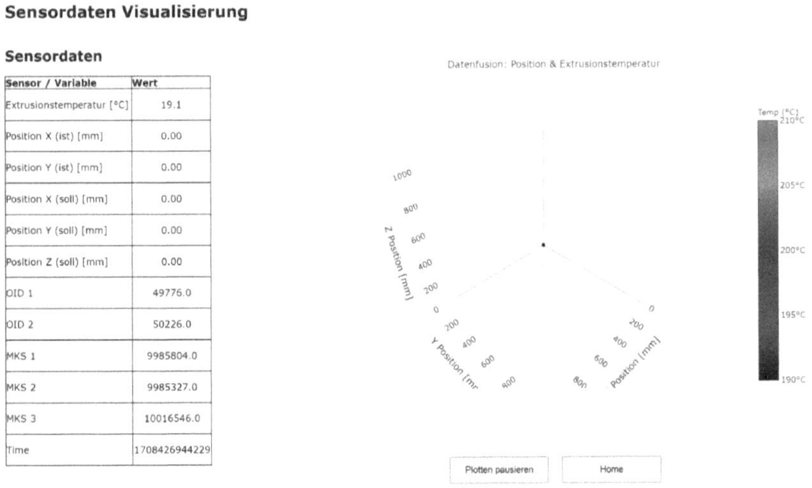

Abbildung 5.36: Bildschirmaufnahme der Benutzeroberfläche mit Sensordatentabelle, 3D-Koordinatensystem und zwei Schaltflächen[326]

Die Oberfläche umfasst eine Tabelle, ein 3D-Koordinatensystem mit einer rechts davon platzierten Farbskala und zwei Schaltflächen unterhalb des Koordinatensystems. Die Tabelle wird fortlaufend in Echtzeit mit der Extrusionstemperatur den berechneten Extruderpositionen, den aktuellen Sensordaten und der aktuellen Zeit aktualisiert. Die zwei Schaltflächen „Plotten pausieren" und „Home" sind für die korrekte Darstellung des Fertigungsprozesses im 3D-Koodinatensystems notwendig. Durch die Schaltfläche „Plotten pausieren" wird das Setzten neuer Punkte in das Koordinatensystem pausiert, wodurch das 3D-Koordinatensystem um alle Achsen gedreht und auch für eine detaillierte Ansicht hinein gezoomt werden kann. Bevor der Fertigungsprozess gestartet werden kann, muss sich der Extruder an den Koordinaten X = 0.00 Y = 0.00 und Z = 0.00 befinden. Im Anschluss muss die Schaltfläche „Home" gedrückt werden, da somit alle Soll- und Ist-Positionen in der Benutzeroberfläche auf den Wert 0.00 setzt werden. Dies garantiert, dass die Visualisierung im 3D-Koordinatensystem der tatsächlichen Extruderposition im Fertigungsprozess entspricht. Jede 0,5 Sekunden, wenn die Daten in der Tabelle aktualisiert werden, wird ein farbiger Punkt in das Koordinatensystem platziert. Für die Position des Punktes im Koordinatensystem werden die Daten der Ist-Position in X- und Y-Richtung, die Z-Position des Extruders verwendet. Die Färbung dieses Punktes erfolgt in Abhängigkeit von der Extrusionstemperatur, wobei die Farbskala rechts neben dem Koordinatensystem dem Benutzer hilft, Temperaturunter-

[326] Vgl. eigene Darstellung

schiede oder Prozessfehler während des Fertigungsprozesses zu erkennen. Im Verlaufe der Fertigung entsteht eine Punktwolke im Koordinatensystem, welche den bisherigen Fertigungsprozess des Werkstücks repräsentiert.

Für die Positionsüberwachung des Extruders besitzt das System eine Positionskontrolle, in der die Soll-Position und Ist-Position in X-Richtung und Y-Richtung verglichen werden. Sollte es zu einer Differenz zwischen den Werten kommen, welche größer als 5 mm ist, wird ein Warnhinweis zentral in der Mitte angezeigt. Dieser Warnhinweis informiert den Benutzer, dass ein Positionsfehler in X-Richtung oder Y-Richtung erkannt wurde und der Druck gestoppt werden sollte. Des Weiteren werden die betroffenen Soll- und Ist-Positionswerte in der Tabelle rötlich hervorgehoben.

5.2.2.3 Zusammenfassung

Die Datenverarbeitung und –fusion schließt die Phase der Integration von Sensortechnik und Datenfusion ab. Ziel ist es mit diesem Schritt eine fusionierte Datenmenge aus Maschinensteuerungs- und Sensordaten zu erhalten, welche es ermöglicht im Sinne der Arbeitsvorbereitung extrusionsbasierter additiver Verfahren weiter genutzt zu werden. Sowohl die Visualisierung des Fertigungsprozesses als auch die Positionskontrolle entsprechen der Entscheidungsebenenfusion in der Multi-Sensordatenfusion, da die verschiedenen Sensordaten erst dann kombiniert werden, nachdem jeder einzelne Sensor die Daten erfasst und an die zentrale Recheneinheit gesendet hat. Die Positionskontrolle entspricht außerdem einer kooperativen Fusion der Sensordaten, da die Extruderposition von unterschiedlichen Sensoren gemessen und ein Positionsfehler durch eine mögliche Differenz zwischen der Soll-Position und der Ist-Position erfasst wird. Die Verwendung der CAN-Bus-Kommunikation für die Datenerfassung ermöglicht zudem die Integration weiterer Sensoren und Messinstrumente. Der Methodikschritt der Datenverarbeitung und –fusion adressiert die Anforderungsdimension der Datenbereitstellung und bildet damit die Grundlage für das anschließende Monitoring und die Anforderungsdimension der Prozessanalyse.

5.2.3 Integration der Methodikschritte

Die Schritte B1 und B2 der Methodik zur Arbeitsvorbereitung mittels Maschinensteuerungs- und Sensordaten definieren die Phase B der Integration von Sensortechnik und Datenfusion in die Anlagentechnik des extrusionsbasierten additiven Fertigungsprozesses. Die Detaillierung der Phase und ihrer Schritte setzt sich aus existierenden Ansätzen und Vorgehensweisen zusammen, erläutert neue Ausführungsweisen und führt die beiden Methodikschritte exemplarisch anhand einer physischen und softwareseitigen Umsetzung durch. Abbildung 5.37 zeigt die Integration der Detaillierung der Phase B in das Rahmenwerk der Methodik zur Arbeitsvorbereitung mittels Maschinensteuerungs- und Sensordaten.

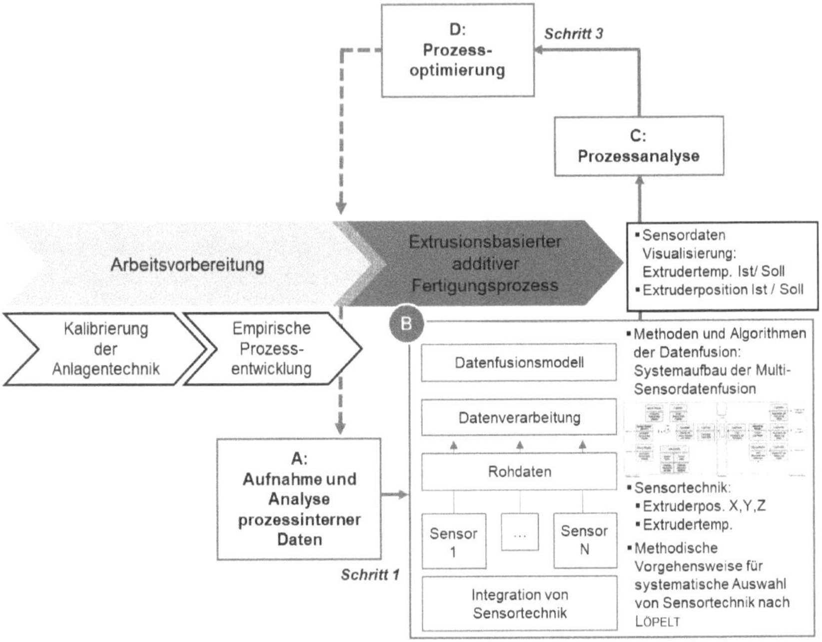

Abbildung 5.37: Integration der Methodikschritte der Phase B

Vorgelagert zur Integration der Phase ist der Schritt der identifizierten Schlüsselvariablen. Dieser konnte mit Hilfe der Phase A durchgeführt und exemplarisch umgesetzt werden. Der Schritt bildet innerhalb der Methodik die Schnittstelle zwischen Phase A und Phase B ab. Innerhalb der Methodik kommt es mit diesem Schritt daher zu Wechselwirkungen zwischen den beiden Phasen. Die identifizierten Schlüsselvariablen bilden die Grundlage des ersten Schritts der Integration von Sensortechnik. Als methodisches Vorgehen für die systematische Auswahl von Sensortechnik, wird das Vorgehen nach LÖPELT identifziert. Mit Hilfe des Vorgehens ist es möglich ein individuelles Modell für die Integration von Sensortechnik in die Anlagentechnik extrusionsbasierter additiver Verfahren zu entwickeln. In der Durchführung lassen sich mit Hilfe dieses Modells für die Methodik zwei zusätzliche Sensoren ermitteln. Hierbei handelt es sich einmal um den, zuvor nicht existenten, Fertigungsparameter der Extruderposition und um einen zusätzlich benötigten Prozess- und Fertigungsparameter die Extrudertemperatur. Dieser Schritt der Methodik zur Arbeitsvorbereitung extrusionsbasierter additiver Anlagentechnik befähigt die Nutzenden dazu eine vollständige Datengrundlage im Sinne der Arbeitsvorbereitung extrusionsbasierter additiver Verfahren zu generieren. Gleichzeitig ist der Schritt reproduzierbar und sowohl für die Nutzenden der Anlagenhersteller, als auch in der Industrie, für die Nutzenden der internen und externen Dienstleister einsetzbar.

Anhand der Grundlagen der Multi-Sensordatenfusion lassen sich zunächst verschiedene Methoden und Algorithmen der Datenfusion, welche für die Multi-Sensordatenfusion verwendet werden identifizieren. Darauf aufbauend lässt sich ein allgemeines System der Multi-Sensordatenfusion mit Hilfe von Datenaufnahme, Persistenz und Datenauswertung ein Vorgehen zur Anwendung innerhalb der Methodik zur Arbeitsvorbereitung extrusionsbasierter additiver Verfahren aufbauen. Der exemplarische Versuchsaufbau zur Sensorfusion setzt dieses System als montiertes Sensor-Messsystem auf dem Achssystem der Anlagentechnik um. Die Durchführung der Datenverarbeitung mittels Multi-Sensordatenfusion ermöglicht es die identifzierten Methoden und Algorithmen anzuwenden und finalisiert die Ergebnisse in einer Sensordaten Visualisierung. Mit Hilfe der Methodik ist es möglich eine Benutzeroberfläche mit einer Echtzeit Sensordatentabelle und einem visualisierendem 3D-Koordinatensystem für den extrusionsbasierten additiven Fertigungsprozess zu entwickeln. Im Sinne der Nutzenden dieser Methodik ist es nun möglich alle, für die Arbeitsvorbereitung extrusionsbasierter additiver Verfahren notwendigen, Daten aus Prozess- und Fertigungsparametern weiterzuverarbeiten. Damit befähigen die Ergebnisse der Phase die notwendige Modellierung relevanter Teilprozesse in Form der Sensordatenvisualisierung.

Mit Hilfe der Phase B ist es also möglich die Schritte der Integration von Sensortechnik und der Datenverarbeitung und –fusion umzusetzen. Auch der verbindende Schritt zwischen Phase B und C, die Modellierung relevanter Teilprozesse ist im Rahmen der Detaillierung der Phase B in Form einer Visualisierung des Fertigungsprozesses realisierbar. Das Zusammenspiel der gewählten Methoden, Hilfsmittel und Werkzeuge innerhalb der Methodikschritte lassen sich somit im Sinne der Methodik auch für die Phase B erfolgreich integrieren.

5.3 Phase C - Detaillierung der Prozessanalyse

Phase C der Methodik zur Arbeitsvorbereitung extrusionsbasierter additiver Verfahren mittels Maschinen- und Sensordaten generiert, die für die Prozessoptimierung in Phase D benötigten Daten mittels des zuvor in Phase B entwickelten Datenfusionsmodells. In dieser Phase wird die Sensordatenfusion validiert und ein Trainingsdatenset für den Aufbau des Prädiktionsmodells vorbereitet. Es werden erste Hypothesen für den Prädiktionsfall aufgestellt. Diese leiten sich aus den zuvor in Schritt C1 generierten Erkenntnissen der Echtzeitüberwachung ab. Ziel ist es die gesamte Datenmenge für die Prädiktion und die abschließende Optimierung vorzubereiten.

5.3.1 Schritt C1 – Echtzeitüberwachung

In diesem Schritt wird die letzte Version, der in Phase B entwickelten Datenfusion und die dazugehörige Visualisierung im Fertigungsprozess im Sinne der Arbeitsvorbereitung extrusionsbasierter additiver Verfahren umgesetzt. Ziel ist es mit Hilfe von unterschiedlichen Bauteilen die Sensordatenfusion in Echtzeit zu erproben und die Methodik basierend auf diesen Ansätzen und Ergebnissen zu detaillieren. Mit Hilfe des Echtzeitüberwachung sollen frühzeitig Abweichungen im Fertigungsprozess erkennbar sein und die Arbeitsvorbereitung dementsprechend angepasst werden. Es wird sowohl die Kalibrierung der Anlagentechnik, als auch die empirische Prozessentwicklung überprüft. Ziel ist es mit Hilfe des Monitorings den Fertigungsprozess frühzeitig abrechen zu können, wenn gewisse Abweichungen zu groß sind. Diese Abweichungen sollen durch die Visualisierung erkennbar sein, aber sich auch in dem dahinterliegenden Datensatz wiederfinden. Innerhalb dieses Schritts werden diese zu erkennenden Abweichungen analysiert und definiert und ermittelt, ob schon die Echtzeitüberwachung des Fertigungsprozesses zur Kalibrierung der Anlagentechnik und zur empirischen Prozessentwicklung für die Arbeitsvorbereitung beitragen kann.

5.3.1.1 Durchführung der Überwachung fusionierter Daten während des Fertigungsprozesses

Im folgenden Kapitel werden die Ergebnisse der Funktionsvalidierung vorgestellt und ausgewertet. Im Rahmen der Validierung der Echtzeitüberwachung werden Versuche zur Überprüfung der Positionskontrolle und der Visualisierung des Fertigungsprozesses durchgeführt. Der erste Versuch fokussiert sich ausschließlich auf die Positionskontrolle des Extruders. Der zweite Versuch beinhaltet die Visualisierung des konkreten Fertigungsprozesses und eines Bauteils in der Benutzeroberfläche.

5.3.1.1.1 Positionskontrolle

Der erste Versuch konzentriert sich auf mögliche Positionsfehler, die durch äußere Einflüsse auf den Extruder während des Fertigungsprozesses entstehen könnten. Hierbei wird beabsichtigt, die Motorwelle an den Schrittmotoren des CoreXY durch eine äußere Kraft zum Durchdrehen zu bringen, ohne die Zahnriemen anzutreiben. Diese äußere Kraft ist in diesem Fall ein Hindernis gegenwelches der Extruder gefahren ist. Im ersten Teil des Versuches wird ein Positionsfehler in X-Richtung herbeigeführt, indem der Extruder in X-Richtung gegen das Hindernis bewegt wird. In Abbildung 5.38 ist die Bildschirmaufnahme der Benutzeroberfläche des Echtzeitüberwachungs angezeigt die während des Versuchs aufgenommen wird.

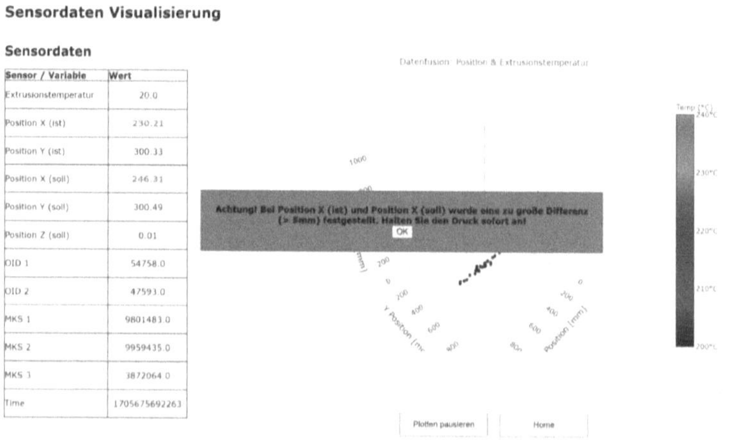

Abbildung 5.38: Bildschirmaufnahme der Benutzeroberfläche mit einem erkannten Positionsfehlers in X-Richtung[327]

Auf der Bildschirmaufnahme befindet sich zentral in der Mitte ein Warnhinweis, welcher über den Positionsfehler in X-Richtung informiert und diesen auffordert, den laufenden Fertigungsprozess zu stoppen. Weiter befindet sich links die Tabelle mit den Sensor- und Positionsdaten bei der die Werte für Position X-ist und Position X-soll hervorgehoben sind, um die betroffenen Werte deutlich zu machen. Die Erkennung einer Differenz zwischen der Soll- und Ist-Position in X-Richtung wird somit vom System erkannt. Insgesamt wird die Positionskontrolle in X-Richtung zehnmal durchgeführt. Die Versuchsergebnisse für die Positionskontrolle in X-Richtung sind in Tabelle 5.7 dargestellt.

[327] Vgl. eigene Darstellung

Tabelle 5.7: Versuchsergebnisse für die Positionskontrolle in X-Richtung

Ver- such	Position X (ist) [mm]	Position Y (ist) [mm]	Position X (soll) [mm]	Position Y (soll) [mm]	Differenz X [mm]	Differenz Y [mm]
1	230,12	300,25	245,73	300,15	15,61	0,10
2	230,45	300,92	268,15	299,67	37,70	1,25
3	230,32	299,78	234,28	300,42	3,96	0,64
4	230,65	300,10	257,89	291,93	27,24	8,17
5	230,20	300,65	243,46	298,78	13,26	1,87
6	230,05	299,63	251,92	297,05	21,87	2,58
7	230,38	300,45	239,37	289,58	8,99	10,87
8	230,52	299,88	242,64	300,36	12,12	0,48
9	230,27	300,02	236,81	299,72	6,54	0,30
10	230,21	300,33	246,31	300,49	16,10	0,16

Die Versuchsergebnisse zeigen, dass die in 9 von 10 Fällen ein Positionsfehler mit einem Warnhinweis erkannt wird, wenn die Differenz in X-Richtung größer als 5 mm ist. In Versuch 3 beträgt die Differenz nur 3,96 mm. In diesem Fall wird kein Warnhinweis angezeigt. Weiter zeigt sich, dass obwohl der Extruder nur in X-Richtung bewegt wird, sich auch die Werte in Y-Richtung verändert haben. In Versuch 4 und 7 führt dies zu einem Warnhinweis in X-Richtung und Y-Richtung.

Analog zum ersten Teil der Positionskontrolle wird im zweiten Teil ein Positionsfehler in Y-Richtung herbeigeführt, indem der Extruder in Y-Richtung gegen das Hindernis bewegt wird. In Abbildung 5.39 ist die Bildschirmaufnahme der Benutzeroberfläche des Prozessüberwachungssystems angezeigt die bei Versuch 10 aufgenommen wird.

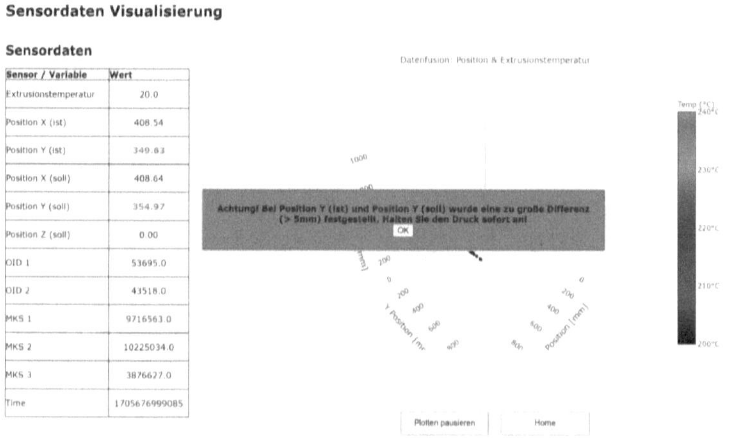

Abbildung 5.39: Bildschirmaufnahme der Benutzeroberfläche mit einem erkannten Positionsfehlers in Y-Richtung[328]

Die Bildschirmaufnahme der Benutzeroberfläche aus Abbildung 5.39 zeigt einen Positionsfehler in Y-Richtung. Auch hier werden die relevanten Werte, nämlich Position Y-ist und Position Y-soll, hervorgehoben. Der zentrale Warnhinweis informiert über den Positionsfehler in Y-Richtung und fordert auf, den Fertigungsprozess zu unterbrechen. Die Erkennung einer Differenz zwischen der Soll- und Ist-Position in Y-Richtung wird somit ebenfalls vom System erkannt. Analog zur Positionskontrolle in X-Richtung wird auch die Positionskontrolle in Y-Richtung zehnmal durchgeführt. Die Versuchsergebnisse für den Positionskontrolle in Y-Richtung sind in Tabelle 5.8 dargestellt.

[328] Vgl. eigene Darstellung

Tabelle 5.8: Versuchsergebnisse für die Positionskontrolle in Y-Richtung

Versuch	Position X (ist) [mm]	Position Y (ist) [mm]	Position X (soll) [mm]	Position Y (soll) [mm]	Differenz X [mm]	Differenz Y [mm]
1	408,57	349,23	409,81	362,25	1,24	13,02
2	408,91	349,78	410,57	354,86	1,66	5,08
3	408,12	349,42	416,71	370,92	8,59	21,50
4	408,45	349,91	408,78	363,40	0,33	13,49
5	408,78	349,12	410,46	376,15	1,68	27,03
6	408,32	349,67	411,05	355,83	2,73	6,16
7	408,66	349,35	409,33	368,50	0,67	19,15
8	408,03	349,56	417,67	367,20	9,64	17,64
9	408,99	349,88	410,02	359,10	1,03	9,22
10	408,54	349,63	408,64	354,97	0,10	5,34

Die Versuchsergebnisse zeigen, dass in allen 10 Fällen ein Positionsfehler erkannt wird und ein Warnhinweis angezeigt wird, wenn die Differenz in Y-Richtung größer als 5 mm ist. Weiter zeigt sich wie auch bei der Positionskontrolle in X-Richtung, dass obwohl der Extruder nur in Y-Richtung bewegt wird, sich auch die Werte in X-Richtung verändert haben. In Versuch 3 und 8 wird somit sowohl ein Warnhinweis in X-Richtung als auch in Y-Richtung ausgegeben. Damit ist es möglich den Fertigungsprozess mit Hilfe eines Überwachungssystems in Echtzeit zu verfolgen.

5.3.1.1.2 Visualisierung des Fertigungsprozesses

Im zweiten Versuch wird ein hohler Zylinder mit einer offenen Deckfläche gefertigt und der Fertigungsprozess während des Prozesses in der Benutzeroberfläche überprüft. Zu Beginn des Fertigungsprozesses werden die zur Kalibrierung gehörenden Schritte der Arbeitsvorbereitung das „Homing“ der Anlagentechnik und im Anschluss das „Leveling“ der Bauplattform durchgeführt. Anschließend wird der Extruder zur Position X = 0.00, Y = 0.00 und Z = 0.00 verfahren und auf der Benutzeroberfläche die Schaltfläche „Home“ gewählt um die Position des Extruders mit dem Echtzeitüberwachung zu kalibrieren. Von diesem Moment an werden die Positionspunkte in das 3D-Koordinatensystem platziert und sind bei X = 0.00, Y = 0.00 und Z = 0.00 im Koordinatensystem zu sehen. Im nächsten Schritt wird das separate Steuerungssystem der Extrusionsschnecke gestartet, um die beiden Heizzonen über die Heizwendeln auf die benötigte Temperatur zu erhitzen. Die erste Heizzone wird dabei auf 170 °C und die zweite Heizzone auf 220 °C erhitzt. Sobald die Extrusionsschnecke die benötigte Temperatur erreicht hat, wird der Fertigungsprozess in gestartet, dabei wird zunächst die Bauplattform auf 75 °C und im Anschluss die Temperatur der Dosiereinheit auf 200 °C erhitzt. Zeitgleich wird das PETG-Granulat in die Materialzufuhr zugeführt. Nach Erreichen der Extrusionstemperatur von 200°C führt die Anlagentechnik ein erneutes „Homing“ durch und beginnt den Fertigungsprozess mit dem Verfahren des Extruders und der

Materialextrusion. Abbildung 5.40 zeigt den Fertigungsprozess, bei dem der Extruder über die Bauplattform verfährt und die Materialablage nach der Geometrie des Bauteils.

Abbildung 5.40: Aufnahme während des Fertigungsprozesses[329]

Während des Fertigungsprozesses werden die verschiedenen Sensor- und Positionswerte in der Tabelle angezeigt und jede 0,5 Sekunden ein Punkt in das 3D-Koordinatensystem des Echtzeitüberwachungssystems mit der zur jeweiligen Extrusionstemperatur zugehörigen Farbe platziert. Nach Abschluss des Fertigungsprozesses wird der Extruder zur Position X = 950.00, Y = 1027.00 und Z = 50.00 verfahren. In Abbildung 5.41 ist die Benutzeroberfläche des Echtzeitüberwachungssystems mit allen Punkten im 3D-Koordinatensystem dargestellt.

[329] Vgl. eigene Darstellung

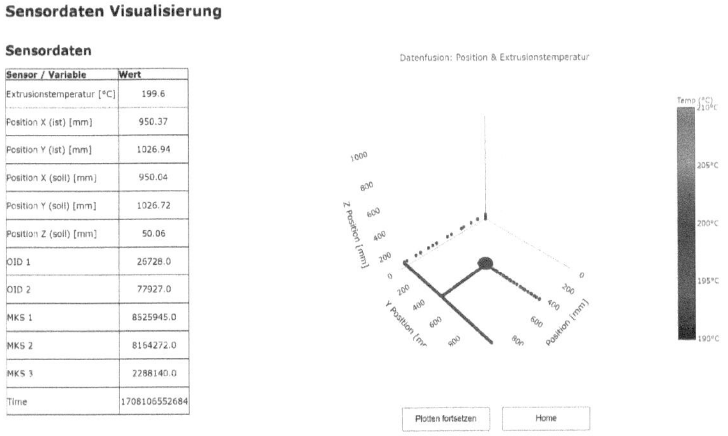

Abbildung 5.41: Benutzeroberfläche nach dem Fertigungsprozess[330]

Die Abbildung 5.41 zeigt den gesamten Ablauf des Fertigungsprozesses mit den Koordinaten des Extruders sowie die zugehörige gemessene Extrusionstemperatur. Wie zuvor beschrieben startete der Fertigungsprozess an der Koordinate X = 0.00, Y = 0.00 und Z = 0.00. Im Anschluss führte die Anlagentechnik ein „Homing" der Anlagentechnik durch und bewegte sich dann in die Mitte der Bauplattform, wo das Bauteil Schicht für Schicht aufgebaut wird. Zu jedem Zeitpunkt bewegt sich die Extrusionstemperatur über den gesamten Fertigungsprozess im Bereich zwischen 199°C und 201°C. Dies ist an den leichten Temperaturschwankungen im 3D-Koordinatensystem des Echtzeitüberwachungssystems zu erkennen.

330 Vgl. eigene Darstellung

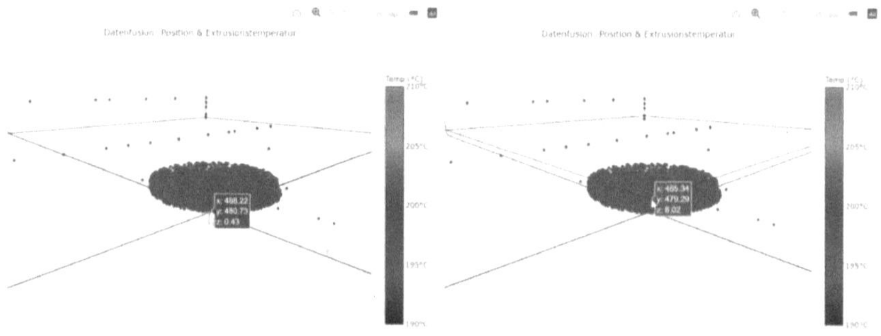

Abbildung 5.42: Detailansicht des Bauteils im 3D-Koordinatensystem[331]

Die Abbildung 5.42 zeigt eine Nahaufnahme des Bauteils im 3D-Koordnatensystem mit zwei verschiedenen ausgewählten Punkten. Auf der linken Seite ist ein Punkt in der ersten Schicht ausgewählt. Zu erkennen sind in einem Fenster die Koordinaten X = 488.22, Y = 480.73 und Z = 0.43, welche einem Koordinatenpunkt aus der ersten Schicht und für die Arbeitsvorbereitung entscheidenden Schicht entspricht. Entsprechend der Farbe des Punktes lässt sich daraus schließen, dass die Extrusionstemperatur an diesem Punkt etwas unterhalb der gewünschten Extrusionstemperatur von 200 °C liegt. Analog dazu ist auf der rechten Seite ein Punkt in der obersten Schicht ausgewählt. Hier besitzt der ausgewählte Koordinatenpunkt die Koordinaten X = 485.34, Y = 479.29 und Z = 8.02 und die Farbe des Punktes lässt auf eine Temperatur etwas oberhalb der erforderlichen Extrusionstemperatur von 200 °C schließen.

In Abbildung 5.43 ist der in diesem Versuch gefertigte hohle Zylinder mit offener Deckfläche dargestellt. Das gefertigte Bauteil zeigt dabei zwei Fertigungsfehler. Zum einen sind Variationen der Materialextrusion zu erkennen, welche sich dadurch bemerkbar machen, dass an manchen Stellen zu viel und an anderen Stellen zu wenig Material extrudiert wird. Besonders an den Wänden des Zylinders sind wellenförmige Strukturen zu erkennen die auf Schwankungen der Materialextrusion hindeuten. Eine mögliche Ursache dafür könnte eine falsche Position des Kreuzgelenks zwischen dem Pumpenmotor und der Dosiereinheit sein. Sind die Beugungswinkel zwischen den beiden Wellen nicht identisch führt dies dazu, dass sich die Antriebwelle des Pumpenmotors mit einer konstanten Rotationsgeschwindigkeit dreht aber die Antriebswelle eine oszillierende Rotationsgeschwindigkeit aufweist. Die Integration eines MKS Servo42C Moduls oder eines vergleichbaren Sensors am Pumpenmotor der Dosiereinheit und eines Sensors an der Welle der Dosiereinheit könnte dazu dienen, die Schwankungen ebenfalls im Echtzeitüberwachung zu erfassen und sichtbar zu machen.

[331] Vgl. eigene Darstellung

Abbildung 5.43: Hohler Zylinder mit offener Deckfläche

5.3.1.2 Datenaufbereitung fusionierter Daten

Mit den bereits gewonnenen Erkenntnissen zur Arbeitsvorbereitung bezogen auf die Kalibrierung der Anlagentechnik und die empirische Prozessentwicklung, wird nun eine weitere Datenaufbereitung im Sinne der Methodik und entsprechend des Vorgehens aus Schritt A2 durchgeführt. Dabei werden nun die Daten aus der fusionierten Sensortechnik und den bestehenden Daten aus der Maschinensteuerung aufbereitet. Das Vorgehen orientiert sich an dem in Abbildung 5.44 dargestellten Ablaufplan nach MÄLZER et al.[332]. Im ersten Schritt wird die fusionierte Datenmenge aus Maschinensteuerungsdaten und Sensortechnik im Sinne der Fragestellung aufbereitet. Dazu werden die Ergebnisse aus der ersten explorativen Datenanalyse in Schritt A2 und das Wissen, welches durch die zuvor durchgeführte Analyse des Echtzeitüberwachungssystems gewonnen wurde genutzt.

[332] Vgl. M. Mälzer et al., (2022), Konzept und Erfahrungsberichtzur Nutzung Künstlicher Intelligenz im Ferti-gungsmanagement

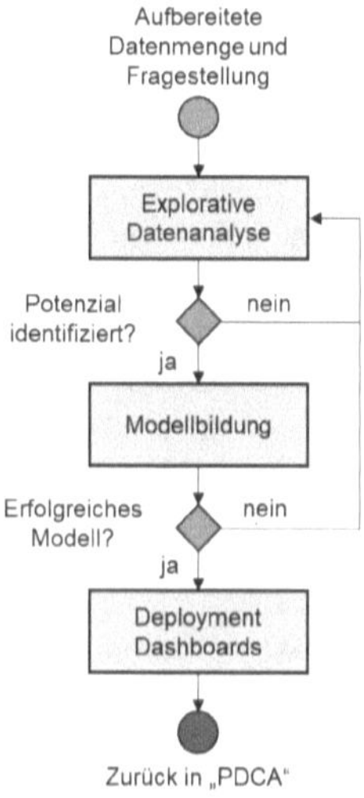

Abbildung 5.44: Dreistufiger Ablaufplan nach Mälzer et al.[333]

Die Datenaufbereitung gilt als direkter Input für die nachfolgende explorative Datenanalyse. Für die Datenaufbereitung werden zunächst die fusionierten Daten bereinigt und anhand der in Phase A definierten spezifischen Kriterien zur Bewertung der Datenqualität validiert. Mit Hilfe der Bayes'sche Inferenz wird das zuvor beschriebene Rauschen verringert. In Anlehnung an das detailliert beschriebene Vorgehen in Schritt A2 entsteht eine Datenmenge mit folgenden aufbereiteten Daten aus den fusionierten Daten. Deutlich wird, dass eine weitere Ist- und Soll Temperatur für den Extruder am Austritt hinzu gekommen ist und jetzt zu den X,Y,Z- Positionen Soll- und Ist-Daten existieren. Also bestehende Prozessparameter um die Echtzeit Fertigungsparameter ergänzt werden konnten.

Tabelle 5.9: Aus den Anlagendaten zu extrahierenden Informationen

Datum	Zeit	G-Code Nr.	x-Position	y-Position	(z-Position)
Feed rate	Soll-Temperatur Extruder	(Ist-Temperatur Extruder)	Soll Temperatur Bett	(Ist-Temperatur Bett)	(Delta Zeit)
(Delta x-Position)	(Delta y-Position)	(Delta Extruder Temperatur)	(Delta Bett Temperatur)		

333 Vgl. M. Mälzer et al., (2022), Konzept und Erfahrungsberichtzur Nutzung Künstlicher Intelligenz im Fertigungsmanagement, S. 335

5.3.1.3 Durchführung der explorativen Datenanalyse fusionierter Daten

Auch für die fusionierten Daten aus dem Echtzeitüberwachung wird eine explorative Datenanalyse zur Voruntersuchung der Daten durchgeführt. Mit der explorativen Datenanalyse sollen hier Beobachtungen aus der Visualisierung des Fertigungsprozesses nochmal quantitativ untersucht werden und weitere Zusammenhänge gefunden werden. Die Ergebnisse aus der Datenanalyse werden dann als Input in Schritt C2 für den Prädiktionsfall und das Labeling des Trainingsdatensets verwendet. Untersucht werden mit der explorativen Datenanalyse, die durch die Datenfusion neu gewonnen Zusammenhänge aus der Extrusionstemperatur am Ausgang des Extruders und den Daten aus der Positionskontrolle in Bezug auf die Arbeitsvorbereitung.

Abbildung 5.45 zeigt die Abweichung der Positionen in X, Y und Z-Richtung über den Verlauf des Fertigungsprozess. Auffällig ist, dass für X, Y und Z- Richtung zu Beginn des Fertigungsprozesses die Abweichungen deutlich größer sind, als im weiteren Verlauf des Fertigungsprozesses. Gleichzeitig ist ein signifikanter Unterschied zwischen den Positionen erkennbar. Die Y-Richtung weicht nicht nur zu Beginn signifikant von dem eingestellten Prozessparameter ab, sondern pendelt sich auch im Laufe des Fertigungsprozesses auf eine Abweichung von -0,2 ein. Im Vergleich dazu pendeln sich die X und Z Position normiert bei 0,0 ein. Es wird also deutlich, dass die Y Position eine veränderte Kalibrierung benötigt und Abweichungen besonders zu Beginn des Fertigungsprozesses auftreten.

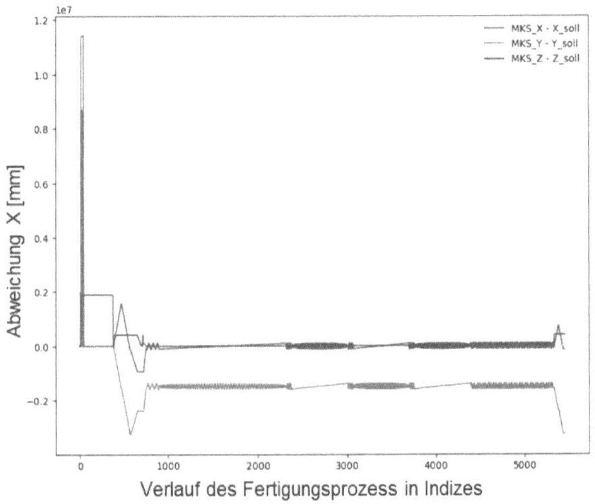

Abbildung 5.45: Abweichung der Positionen in X, Y und Z- Richtung über den Verlauf des Fertigungsprozess

Im nächsten Schritt wird in Abbildung 5.46 links die Extrusionstemperatur über den Verlauf des Fertigungsprozesses analysiert. Es wird deutlich, dass die Amplitude der Extrusionstemperatur fast über den gesamten Fertigungsprozess mit einer Abweichung von 4°C verläuft. Eine detailliertere Analyse liefert die Betrachtung des Verhaltens der Extrusionstemperatur über die einzelnen Schichten der exemplarischen Bauteile in Abbildung 5.46 rechts. Für diese Analyse ist auffällig, dass sich nicht erkennen lässt, dass die Extrusionstemperatur besonders zu Beginn und zum Ende der Fertigung der Bauteile signifikant abweicht, sondern unabhängig von der aufzutragenden Schicht während des Fertigungsprozesses Abweichungen der Extrusionstemperatur auftreten.

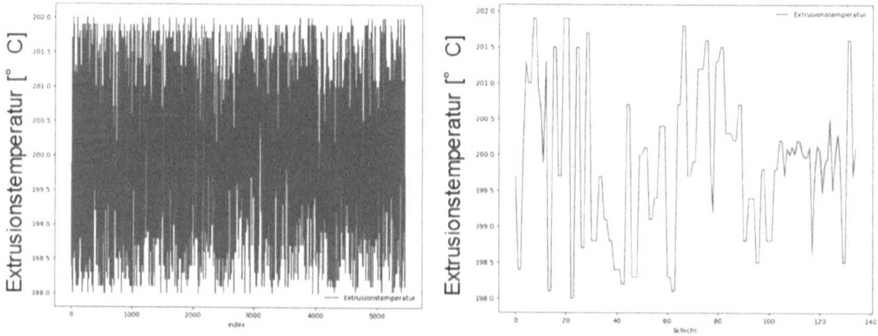

Verlauf des Fertigungsprozess in Indizes   Verlauf des Fertigungsprozess in Indizes

Abbildung 5.46: Extrusionstemperatur über den Fertigungsprozess und Verhalten der Extrusionstemperatur über einzelne Schichten

Eine weitere detaillierte Analyse erfolgt mit der Untersuchung der Korrelation der signifikanten Abweichungen der Position in Y-Richtung im Vergleich zur Extrusionstemperatur. Untersucht wird, ob eine Korrelation zwischen den Abweichungen der Extrusionstemperatur und den Abweichungen der Position in Y-Richtung erkennbar ist. Erkennbar ist, dass es eine Korrelation zwischen der Abweichung der Extrusionstemperatur nach oben und der Abweichung der Y-Richtung nach oben gibt. Die Abweichung der Y-Position um +1,2 lassen sich mit dem Vergleich zu Abbildung 5.47 erkennen, dass diese Abweichungen besonders zu Beginn des Fertigungsprozesses auftreten.

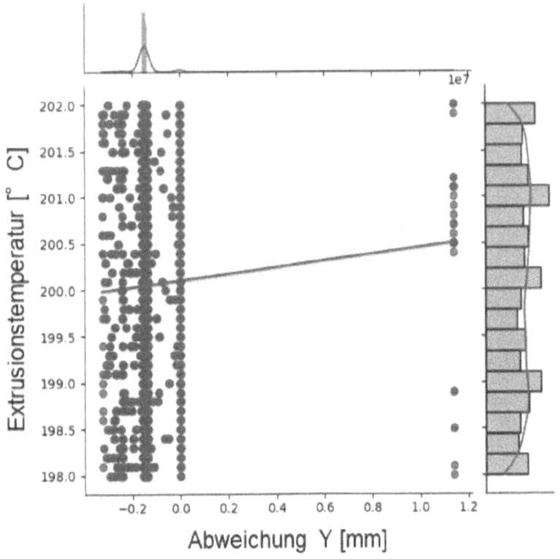

Abbildung 5.47: Detaillierte Analyse der Abweichung in Y-Richtung im Vergleich zur Extrusionstemperatur

5.3.1.4 Zusammenfassung

Zusammenfassend zeigt der Schritt der Echtzeitüberwachung anhand der Versuche zur Positionskontrolle und Visualisierung des Fertigungsprozesses, dass die Echtzeitüberwachung dazu in der Lage ist den Fertigungsprozess der Anlagentechnik nachzuvollziehen und diesen visuell darzustellen. Das Überwachungssystem ist dazu ausgelegt weitere Sensortechnik zu integrieren um tiefer liegende Fehler zu erkennen und die Arbeitsvorbereitung weiter zu optimieren. Mit Hilfe der explorativen Datenanalyse lassen sich erste Zusammenhänge zwischen den Parametern erkennen.

5.3.2 Schritt C2 – Trainingsdatenset

Das weitere Vorgehen orientiert sich an den in Kapitel 2.3 vorgestellten Grundlagen des maschinellen Lernens. Verwiesen auf Abbildung 2.15 und Abbildung 2.18 befindet der Schritt C2 im Bereich Vorverarbeitung an zweiter Stelle, direkt vor der Anwendung der Modelle und den Methoden des maschinellen Lernens. Für Schritt C2 werden Teile, der aus dem Echtzeitüberwachung gewonnen Daten, zu einem Trainingsdatenset zusammengefasst. Das Trainingsdatenset dient dem trainieren der Modelle mit bereits bewerteten Daten.

5.3.2.1 Hypothesen für den Prädiktionsfall

In dieser Arbeit wird der Ansatz verfolgt zur Bewertung der Qualität eines Bauteils zunächst die Maßhaltigkeit des Bauteils zu nutzen und die Abweichungen in X, Y und Z-Richtung vorherzusagen. Diese Werte der Abweichung sind auf einer kontinuierlichen Skala verteilt. Da einige Methoden des maschinellen Lernens eine Zuordnung der Werte nach Klassen benötigen, werden hier bereits die einzelnen Datenpunkte jeweils einer Klasse zugeordnet. Das Vorgehen dazu ist exemplarisch in Code 5.6 dargestellt. Dabei wird der Wert der Variable Deviation genutzt, um die Datenpunkte einer von 5 Klassen zuzuordnen.

Code 5.6: Bewertung der Daten mit den Qualitätsklassen

```
arraymem3 = daten.values.tolist()
#iteriere durch die liste arraymem3
for row in arraymem3:
#     print(row[29])
    fit = 2
    if row[29] > (0.1):
        fit = 4
    elif row[29] > (0.04):
        fit = 3
    elif row[29] < (-0.1):
        fit = 0
    elif row[29] < (-0.04):
        fit = 1
    parsed_line_3 = fit
    list_parsed_line3.append(parsed_line_3)
```

Eine Übersicht zu den einzelnen Klassen ist in Tabelle 5.10 dargestellt. Wie auch bei der explorativen Datenanalyse festgestellt lässt sich erkennen, dass grundsätzlich ein größerer Anteil an Datenpunkten ein Untermaß aufweist (ca. 56 %).

Tabelle 5.10 Übersicht Qualitätsklassen

Klasse	**0**	**1**	**2**	**3**	**4**
Beschreibung	Großes Untermaß	Geringes Untermaß	Gute Maßhaltigkeit	Geringes Übermaß	Großes Übermaß
Abweichung [mm]	x < -0,1	>-0,1 x <-0,04	>-0,04 x <0,04	<0,1 x >0,04	0,1>x
~ Anteil je Demokörper [%]	32,14	24,21	20,41	9,67	13,56

In Abbildung 5.48 sind typische Qualitätsfehler der gefertigten Bauteile, die die Arbeitsvorbereitung beeinflussen dargestellt. Die Fehlstellen 1) und 2) zeigen welche Fehler bei einem 90 ° Überhang entstehen können. Die erste Fehlstelle entsteht dabei, wenn das abgelegte Material nicht schnell genug abkühlt bzw. aushärtet und dadurch nach unten fließt. Der zweite Fehler hingegen zeigt ein Untermaß, welches durch starke Kontraktion des abgekühlten Materials entsteht. Fehler 3) zeigt, dass auf den Stirnflächen ebenfalls ein Untermaß entsteht. Dieses nimmt jeweils zu den Kanten jeder Stufe ab. Fehler 4) und 5) zeigen die Fehlerquellen einer Bohrung. Dabei ist Fehler 4) auf die Schichtdicke zurückzuführen, da diese nicht fein genug auflöst, um einen sauberen Kreis in Schichten abzubilden. In den Seiten von Bohrungen und Innenkanten hingegen ist bei dem Körper ein Übermaß zu erkennen (vgl. 5)). Zuletzt werden Probleme bei der Fertigung scharfkantiger Ecken deutlich. Die Bauteilecken sind wie in Fehler 6) zu sehen nicht rechtwinkelig, sondern weisen eine leichte Rundung auf.

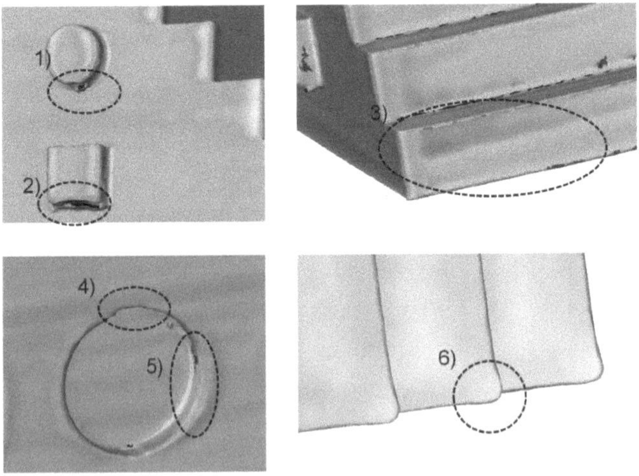

Abbildung 5.48 Typische Fehlstellen an einem gefertigten Demokörper

5.3.2.1.1 Aufbau des bewerteten Trainingsdatensets

Nachdem die Datensätze um eine Qualitätsvariable erweitert wurden, um eine Klassifikation zu ermöglichen, kann die Datenaufbereitung für die Anwendung der ML-Algorithmen erfolgen. Als erstes werden die Daten dazu in Trainings- und Testdatensets aufgeteilt. Dabei werden die Daten randomisiert zu 75 % dem Trainingsdatenset und zu 25 % dem Testdatenset zugeordnet. Wie in Kapitel 2 erläutert, funktionieren ML-Algorithmen am effektivsten und effizientesten bei Daten, die gleichmäßig skaliert sind. Dieses ist bei Daten notwendig die unterschiedlich formatiert sind z. B. die Temperatur der Nozzle die im Bereich von 200 °C liegt im Vergleich zu der Temperatur des Bettes die im Bereich von 55 °C liegt. Darum werden vor der Anwendung sogenannte Skalierer auf die Daten angewendet. Skalierer sind lineare oder genauer affine Transformatoren und unterscheiden sich darin, wie sie die Parameter schätzen, die zum Verschieben und Skalieren der einzelnen Merkmale verwendet werden. Zunächst wird ein sogenannter Robust Skalierer auf die Daten angewendet, da bei der Anwendung eines Standard Skalierer bei Vorhandensein von Ausreißern keine ausgewogenen Merkmalsskalen garantiert werden. Denn im Gegensatz dazu basiert der Robust Skalierer auf der Zentrierungs- und Skalierungsstatistik mittels Perzentilen und wird daher nicht von einigen wenigen sehr großen Randausreißern beeinflusst. Code 5.7 zeigt das dazugehörige Vorgehen.

Code 5.7: Skalieren der Daten

```
#skalieren mit standartSkalierer

Skalierer = preprocessing.RobustSkalierer().fit(X)

X_prescale = Skalierer.transform(X)

#standartisierend der daten

X_scaled = preprocessing.robust_scale(X_prescale)

# X_scaled.std(axis=0)

X = X_scaled
```

Betrachtet man die Verteilung der Datenpunkte in Tabelle 5.10, ist zu erkennen, dass keine Gleichverteilung zwischen den einzelnen Klassen existiert. Für eine genaue Qualitätsvorhersage mittels ML-Algorithmen, sollten die Daten allerdings möglichst gleichverteilt sein. Dieses kann mittels Über- oder Unterabtastung erreicht werden. Beim Unterabtastung werden aus allen Klassen zufällig Datenpunkte entfernt, bis die Anzahl denen der Klasse mit den wenigsten Datenpunkten gleicht. Beim Überabtastung werden in den Klassen mit weniger Daten als der Klasse mit den meisten Daten, zufällige Datenpunkte dupliziert. Im Rahmen der Arbeit zeigte sich, dass die Genauigkeit der Qualitätsvorhersage im Durchschnitt ca. 17 % besser ist, wenn die Daten mittels Überabtastung angeglichen werden. In Code 5.8 ist der Code exemplarisch für die Überabtastung dargestellt.

Code 5.8: Überabtastung

```
#Überabtastung
from imblearn.over_sampling import RandomOverSampler
ros = RandomOverSampler(random_state=0)
X_train, y_train = ros.fit_resample(X_train, y_train)
```

5.3.2.2 Zusammenfassung

Der Aufbau des Trainingsdatensets bildet die normative Grundlage für die Optimierung der Arbeitsvorbereitung extrusionsbasierter additiver Verfahren mittels Maschinensteuerungs- und Sensordaten. Die Umsetzung dieses Schrittes verschafft den Nutzenden erstmal keinen direkten Mehrwert, sondern ist ein vorbereitender Teil für das weitere Optimierungsproblem. Das Ergebnis des bewerteten Trainingsdatensets zum Aufbau des darauffolgenden Prädiktionsmodells ist Teil der Anforderungsdimension der Prozessanalyse.

5.3.3 Integration der Methodikschritte

Die Schritte C1 und C2 der Methodik zur Arbeitsvorbereitung mittels Maschinensteuerungs- und Sensordaten definieren die Phase C der Prozessanalyse des extrusionsbasierten additiven Fertigungsprozesses. Die Detaillierung der Phase und ihrer Schritte setzt sich aus existierenden Ansätzen und Vorgehensweisen, erläutert neue Ausführungsweisen und die beiden Methodikschritte exemplarisch anhand einer physischen und softwareseitigen Umsetzung durch. Abbildung 5.49 zeigt die Integration der Detaillierung der Phase C in das Rahmenwerk der Methodik zur Arbeitsvorbereitung mittels Maschinensteuerungs- und Sensordaten.

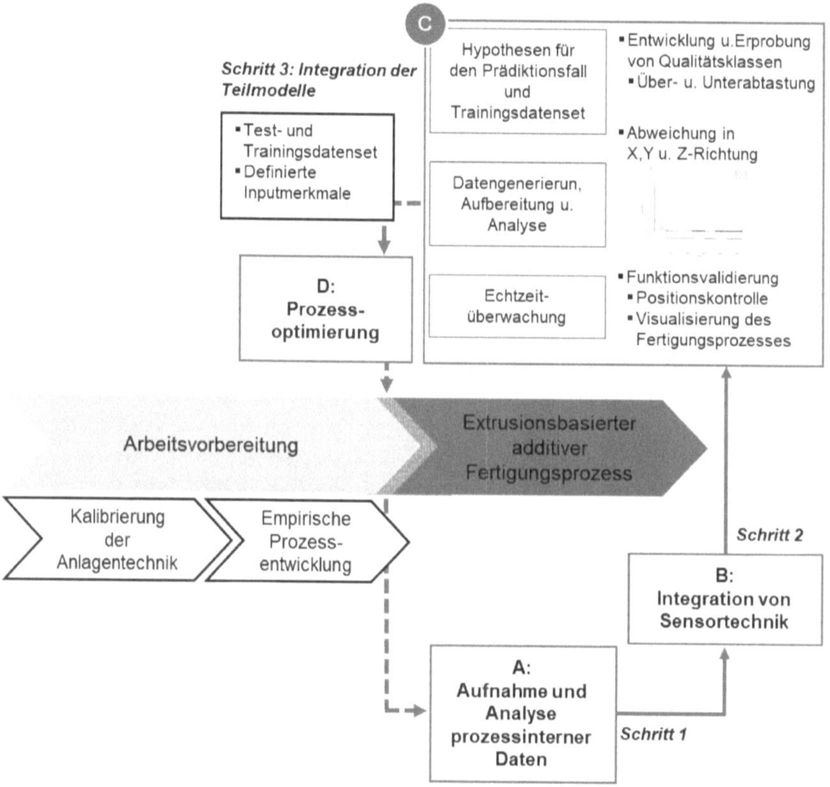

Abbildung 5.49: Integration der Methodikschritte der Phase C

Vorgelagert zur Integration der Phase ist der Schritt der Modellierung relevanter Teilprozesse. Dieser konnte mit Hilfe der Phase B durchgeführt und exemplarisch aufgebaut werden. Der Schritt bildet innerhalb der Methodik die Schnittstelle zwischen Phase B und C ab. Phase B entwickelt, die für die Prozessanalyse notwendigen Ansätze in Form der Datenverarbeitung und –fusion. Innerhalb der Methodik kommt es daher zu Wechselwirkungen zwischen den beiden Phasen. Phase C unterscheidet sich methodisch von den anderen drei Phasen, da sie nicht alleinstehend betrachtet werden kann, sondern funktionsvalidierend und vorbereitend wirkt.

Im ersten Schritt C1 wird die Entwicklung aus Phase B experimentell für den extrusionsbasierten additiven Fertigungsprozess validiert. Schritt C1 der Echtzeitüberwachung validiert somit die Funktion der Überwachung mittels der fusionierten Daten aus Maschinensteuerung- und integrierter Sensortechnik anhand der Positionskontrolle und mit Hilfe einer softwareseitigen Visualisierung des Fertigungsprozesses in Echtzeit. Es wird deutlich, dass die Anforderungsdimension der Prozessanalyse mittels der Echtzeitüberwachung erfolgreich adressiert werden kann. Die softwareseitige Lösung bricht den Fertigungsprozess frühzeitig ab, wenn aufgrund von signifikanten Abweichungen der Position des Extruders oder der Fertigungsparameter von den eigestellten

Prozessparametern, eine Durchführung des Fertigungsprozesses im Sinne der Arbeitsvorbereitung nicht mehr gewährleistet werden kann. Die Echtzeitüberwachung befähigt die Nutzenden dazu frühzeitig erste Erkenntnisse im Sinne der Arbeitsvorbereitung für die Teilschritte der Kalibrierung der Anlagentechnik und für die empirische Prozessentwicklung zu gewinnen. Auch hier dient die Methode der explorativen Datenanalyse dazu die Datenmenge für die Arbeitsvorbereitung zu analysieren. Bereits an dieser Stelle der Methodik dieser sind die Nutzenden dazu befähigt händisch Parameter nachzusteuern und Ausreißer und Zusammenhänge besonders im Sinne der Arbeitsvorbereitung zu verstehen. Die Echtzeitüberwachung bildet somit innerhalb des Methodik Rahmens den ersten Grundstein zur weiteren Optimierung.

In Schritt C2 wird die Eingangsdatenmenge und die möglichen Modelle für die Phase D vorbereitet. Die methodischen Grundlagen zum Aufbau eines Trainingsdatensets fordern das Aufstellen von Hypothesen für den Prädiktionsfall. Im Rahmen der Methodik beziehen sich diese Hypothesen und ihre Qualitätsklassen auf die Maßhaltigkeit eines Bauteils. Die Entscheidung für die Maßhaltigkeit als Qualitätskriterium basiert auf den Ergebnissen der zuvor durchgeführten explorativen Datenanalyse. Es ist den Nutzenden aber auch möglich die Hypothesen und Qualitätsklassen auf ein anderes zuvor analysiertes Merkmal zu beziehen. Das darauf aufbauende Trainingsdatenset überprüft diese Qualitätsklassen hinsichtlich ihrer Plausibilität. Als Werkzeug wird an dieser Stelle die Über- und Unterabtastung vorgestellt und angewendet, um die Qualität und die richtige Verteilung der Datenmenge zu garantieren. Im Rahmen der experimentellen Durchführung wird hier daher im Sinne der Qualitätsvorhersage eine sogenannte Überabtastung durchgeführt.

Mit Hilfe der Phase C ist es also möglich die Schritte der Echtzeitüberwachung und des Trainingsdatensets umzusetzen. Der verbindende Schritt zwischen Phase C und D, die Integration von Teilmodellen wird mit der Phase C vorbereitet. Die Phase C erfüllt innerhalb der Methodik ihre zunächst verarbeitende und anschließend vorbereitende Rolle für die Optimierung erfolgreich. Dabei wird die entwickelte Echtzeitüberwachung validiert und ein, an die Methodik angepasstes, Trainingsdatenset aufgebaut.

5.4 Phase D - Detaillierung der Prozessoptimierung

Phase D stellt die abschließende Phase der Arbeitsvorbereitung mittels Maschinen- und Sensordaten dar und umfasst sowohl die Weiterentwicklung des in Phase D1 ausgewählten Prädiktionsmodells, als auch die eigentliche Optimierung der Arbeitsvorbereitung, also die Rückführung der durch die vorherigen Phasen ermittelten Ergebnisse in den extrusionsbasierten additiven Fertigungsprozess. Nach dem Durchlaufen dieser Phase ist die Methodik zur Arbeitsvorbereitung für extrusionsbasierte additive Fertigungsverfahren mittels Maschinensteuerungs- und Sensordaten abschließend detailliert und angewendet.

5.4.1 Schritt D1 – Prädiktion

In Schritte D1 wird einer automatisierten Datenvorverarbeitung der in Phase C identifizierten Inputmerkmale durchgeführt. Anhand der zu prädizierenden Geometrieparameter wird eine geeignete Loss Function für das Training ermittelt. Durch Hyperparametertuning mit einer Kreuzvalidierung wird dieses Modell weiter optimiert und mit dem Trainingsdatenset Phase C trainiert. Das trainierte Modell wird in eine Datenpipeline mit der Datenvorverarbeitung integriert und wie die Echtzeitüberwachung aus Phase C visualisiert wird. Mit Hilfe des Prädiktionsmodells soll es möglich sein, dass die extrusionsbasierte additive Anlagentechnik die Fertigung selber abbricht und Fehler vorhersagt, falls Abweichungen erwartet werden. Die Ergebnisse geben Prozess Einblicke um die Fertigung zunächst in der Arbeitsvorbereitung zu unterstützen. Das entwickelte Prädiktionsmodell bewertet das Prozessverhalten während des extrusionsbasierten additiven Fertigungsprozesses und bildet somit eine gute Grundlage für eine Optimierung der Arbeitsvorbereitung hinsichtlich der Kalibrierung der Anlagentechnik und der empirischen Prozessentwicklung.

5.4.1.1 Grundlagen der Modellbildung

Um die Ergebnisse der in dieser Arbeit genutzten Modelle besser zu interpretieren und verstehen werden zunächst die zu Grunde liegenden Funktionsweisen und Ansätze hinter diesen Modellen erläutert. Dabei geht es um die spezifischen Vor- und Nachteile der Algorithmen und wie ein Modell die Daten verarbeitet.

Ein häufig verwendeter Algorithmus ist das Mehrschichtige Neuronale Netz (MNN), auch mehrschichtiges Perzeptron (MLP) genannt. Dieses zählt zu den Überwachte Lern Algorithmen und funktioniert, indem es mit einer Funktion $f(\cdot) = R_m \rightarrow R_o$ bei Daten mit einem Input von m-Dimensionen den Output mit o-Dimensionen vorhersagt. Der Input der Daten kann dabei aus einem Set aus Features $x_0, x_1 \cdots x_R$ mit dem Output y bestehen. Daraus wird eine nicht-lineare Näherungsfunktion erstellt die in Abbildung 5.50 b) dargestellt ist.

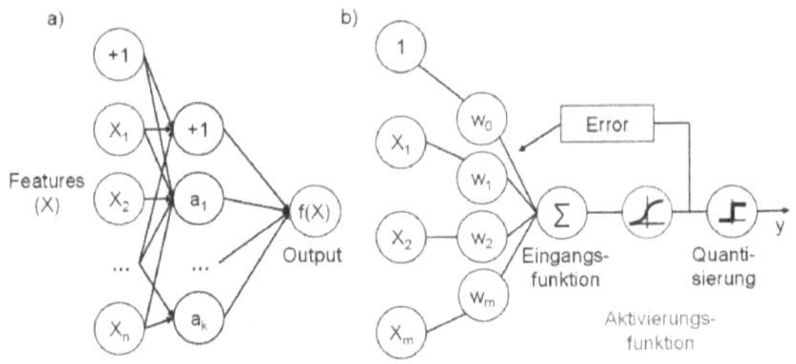

Abbildung 5.50 a) Aufbau eines Neuronalen Netz mit Hidden Layer b) Aufbau eins Neurons nach RASCHKA[334]

Zwischen dem Input und Output können mehrere Layer wie Abbildung 5.50 a) dargestellt liegen. Dabei handelt es sich um sogenannte Hidden Layer. Der erste Layer, auch Input-Layer genannt, besteht aus einem Set an Neuronen, welche die Input-Features repräsentieren. Jedes Neuron in dem versteckten Layer transformiert die Werte aus dem vorangegangenen Layer mit einer gewichteten Addition $w_1x_1 + w_2w_2 \cdots w_mx_m$ gefolgt von einer nicht linearen Aktivierungsfunktion $g(\cdot): r \rightarrow R$ –, z.B. einer Tangens-Hyperbolicus Funktion. Dieses Neuron ist in Abbildung 5.50 b) dargestellt. Der Ausgabelayer erhält am Ende die Werte aus dem letzten versteckten Layer und wandelt diese in Ausgabewerte um. Ein Vorteil dieses Modells ist die Anwendbarkeit auf nichtlineare Probleme und die Möglichkeit in Echtzeit zu lernen. Im Gegensatz dazu steht aber die Notwendigkeit eines aufwendigen HPT zum Erreichen einer guten Performance.[335] [336]

Entscheidungsbäume:

Ein Entscheidungsbaum (engl. Decision Tree (DT)) ist ein hierarchisches Modell für das Überwachte Lernen. Er wird sowohl für Klassifikation- als auch für Regressions-Aufgaben genutzt und besteht aus internen Entscheidungsknoten und terminalen Blättern und ist in Abbildung 5.51 schematisch dargestellt. Jeder Entscheidungsknoten definiert eine Diskriminanzfunktion mit diskreten Ergebnissen. Bei einem gegebenen Datensatz wird an jedem Knoten eine Abfrage durchgeführt und je nach Ergebnis eine der Verzweigungen gewählt. Der Prozess beginnt an der Wurzel und wird rekursiv so lange wiederholt, bis ein Blattknoten erreicht ist. Der an dem Blatt stehende Wert entspricht der Ausgabe.[337]

---

[334] Vgl. Raschka S., (2015), Python machine learning. Unlock deeper insights into machine learning with this vital guide to cutting-edge predictive analytics, S.7

[335] Vgl. ebd. S. 8

[336] Vgl. Alpaydin E., (2019), Maschinelles Lernen, S. 227

[337] Vgl. ebd. S. 229

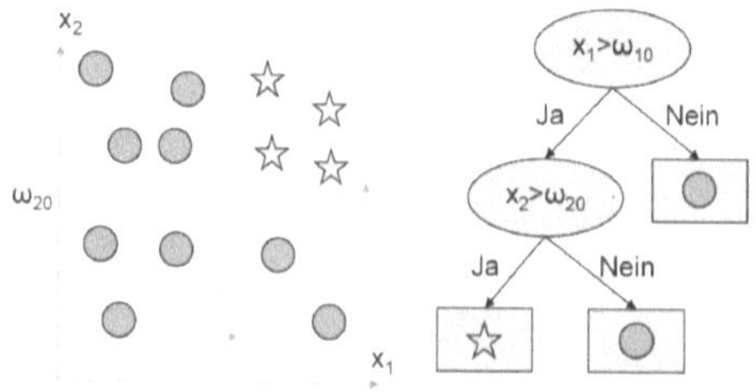

Abbildung 5.51: Beispiel eines Datensatzes und des dazugehörigen Entscheidungsbaumes

Ein Vorteil solcher Entscheidungsbäume ist, dass sie einfach zu verstehen und interpretieren sind. Außerdem ist nur eine geringe Datenaufbereitung nötig. Entscheidungsbäume können sowohl numerische als auch kategoriale Datensätze verarbeiten. Eine Erweiterung dieses Verfahren, welches die Gesamtgenauigkeit signifikant steigert, ist das Zufallswald-Verfahren (engl. Random Forest Classifier (RFC)). Hierbei werden mehrere Entscheidungsbäume mit jeweils einer zufälligen Teilmenge der Trainingsdaten oder einer zufälligen Teilmenge der Eingabemerkmale trainiert und die Vorhersagen kombiniert.[338]

K-Nächste-Nachbarn:

Die Methode K-Nächste-Nachbarn (engl. k-Nearest-Neighbor (kNN)) nutzt den Ansatz des sogenannten trägen Lernens. Bei solch einem Ansatz findet die Hauptarbeit nicht während des Lernens statt. Die Hauptarbeit wird erst bei einer Abfrage verrichtet, da ein Träger Lerner sich den kompletten Datenbestand anschaut und ein lokales Model für seine Aussage bildet.[339] KNN-Methoden können sowohl für Klassifikations- als auch für Regressionsaufgaben verwendet werden. Bei dieser Methode wird der Abstand der Abfrageinstanz zu den Trainingsdaten verglichen und k nächste Nachbarn ausgewählt. Die Mehrheit dieser k-Nachbarklassen ist dann die Vorhersage der Abfrageinstanz.[340] In Abbildung 5.52 ist eine kNN-Methode für eine Klassifikation dargestellt. Wird der Parameter k = 3 gewählt, so wird der zu untersuchende Punkt als Kreis klassifiziert. Bei der Wahl des Parameters k = 5, wird der Punkt als Stern klassifiziert.

[338] Vgl. Alpaydin E., (2019), Maschinelles Lernen, S. 227

[339] Vgl. Frochte J., (2021), Machinelles Lernen Grundlagen und Algorithmen in Python, S. 122

[340] Vgl. ebd.

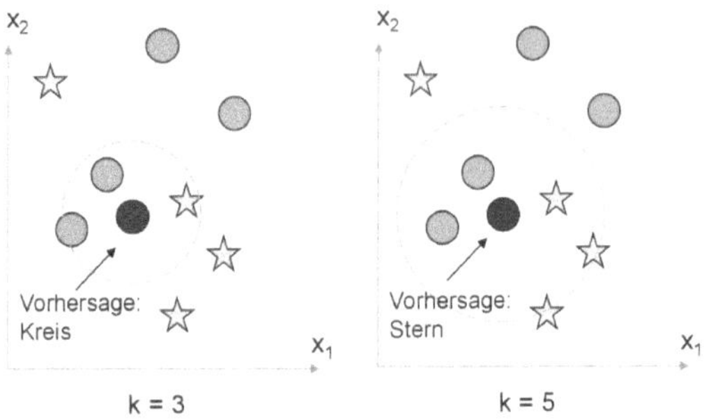

Abbildung 5.52: kNN-Methode für eine Klassifikation

Für die Berechnung der Abstände kann bspw. die euklidische Norm verwendet werden. Zusätzlich ist es möglich Merkmale durch Gewichte unterschiedlich zu skalieren, um die Relevanz eines Merkmals mit einzubeziehen.[341]

Support-Vektor-Maschine:

Ein weiteres Unüberwachtes Lernverfahren ist die Support-Vektor-Maschine (engl. Support-Vector-Machine (SVM)). Die Grundidee hierbei ist es eine Hyperebene zu finden, die zu beiden Klassen einen möglichst großen minimalen Abstand hat. In Abbildung 5.53 ist die SVM-Methode grafisch visualisiert. Die Punkte, welche sich auf dem Rand des Abstandes befinden werden als Support-Vektoren bezeichne. Die Hyperebene wird durch diese Support-Vektoren definiert, wobei das Finden dieser als Optimierungsaufgabe definiert wird[342].

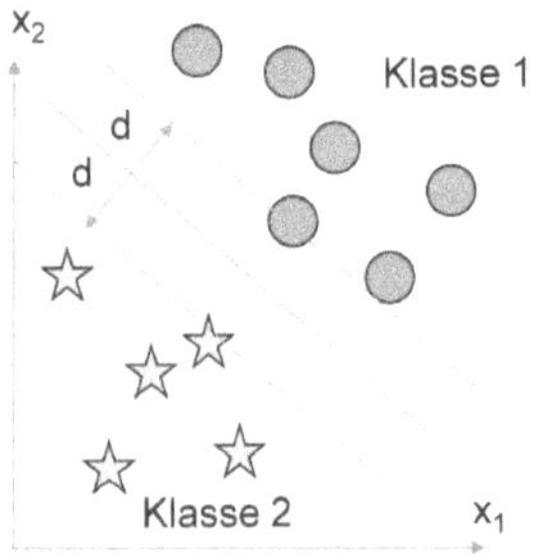

Abbildung 5.53: Grafische Visualisierung der SVM-Methode

[341] Vgl. Ertel W., (2013), Grundkurs Künstliche Intelligenz - Eine praxisorientierte Einführung, S. 218- 219

[342] Vgl. ebd. S. 341

SVMs erreichen durch die Optimierung der Abstände zwischen Klassen sehr gute Ergebnisse bei der Klassifikation. Ein Nachteil ist jedoch, dass diese Methode nicht gut skaliert und deshalb für sehr große Datensätze oft weniger geeignet ist.[343]

5.4.1.2 Aufbau eines Prädiktionsmodells

Zur Erstellung eines Prädiktionsmodells werden sowohl Klassifikations- als auch Regressions-Methoden genutzt. Für die Klassifikations-Methoden werden in einem ersten Schritt, anhand von Grenzwerten für die Abweichung der Maßhaltigkeit, die aufbereiteten Punkte in fünf unterschiedliche Klassen unterteilt. Als Datengrundlage werden die Punkte aller Bauteile genutzt, wobei ein Teil dem Training der Methoden und ein Teil der Validierung der Methoden dient. Zur Bewertung der Klassifikations-Methoden wird die Klassifizierungsgenauigkeit betrachtet. Für die Validierung der Regressions-Methoden wird das Bestimmtheitsmaß betrachtet.

5.4.1.2.1 Klassifikation

Wie in Kapitel 3 vorgestellt, werden bei der Implementierung von ML-Methoden in die extrusionsbasierte additive Fertigung meist Klassifikationsalgorithmen verwendet. Dabei handelt es sich um die Methoden zuvor beschriebenen Modelle Entscheidungsbaum, K-Nächste-Nachbarn und Support-Vektor-Maschine. Mit Hilfe der Multi-Sensor-Datenfusion aus Phase B ergeben sich 82.870 Punkte, welche als Input für die Modelle genutzt werden können.

Mithilfe einer Klassifikation können die Punkte in unterschiedliche Klassen unterteilt werden. Hierfür werden die zuvor definierten Klassen des Trainingsdatensets aus Tabelle **5.10** erneut genutzt. Im nächsten Schritt werden der Variable Xges alle Features der Punkte und der Variable Yges die dazugehörigen Klasse zugewiesen. Danach wird die Datengrundlage in zwei Teile aufgeteilt: Test- sowie Trainingsdaten. Hierzu wird der Befehl „train_test_split" genutzt, wobei der Parameter „random_score" auf den frei gewählten Wert 42 gesetzt wird. Das Setzen eines Wertes für den „random_score" teilt die Datengrundlage immer gleich auf. Somit wird sichergestellt, dass nachfolgende Untersuchungen reproduzierbar sind und nicht von einem Zufallsfaktor beeinflusst werden. Ca. 75 % der Datengrundlage werden den Testdaten und 25 % den Trainingsdaten zugeteilt. Diese Schritte sind in Code 5.9 abgebildet.

Code 5.9: Zuweisung der Features und Klassen sowie Aufteilung in Trainings- und Testteile

```
Xges = df_gesamt.drop(['Abweichung', 'Klasse'], axis=1).copy()

yges = df_gesamt['Klasse'].copy()

Xges_train, Xges_test, yges_train, yges_test = train_test_split(Xges,
yges, random_state=42)
```

[343] Vgl. Frochte J., (2021), Maschinelles Lernen Grundlagen und Algorithmen in Python, S. 340

Um die Klassifikationsmethoden zu bewerten, wird die Klassifikationsgenauigkeit bezüglich der Testdaten betrachtet und verglichen. Die Klassifikationsgenauigkeit gibt das Verhältnis von richtig klassifizierten Punkten zu der Gesamtanzahl der Punkte an. Liegt dieser Wert bei 100 %, wird jeder Punkt durch das Modell der richtigen Klasse zugeordnet.

5.4.1.2.2 Regression

Anders als bei Klassifikationsmethoden können mithilfe von Regressionsmethoden kontinuierliche Werte vorhergesagt werden. Dementsprechend ist es bei der Vorbereitung der Daten nicht nötig, diese anhand von Grenzwerten in Klassen zu unterteilen. Im Folgenden werden die Methoden Entscheidungsbaum und K-Nächste-Nachbarn implementiert und untersucht. Das Qualitätskriterium, um die Methoden zu bewerten ist das Bestimmtheitsmaß R^2. Dieses kann mit dem Befehl .score() aufgerufen werden und wird auf die Testdaten angewandt. Der formelmäßige Zusammenhang ist in (7) dargestellt. Für den Wertebereich von R^2 gilt: $0 \leq R^2 \leq 1$. Je näher das Bestimmtheitsmaß an der 1 ist, desto präziser sind die Vorhersagen.

$$R^2 = 1 - \frac{\sum_{i=0}^{n}(y_i - \hat{y}_i)^2}{\sum_{i=0}^{n}(y_i - \bar{y})^2} \qquad (7)$$

R = Bestimmtheitsmaß

y_i = tatsächlicher Wert

$\hat{y}_i$ = geschätzter Wert

$\bar{y}$ = Empirischer Mittelwert

n = Gesamtanzahl der Punkte

5.4.1.3 Durchführung der Modellierung

Die Gewichtung der Eingangsparameter (Feature Importance) kann Aufschluss darauf geben, welche Eingangsvariablen bei einem ML- Algorithmus den größten Einfluss auf die Vorhersagegenauigkeit haben. Um die Aussagekraft der Feature Importance zu stärken, werden zusätzliche partielle Abhängigkeitsdiagramme dargestellt. Diese zeigen die Schwankung der Vorhersagegenauigkeit bei Variation der Eingabevariablen. Eine stärkere Abweichung spricht dabei für einen stärkeren Einfluss. Beide Informationen werden erreicht, indem der entsprechende ML-Algorithmus mehrfach trainiert und getestet wird und dabei einzelne Eingangsvariablen entfernt bzw. variiert werden.

Abbildung 5.54 zeigt die Feature Importance der Eingangsparameter für die Validierung des Zufalls Walds. Diese zeigt, dass die Parameter der Positionsmessung X, Y und Z den größten Einfluss auf die Vorhersagequalität haben. Das spricht dafür, dass der Algorithmus vor allem aus der Position eines Datenpunktes seine Qualität bewerten kann. Dies wird durch die Beobachtungen der vorangegangenen Ergebnisse der explorativen Datenanalyse gestützt, da die ML-Algorithmen eine bessere Performance erreichen, wenn sie mit mehreren Datensätzen eines gleichen

Körpers trainiert werden. So erlernt der Algorithmus die an speziellen Stellen wiederkehrende Fehler und Abweichungen wie sie in Abbildung 5.48 exemplarisch gezeigt werden. Der Eingangsparameter mit dem viert größten Einfluss ist die zusätzlich gemessene Temperatur am Schmelzeaustritt.

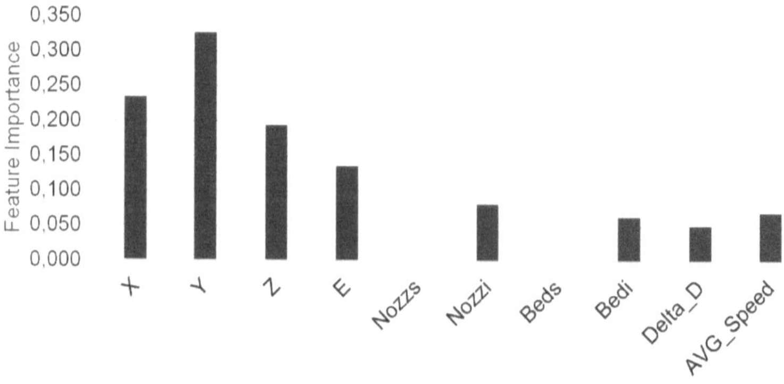

Abbildung 5.54 Feature Importance Plot für die Validierung des RFC

Die Temperatur der Bauplattform und die hinten liegenden Extrusionstemperaturen hingegen haben im Vergleich dazu einen geringeren Einfluss auf die Performance. Das ist auch daran zu erkennen, dass in Abbildung 5.55 der Verlauf für Nozzi annähernd einer horizontalen Geraden entspricht. Die Parameter Delta_D und Avg_Speed weisen eine ähnliche Feature Importance und Verlauf im Partial Dependence Plot auf.

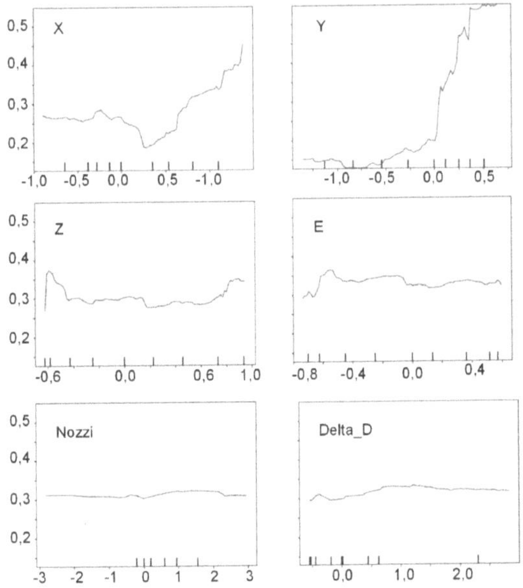

Abbildung 5.55 Partielle Abhängigkeitsdiagramme für die Validierung des RFC

Wenn man die Verläufe in Abbildung 5.55 unabhängig von der Feature Importance betrachtet, erkennt man für die Variable X und Y einen positiven, für Y leicht parabelförmigen, Verlauf. Die Ausrichtung der gefertigten Bauteile auf dem Fertigungsbett, kann dafür eine mögliche Erklärung darstellen. So ist der Detailgrad der Features mit der Entfernung vom Ursprung abnehmend. Das könnte dafürsprechen, dass die Echtzeitüberwachung erst bei Bauteilen ab einer gewissen Größe eine akkurate Auflösung bietet, die durch den ML-Algorithmus erkannt und vorhergesagt werden können. Zusammenfassend lässt sich sagen, dass die Echtzeitüberwachung und Fehler Vorhersage durch Anwendung von ML-Algorithmen für die Fertigung auf der Anlagentechnik möglich ist. Vor allem bei ausreichend großen Datensätzen aus einem gleichen Bauteil kann eine sehr gute Performance für das Testen erreicht werden.

5.4.1.4 Zusammenfassung

Die Prädiktion und Vorhersage der Zustände zur Arbeitsvorbereitung extrusionsbasierter additiver Verfahren bildet den vorletzten Schritt der Methodik und damit die Grundlage für die eigentliche Optimierung im Sinne der Arbeitsvorbereitung mittels Maschinensteuerungs- und Sensordaten. Die Umsetzung dieses Schrittes befähigt Nutzende zur Auswahl von passenden Modellen zur Bearbeitung der Optimierungsaufgabe der Arbeitsvorbereitung extrusionsbasierter additiver Verfahren. Es wurden die beiden Methoden der Klassifikation und Regression mit Hilfe des zuvor entwickelten Trainingsdatensets getestet und validiert.

5.4.2 Schritt D2 – Optimierung

Den Abschluss dieser Methodik bildet die Optimierung auf Basis der Prädiktion. Diese soll in Schritt D2 entwickelt werden. Somit wird eine Regellogik entwickelt, die regelbare Steuergrößen des Fertigungsprozesses bei erwarteter Prozessabweichung optimiert und direkt im G-Code und in der Einstellung der Prozessparameter entsprechend anpasst. Somit soll ermöglicht werden, dass der Algorithmus, auch bei sich ändernden Bedingungen, durch die Echtzeit Regelung der Prozessparameter eine gleichmäßig hohe Qualität der Bauteile sicherstellt. Das Ergebnis ist die Auswahl eines Modells zur maschinellen Analyse der Abweichungen und die automatische Rückkopplung des daraus entstandenen Erkenntnissgewinns in Form von verbesserten Prozessparametern zur Arbeitsvorbereitung der extrusionsbasierten additiven Fertigungsverfahren. Abbildung 5.56 zeigt die abschließend entwickelte Optimierungsarchitektur der Methodik zur Arbeitsvorbereitung extrusionsbasierter additiver Verfahren mittels Maschinensteuerungs- und Sensordaten.

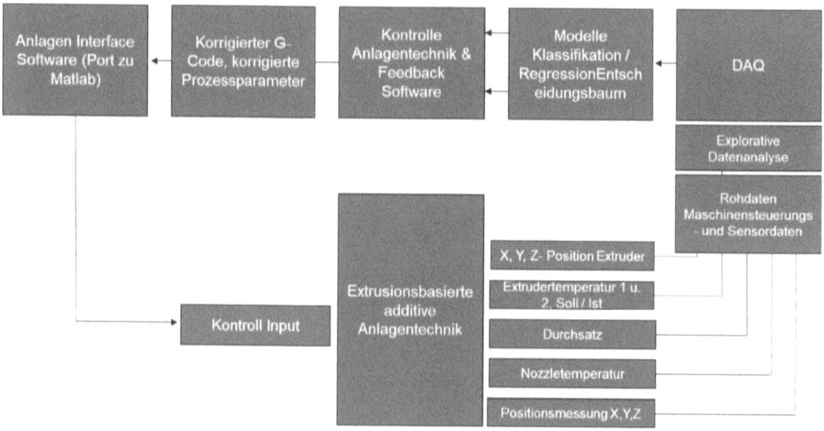

Abbildung 5.56: Optimierungsarchitektur der Methodik zur Arbeitsvorbereitung mittels Maschinensteuerungs- und Sensordaten

In den folgenden Kapiteln sollen die zuvor aufbereiteten und trainierten Daten genutzt werden, um als Input der verschiedenen Modelle zu dienen. Das Ziel ist es mithilfe unterschiedlicher Klassifikations- sowie Regressionsmethoden die Abweichung der Maßhaltigkeit vorherzusagen. Um die Algorithmen und Modelle zu validieren, werden diese untereinander anhand verschiedener Qualitätsmerkmale verglichen. Die verwendeten ML-Methoden werden aus dem Python Modul scikit-learn importiert und angepasst. Der gesamte Python-Code für diesen Teil ist dem Anhang beigefügt.

5.4.2.1 Klassifikation

Zunächst erfolgt die Optimierung mittels Klassifikation. Die dafür notwendigen Grundlagen wurden in Kapitel 5.4.1 vorgestellt.

5.4.2.1.1 Entscheidungsbaum

Die erste zu validierende ML-Methode ist der Entscheidungsbaum. Code 5.10 zeigt die Implementierung und das Training des Entscheidungsbaumes. Zudem sind die Erzeugungsparameter „criterion", „splitter", „ccp_alpha" sowie „random_state" dargestellt. Der Parameter „random_state" wird aus denselben, zuvor genannten Gründen erneut auf den frei gewählten Wert 42 gesetzt.

Code 5.10: Entscheidungsbaum Klassifikation inkl. Erzeugungsparameter

```
clf_dt = DecisionTreeClassifier(criterion='entropy', splitter='best',
ccp_alpha=0.0, random_state=42)
clf_dt = clf_dt.fit(Xges_train, yges_train)
```

Im Folgenden werden die Erzeugungsparameter variiert und deren Einfluss auf die Klassifizierungsgenauigkeit untersucht. Tabelle 5.11 zeigt vier Variationen der Erzeugungsparameter und die daraus resultierende Klassifizierungsgenauigkeit. Die Variation wird in zwei Schritten durchgeführt. Als erstes werden die Erzeugungsparameter „criterion" und „splitter" variiert, da sie jeweils nur zwei Zustände besitzen. Der Erzeugungsparameter „ccp_alpha" ist ein kontinuierlicher Wert, welcher optimiert werden kann. Dies wird im zweiten Schritt durchgeführt.

Tabelle 5.11: Einfluss der Erzeugungsparameter auf die Klassifizierungsgenauigkeit

Variation	**Parameter**			**Klassifizierungsgenauigkeit [%]**
	criterion	**splitter**	**ccp_alpha**	
1	gini	best	0,0	~ 95,64
2	entropy	best	0,0	~ 95,87
3	gini	random	0,0	~ 95,33
4	entropy	random	0,0	~ 95,41

Mithilfe des Erzeugungsparameter „criterion" wird die Funktion zur Messung der Qualität einer Entzweiung des Entscheidungsbaumes gewählt. Der Erzeugungsparameter „splitter" legt die Strategie fest, mit welcher die Spaltung an jedem Knoten durchgeführt wird. Es ist zu erkennen, dass die Variation 2 die höchste Klassifizierungsgenauigkeit mit ca. 95,87 % erreicht. Die Variation der Erzeugungsparameter hat jedoch keinen großen Einfluss auf diese. Die niedrigste Klassifizierungsgenauigkeit ist mit Variation 3 gegeben. Hier liegt sie bei ca. 95,33 %.

Der Erzeugungsparameter „ccp_alpha" wird auch als Komplexitätsparameter bezeichnet. Er wird genutzt, um den Entscheidungsbaum zu kürzen und somit ein Overfitting zu vermeiden und die Klassifizierungsgenauigkeit zu erhöhen. Um diesen Erzeugungsparameter zu optimieren, wir die Funktion „cost_complexity_pruning_path" genutzt. Es werden mehrere Entscheidungsbäume mit unterschiedlichen „ccp_alpha" Werten erzeugt und trainiert. Daraufhin werden die Klassifizierungsgenauigkeiten der Trainings- sowie Testdaten berechnet. In Abbildung 5.57 ist der Zusammenhang zwischen der Klassifizierungsgenauigkeit und Alpha beispielhaft für die Variation 1 dargestellt.

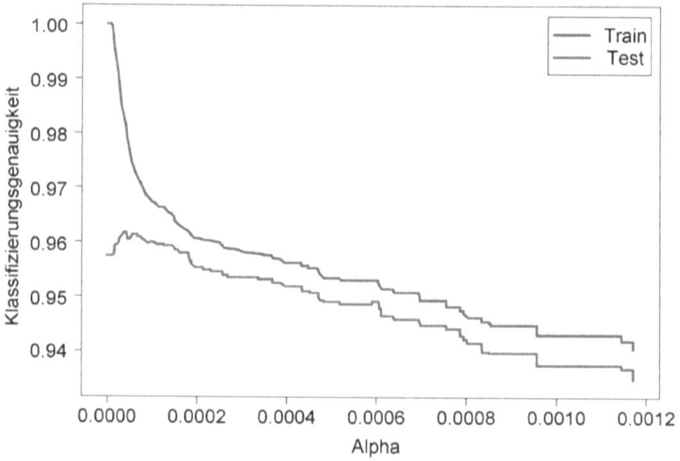

Abbildung 5.57: Klassifizierungsgenauigkeit vs. Alpha

Es ist zu erkennen, dass die Klassifizierungsgenauigkeit der Trainingsdaten mit steigendem ccp_alpha sinkt. Hingegen steigt die Klassifizierungsgenauigkeit der Testdaten im ersten Bereich bis auf ein Maximum (96,20 %) und fällt daraufhin ebenfalls ab. Für die in Tabelle 5.11 dargestellten Variationen wird jeweils der Erzeugungsparameter ccp_alpha optimiert und der Entscheidungsbaum erneut trainiert. Daraufhin werden die neuen Klassifizierungsgenauigkeiten der Testdaten berechnet. Die Ergebnisse werden in Tabelle 5.12 dargestellt.

Tabelle 5.12: Klassifizierungsgenauigkeit mit optimiertem ccp_alpha

Variation	**Parameter**			**Klassifizierungsgenauigkeit [%]**
	criterion	**splitter**	**ccp_alpha**	
1	gini	best	0,0	~ 95,64
2	entropy	best	0,0	~ 95,87
3	gini	random	0,0	~ 95,33
4	entropy	random	0,0	~ 95,41

Durch die Optimierung des Erzeugungsparameters „ccp_alpa“ konnten die Klassifizierungsgenauigkeiten um bis zu 0,54 % gesteigert werden. Die höchste Klassifizierungsgenauigkeit wird mit Variation 2 erreicht, wobei diese bei 96,20 % liegt.

Als nächstes werden die Grenzwerte für die Klassendefinition so definiert, dass für die Klassen 2, 3 und 4 geringere Abweichung erlaubt sind. Hierdurch wird ein höherer Qualitätsanspruch betrachtet und der Anteil der Punkte in den jeweiligen Klassen ist gleichmäßiger verteilt. Die neuen Klassendefinitionen sind in Tabelle 5.13 gegeben.

Tabelle 5.13: Neu definierte Grenzwerte für die Klasseneinteilung

Klasse	1	2	3	4	5
Beschreibung	Großes Untermaß	Kleines Untermaß	Gute Maßhaltigkeit	Kleines Übermaß	Großes Übermaß
Abweichung der Maßhaltigkeit [mm]	< -1,0	> -1,0 & < -0,2	> -0,2 & < 0,2	< 1,0 & > 0,2	> 1,0
Anteil [%]	6,78	23,60	50,13	17,89	1,41

Mit den neu definierten Grenzwerten für die Klassen werden die Parameter Xges und yges neu berechnet. Daraufhin wird der Entscheidungsbaum mit der Variationen 2 aus Tabelle 5.11 erzeugt, trainiert und optimiert. Tabelle 5.14 zeigt die Klassifizierungsgenauigkeit der Variation 2 vor und nach Optimierung des Erzeugungsparameters „ccp_alpha", angewandt auf die Punkte mit den neu definierten Klassengrenzen.

Tabelle 5.14: Entscheidungsbaum Variation 2 angewandt auf die neuen Klassendefinitionen

Variation	Parameter			Klassifizierungsgenauigkeit [%]
	criterion	splitter	ccp_alpha	
2	entropy	best	0,0	~ 87,25
2 optimiert	entropy	best	$12{,}62 \cdot 10^{-5}$	~ 89,33

Es ist zu erkennen, dass die Klassifizierungsgenauigkeit des Entscheidungsbaumes bei der Anpassung der Klassengrenzen um ca. 8,95 % sinkt. Mit der Optimierung des Erzeugungsparameters „ccp_alpha" wird eine Steigerung der Klassifizierungsgenauigkeit um 2,08 % erreicht.

Für die optimierte Variation 2 des Entscheidungsbaumes wird eine Konfusionsmatrix erstellt. Diese gibt in Abbildung 5.58 an, welche Klasse von dem Entscheidungsbaum vorhergesagt werden und welche Klasse die richtige Klasse ist. Es ist zu erkennen, dass der Großteil der vorhergesagten Klassen den richtigen Klassen entspricht.

Tatsächliche Bewertung	Klasse 1	Klasse 2	Klasse 3	Klasse 4	Klasse 5
Klasse 1	**1399**	15.	16	5	0
Klasse 2	19	**4219**	596	10	0
Klasse 3	17	478	**9408**	505	0
Klasse 4	4	23	430	**3265**	24
Klasse 5	7	1	5	56	**216**

Vorhergesagte Bewertung

Abbildung 5.58: Konfusionsmatrix Variation 2 optimiert

5.4.2.1.2 K-Nächste-Nachbarn

Für die K-Nächste-Nachbarn-Methode können zwei verschiedene Varianten genutzt werden. In der ersten Variante wird ein Wert für die Anzahl der nächsten Nachbarn und für die zweite Variante ein Wert für einen Suchradius für die nächsten Nachbarn festgelegt. Im Folgenden wird die erste Variante genutzt. Zudem werden für den Input dieser Methode die Punkte mit den Klassengrenzen aus Tabelle 5.13 verwendet. In Code 5.11 ist dargestellt, wie die kNN-Methode erzeugt und trainiert wird. Des Weiteren sind die Erzeugungsparameter „n_neighbor“ (Anzahl der Nachbarn), „weights“ (Gewichtsfunktion der Prädiktion) sowie „algorithm“ (Algorithmus zur Berechnung der Nächsten Nachbarn) dargestellt.

Code 5.11: K-Nächste-Nachbarn Klassifikation inkl. Erzeugungsparameter

```
clf_knn = KNeighborsClassifier(n_neighbors=5, weights='uniform', algo-
rithm='ball_tree')

clf_knn.fit(Xges_train, yges_train)
```

Als nächstes werden die Erzeugungsparameter „weights“ und „algorithm“ variiert. Die Variationen sind in Tabelle 5.15 dargestellt. Für jede Variation wird die optimale Anzahl der nächsten Nachbarn berechnet. Hierfür wird eine for-Schleife durchlaufen, welche für Werte von 1-15 für die Anzahl der nächsten Nachbarn jeweils die Klassifizierungsgenauigkeit ausrechnet. Die höchste

Klassifizierungsgenauigkeit und die dazugehörige Anzahl der nächsten Nachbarn werden ebenfalls in Tabelle 5.15 angegeben.

Tabelle 5.15: Erzeugungsparameter kNN inkl. optimaler Anzahl nächster Nachbarn und Klassifizierungsgenauigkeit

Variation	Parameter		Anzahl optimaler nächster Nachbarn	Klassifizierungsgenauigkeit [%]
	weights	algorithm		
1	uniform	ball_tree	1	~ 81,13
2	uniform	kd_tree	1	~ 81,13
3	uniform	brute	1	~ 81,13
4	distance	ball_tree	7	~ 81,87
5	distance	kd_tree	7	~ 81,87
6	distance	brute	7	~ 81,87

Aus Tabelle 5.15 ist zu erkennen, dass der Erzeugungsparameter „algorithm“ keinen Einfluss auf die Klassifizierungsgenauigkeit hat. Mit der Einstellung „uniform“ für den Erzeugungsparameter „weights“ wird eine Klassifizierungsgenauigkeit von ca. 81,13 % bei einem nächsten Nachbarn erreicht. Eine minimale Erhöhung der Klassifizierungsgenauigkeit, um ca. 0,74 %, wird mithilfe der Einstellung „distance“ für den Erzeugungsparameter „weights“ erreicht. Die optimale Anzahl nächster Nachbarn beträgt hierbei 7, bei einer Klassifizierungsgenauigkeit von 81,87 %.

5.4.2.1.3 Support-Vektor-Maschine

Die letzte zu untersuchende Klassifikations-Methode ist die Support-Vektor-Maschine. Für die Trainings- und Testdaten werden die Klassendefinitionen aus Tabelle 5.13 genutzt. Zudem werden die Trainings- und Testdaten mithilfe des scale()-Befehls vom sklearn preprocessing-Modul skaliert. Für die Anwendung einer SVM-Methode ist dieser Schritt notwendig, um optimale Vorhersagen treffen zu können. Code 5.12 zeigt die Erzeugung der SVM-Methode inkl. der Erzeugungsparameter, sowie das Training der SVM-Methode. Dem „random_state“ wurde der Wert 42 zugewiesen, um die Reproduzierbarkeit zu gewährleisten und die „cache_size“ wurde auf den Wert 1000 gesetzt, um die Rechenzeit des Modells zu verkürzen.

Code 5.12: SVM Klassifikation inkl. Erzeugungsparameter

```
clf_svm = SVC(C=1.0, kernel='rbf', gamma='scale', random_state=42,
cache_size=1000)

clf_svm.fit(Xges_train_sc, yges_train)
```

Erzeugungsparameter, welche im Folgenden variiert werden, sind: „C“ (Regularisierungsparameter), „kernel“ (verwendeter Kerneltyp) sowie „gamma“ (Kernelkoeffizient). Da die Rechenzeit der SVM-Methode, angewandt auf den kompletten Datensatz sehr hoch ist, wird für eine erste Betrachtung des Einflusses der Erzeugungsparameter auf die Klassifizierungsgenauigkeit des Datensatzes des Probekörpers 4 genutzt. Die Tabelle der unterschiedlichen Variationen inkl. der Klassifizierungsgenauigkeit ist dem Anhang zu entnehmen. Bei der Verwendung der Kerneltypen „linear“ und „sigmoid“ ergibt sich eine deutlich geringere Klassifizierungsgenauigkeit als bei der Verwendung der Kerneltypen „rbf“ und „poly“. Für die weitere Betrachtung wird der Kerneltyp „rbf“ genutzt und die Erzeugungsparameter „C“ und „gamma“ variiert. Tabelle 5.16 zeigt drei Variationen der Erzeugungsparameter. Diese werden für den kompletten Datensatz genutzt und die Klassifizierungsgenauigkeit berechnet. Die anfängliche Klassifizierungsgenauigkeit der SVM Methode liegt bei 78,14 % (Variation 1). Durch die Optimierung der Erzeugungsparameter wird diese auf 80,98 % (Variation 3) gesteigert.

Tabelle 5.16: Klassifizierungsgenauigkeit SVM für unterschiedliche Erzeugungsparameter C und gamma

Variation	Parameter		Klassifizierungs-genauigkeit [%]
	C	gamma	
1	1	1	78,14
2	100	auto	80,58
3	1.000	0.1	80,98

5.4.2.2 Regression

Anders als bei Klassifikationsmethoden können mithilfe von Regressionsmethoden kontinuierliche Werte vorhergesagt werden. Dementsprechend ist es bei der Vorbereitung der Daten nicht nötig, diese anhand von Grenzwerten in Klassen zu unterteilen. Im Folgenden werden die Methoden Entscheidungsbaum und K-Nächste-Nachbarn implementiert und untersucht. Das Qualitätskriterium, um die Methoden zu bewerten ist das Bestimmtheitsmaß R^2. Dieses kann mit dem Befehl .score() aufgerufen werden und wird auf die Testdaten angewandt. Der formelmäßige Zusammenhang ist in (7) dargestellt. Für den Wertebereich von R^2 gilt: $0 \leq R^2 \leq 1$. Je näher das Bestimmtheitsmaß an der 1 ist, desto präziser sind die Vorhersagen.

$$R^2 = 1 - \frac{\sum_{i=0}^{n}(y_i - \hat{y}_i)^2}{\sum_{i=0}^{n}(y_i - \bar{y})^2} \tag{7}$$

R = Bestimmtheitsmaß

y_i = tatsächlicher Wert

$\hat{y}_i$ = geschätzter Wert

$\bar{y}$ = Empirischer Mittelwert

n = Gesamtanzahl der Punkte

5.4.2.2.1 Entscheidungsbaum

Im Folgenden wird eine Regressionsmethode mithilfe eines Entscheidungsbaumes implementiert. Code 5.13 zeigt die Erzeugung und das Training des Entscheidungsbaumes. Dem „random_state“ wurde erneut der Wert 42 zugewiesen. Im Folgenden werden die Erzeugungsparameter „criterion“ (Funktion, um die Qualität einer Teilung zu berechnen), „splitter“ (Strategie, um an einem Knoten zu teilen), „max_depth“ (maximale Tiefe des Entscheidungsbaumes) und „min_samples_leaf“ (Mindestanzahl an Stichproben, die zum Teilen eines internen Knotens nötig ist) variiert, um das Bestimmtheitsmaß zu optimieren.

Code 5.13: Regression Entscheidungsbaum inkl. Erzeugungsparameter

```
reg_dt = tree.DecisionTreeRegressor(criterion='mse', splitter='best',
max_depth=None, min_samples_leaf=2, random_state=42)

reg_dt.fit(Xges_train, yges_train)
```

Da die Rechenzeit für die Erzeugung und das Training des Regressions Entscheidungsbaumes deutlich geringer ist als bei den zuvor getesteten Methoden, wird im Folgenden eine größere Variation der Erzeugungsparameter getestet. In Tabelle 5.17 sind die unterschiedlichen Werte für die Erzeugungsparameter angegeben.

Tabelle 5.17: Regression Entscheidungsbaum Variation der Erzeugungsparameter

Erzeugungsparameter	**criterion**	**splitter**	**max_depth**	**min_samples_leaf**
Werte	mse, friedman_mse, mae	best, random	10, 11, 12, 13, 14, 15, 16, 17	4, 5, 6, 7, 8

Bei der Kombination aus allen Wertepaaren, die in Tabelle 5.17gegeben sind, ergeben sich insgesamt 240 Variationen. Mithilfe mehrerer for-Schleifen werden die Entscheidungsbäume aller Variationen erzeugt, trainiert und das Bestimmtheitsmaß mit Hilfe des Code 5.14 berechnet. Für jeden Entscheidungsbaum werden die Parameter in einem Dataframe gespeichert.

Code 5.14: Regression Entscheidungsbaum Berechnung des Bestimmtheitsmaßes für 240 Variationen

```
criterion = ["mse", "friedman_mse", "mae"]
splitter = ["best", "random"]
max_depth = [10,11,12,13,14,15,16,17]
min_sample_leaf = [4,5,6,7,8]

scores = []

for c in criterion:
    for s in splitter:
        for md in max_depth:
            for ms in min_sample_leaf:
                reg_dt = tree.DecisionTreeRegressor(criterion=c, split-
ter=s, max_depth=md,
                                    min_samples_leaf=ms, random_state=42)
                reg_dt.fit(Xges_train, yges_train)
                scores.append([c,s,md,ms,reg_dt.score(Xges_test,
yges_test)])
```

Im nächsten Schritt wird der größte Wert des Bestimmtheitsmaßes inkl. der dazugehörigen Erzeugungsparameter aus dem Dataframe extrahiert. In Tabelle 5.18 sind die optimierten Erzeugungsparameter dargestellt. Zum Vergleich sind die Standarderzeugungsparameter ebenfalls aufgelistet.

Tabelle 5.18: Regression Entscheidungsbaum Bestimmtheitsmaß bei Standard- und optimierten Erzeugungsparametern

Variation	**Parameter**				**Bestimmtheitsmaß**
	criterion	**splitter**	**max_depth**	**min_samples_leaf**	
Standard	mse	best	None	2	0,933
optimiert	friedman_mse	best	17	7	0,942

Bei Verwendung der Standarderzeugungsparameter beträgt das Bestimmtheitsmaß für den Regressions-Entscheidungsbaum 0,933. Durch die Optimierung wird eine Erhöhung des Bestimmtheitsmaßes auf den Wert 0,942 erreicht.

5.4.2.2.2 K-Nächste-Nachbarn

Als nächstes wird die Regressionsmethode K-Nächste-Nachbarn erzeugt und untersucht. Code 5.15 zeigt die Erzeugung und das Training der Methode mit den Standard Erzeugungsparametern.

Code 5.15: Regression kNN inkl. Erzeugungsparameter

```
reg_knn = KNeighborsRegressor(n_neighbors=5, weights='uniform', p=2)
reg_knn.fit(Xges_train, yges_train)
```

Im nächsten Schritt werden die Erzeugungsparameter „n_neighbor" (Anzahl nächster Nachbarn), „weights" (Gewichtsfunktion) sowie „p" (Leistungsparameter für die Minkowski-Metrik) variiert, um das Bestimmtheitsmaß zu optimieren. Tabelle 5.19 gibt die Werte an, welche für die Erzeugungsparameter genutzt werden.

Tabelle 5.19: Regression kNN Variation der Erzeugungsparameter

Erzeugungs-parameter	n_neighbors	weights	p
Werte	1, 2, 3, 4, 5, 6, 7, 8, 9 ,10	uniform, distance	1, 2

Aus der Kombination aller Wertepaare ergeben sich 40 Variationen, für welche jeweils eine kNN-Methode erzeugt, trainiert und das dazugehörige Bestimmtheitsmaß berechnet wird. Dem Anhang sind die Variationen beigefügt. Die optimalen Erzeugungsparameter und das Bestimmtheitsmaß hierzu sind in Tabelle 5.20 dargestellt. Zudem ist die Variation mit den Standartwerten für die Erzeugungsparameter angegeben.

Tabelle 5.20: Regression kNN Bestimmtheitsmaß bei Standard und optimierten Erzeugungsparametern

Variation	Parameter			Bestimmtheits-maß
	n_neighbors	weights	p	
Standard	5	uniform	2	0,813
optimiert	3	distance	1	0,878

5.4.2.3 Zusammenfassung

In Tabelle 5.21 werden einige Klassifikationsmethoden inkl. der Klassifizierungsgenauigkeit aufgelistet. Aus den Versuchen des Entscheidungsbaumes lässt sich ableiten, dass die Einteilung der Klassen einen direkten Einfluss auf die Klassifizierungsgenauigkeit hat. Sind in einer Klasse deutlich mehr Punkte vorhanden als in den anderen, so ist die Klassifizierungsgenauigkeit der Methode höher. Dies ist naheliegend, da die möglichen Fehler der ML-Methode reduziert werden. Für die gleichmäßige Verteilung der Klassen wird mit dem Entscheidungsbaum die höchste Klassifizierungsgenauigkeit mit 89,33 % erreicht. Die geringste Klassifizierungsgenauigkeit wird mit der SVM-Methode erreicht. Diese liegt bei 78,14 % für die Variation 1. Des Weiteren ist zu erkennen, dass die Variation der Parameter zu einer Erhöhung der Klassifizierungsgenauigkeit beiträgt und diese optimiert werden sollten. In Hinblick auf die Klassifizierungsgenauigkeiten aus den in Kapitel 3 vorgestellten Ansätzen, werden vergleichbare Ergebnisse erreicht.

Tabelle 5.21: Zusammenfassung der Klassifikationsmethoden

Methode	**Variation**	**Verteilung der Klassen**	**Klassifizierungs-genauigkeit [%]**
Entscheidungsbaum	2	ungleichmäßig	95,87
Entscheidungsbaum	2 optimiert	ungleichmäßig	96,20
Entscheidungsbaum	2 optimiert	gleichmäßig	89,33
K-Nächste-Nachbarn	1	gleichmäßig	81,87
K-Nächste-Nachbarn	4	gleichmäßig	81,87
Support-Vektor-Maschine	1	gleichmäßig	78,14
Support-Vektor-Maschine	3	gleichmäßig	80,98

Die Tabelle 5.22 fasst die Ergebnisse der Regressionsmethoden zusammen. Das höchste Bestimmtheitsmaß wird ebenfalls mit dem Entscheidungsbaum erreicht. Dieses liegt bei 0,942. Mithilfe der K-Nächste-Nachbarn-Methode wird ein Bestimmtheitsmaß von 0,878 erreicht. Die Optimierung der Erzeugungsparameter führt zu einer Erhöhung des Bestimmtheitsmaßes um 0,09 für den Entscheidungsbaum und 0,065 für K-Nächste-Nachbarn. Auch in diesem Fall ist die Variation der Erzeugungsparameter von Vorteil.

Tabelle 5.22: Zusammenfassung der Regressionsmethoden

Methode	**Parameter**	**Bestimmtheitsmaß**
Entscheidungsbaum	Standard	0,933
Entscheidungsbaum	optimiert	0,942
K-Nächste-Nachbarn	Standard	0,813
K-Nächste-Nachbarn	optimiert	0,878

5.4.3 Integration der Methodikschritte

Die Schritte D1 und D2 der Methodik zur Arbeitsvorbereitung mittels Maschinensteuerungs- und Sensordaten definieren die Phase D der Prozessoptimierung zur Arbeitsvorbereitung mittels Maschinensteuerungs- und Sensordaten. Die Detaillierung der Phase setzt sich aus existierenden Ansätzen und Vorgehensweisen zur Modellbildung zusammen und führt die beiden Methodikschritte exemplarisch mit Hilfe der Anwendung von Methoden des maschinellen Lernens durch.

Abbildung 5.59 zeigt die Integration der Detaillierung der Phase D in das Rahmenwerk der Methodik zur Arbeitsvorbereitung mittels Maschinensteuerungs- und Sensordaten. Vorgelagert zur Integration der Phase ist der Schritt der Integration von Teilmodellen, welcher in Form des Test- und Trainingsdatensets verbindend die Schnittstelle zwischen Phase C und D abbildet. Innerhalb der Methodik kommt es mit diesem Schritt daher zu Wechselwirkungen zwischen den beiden Phasen. Der gesamte Schritt C2 und der Schritt der Integration der Teilmodelle bilden die Grundlage für die Prädiktion und Optimierung im Sinne der Arbeitsvorbereitung für Phase D.

Methodisch vorbereitend werden in Phase D1 die Grundlagen der Modellbildung vermittelt. Diese ermöglichen es den Nutzenden die Modellierungen und die Ergebnisse innerhalb der Detaillierung der Methodik nachzuvollziehen und zu interpretieren. Die Methodik vermittelt das methodische Vorgehen zum Aufbau eines Prädiktionsmodells für Klassifikation und Regression. Mit Hilfe der Durchführung der Modellierung und der Entwicklung von Teilmodellen wird exemplarisch dieses Vorgehen experimentell umgesetzt. Anhand der experimentellen Umsetzung der Prädiktion lässt sich erkennen, dass die Prozessanalyse zur Zustandsvorhersage durch Anwendung von Methoden des maschinellen Lernens für den extrusionsbasierten additiven Fertigungsprozess genutzt werden kann. Dieser vorletzte Schritt der Methodik adressiert die letzte der drei Anforderungsdimensionen, die Prozessoptimierung.

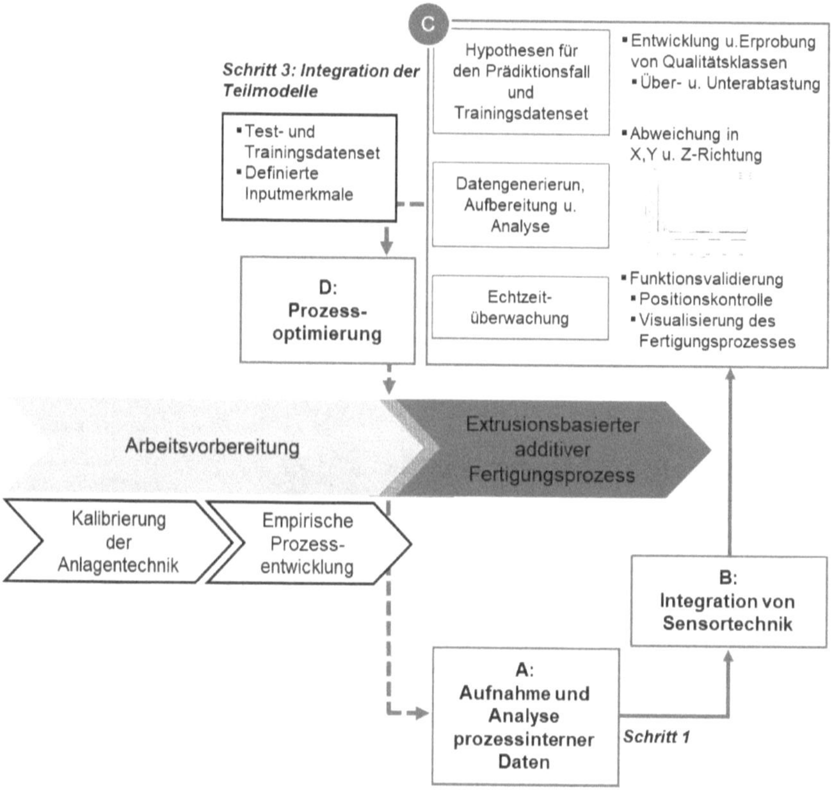

Abbildung 5.59: Integration der Methodikschritte der Phase D

Die Optimierung bildet zunächst die Optimierungsarchitektur der Methodik zur Arbeitsvorbereitung mittels Maschinensteueurungs- und Sensordaten ab. Die Optimierungsarchitektur kann im Rahmen der Methodik als anwendbares Modell für die Nutzenden dienen. Sie fasst die integrierten Werkzeuge und Methoden praxisbezogen zusammen und kann sowohl von den Nutzenden auf die eigene Anlagentechnik angewendet, als auch zur Gewinnung neuer Erkenntnisse weiterentwickelt werden. Die Optimierung selber wendet die identifizierten Methoden des maschinellen Lernens aus Klassifikation und Regression exemplarisch an und zeigt, dass es im Rahmen der Methodik zur Arbeitsvorbereitung extrusionsbasierter additiver Verfahren möglich ist, mit Hilfe von Methoden des maschinellen Lernens eine Optimierung des Fertigungsprozesses im Sinne der Arbeitsvorbereitung durchzuführen.

Die Prozessoptimierung als letzte Phase der Methodik zur Arbeitsvorbereitung extrusionsbasierter additiver Verfahren mittels Maschinensteueurungs- und Sensordaten adressiert den gleichnamigen letzten Teil der Anforderungsdimension die Prozessoptimierung und bildet damit den Abschluss dieser Methodik. Die Qualität einer ML-Methode hängt unter anderem stark von den Inputdaten ab, daher lässt sich mittels den erprobten Methoden aus Klassifikation und Regression der Testdaten die jeweils beste Methode ermitteln. Hierbei handelt es ich für die Klassifikation die Methode des Entscheidungsbaums in der Variation 2 optimiert und für die Regression ebenfalls um die Methode des Entscheidungsbaums optimiert. Diese beiden Methoden erreichen die beste Klassifizierungsgenauigkeit bzw. das beste Bestimmtheitsmaß zur Optimierung der Arbeitsvorbereitung extrusionsbasierter additiver Anlagentechnik.

Mit Hilfe der Phase D ist es also möglich die Schritte der Prädiktion und Optimierung umzusetzen. Das Zusammenspiel der gewählten Methoden, Hilfsmittel und Werkzeuge innerhalb der Methodikschritte lassen sich somit im Sinne der Methodik für diese letzte Phase D erfolgreich integrieren. Die entwickelte Optimierungsarchitektur bildet das abschließende Modell dieser Methodik und sollte im weiteren Verlauf dieser Arbeit mit Daten aus der additiven Fertigungs Branche praxisbezogen validiert werden. Nutzende profitieren von dieser Phase durch ein spezifisch auf die Arbeitsvorbereitung zugeschnittenes Vorgehen zur Prozessoptimierung extrusionsbasierter additiver Verfahren.

5.5 Aggregation der Methodikphasen und Zwischenfazit

Das beschriebene Vorgehen der Methodik zur Arbeitsvorbereitung extrusionsbasierter additiver Verfahren mittels Maschinensteuerungs- und Sensordaten detailliert auf Basis existierender Ansätze Besonderheiten für extrusionsbasierte additive Verfahren und erläutert neue Ausführungsweisen. Die vorherigen Unterkapitel haben die einzelnen Phasen und Schritte der Methodik detailliert und wurden einzeln in das Rahmenwerk der Methodik integriert. Dabei wurden stets die Zusammenhänge und Schnittstellen der einzelnen Phasen und Schritte fokussiert und immer wieder Bezug auf die zuvor in Kapitel 3 ermittelten Anforderungsdimensionen dieser Methodik genommen. An diesen jeweiligen Stellen wurden hierzu detaillierte Erläuterungen vorgenommen, die zu einer integrierten Methodik führen, welche eine zielgerichtete Anwendung der Methodik für ihre Nutzenden ermöglicht. Die integrierten Phasen und Schritte sind zur Realisierung einer geschlossenen, wie auch einer teilweisen Anwendung, der Methodik zu aggregieren und in ihren Zusammenhängen zu diskutieren. Abbildung 5.60 zeigt die vollständige Methodik zur Arbeitsvorbereitung mittels Maschinensteuerungs- und Sensordaten für extrusionsbasierte additive Verfahren.

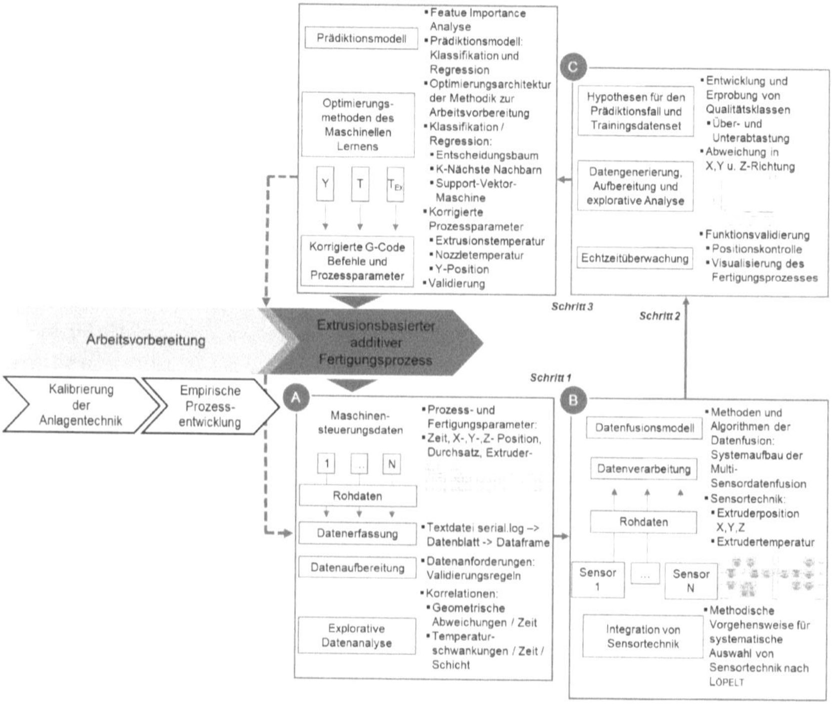

Abbildung 5.60: Methodik zur Arbeitsvorbereitung mittels Maschinensteuerungs- und Sensordaten für extrusionsbasierte additive Verfahren

Im Kern der Methodik befindet sich die Schnittstelle zwischen dem extrusionsbasierten additiven Fertigungsprozess und der dazugehörigen vorgelagerten Arbeitsvorbereitung. Ausgehend von der Schnittstelle zwischen der Arbeitsvorbereitung und dem extrusionsbasierten additiven Fertigungsprozess beginnt die Methodik, indem die benötigten spezifischen Informationen aus der Kalibrierung der Anlagentechnik und der empirischen Prozessentwicklung mit der Phase A in die Methodik einfließen. Gemeinsam mit den Maschinensteuerungsdaten aus dem Fertigungsprozess definieren diese den Start des methodischen Vorgehens. Die Phase A mit ihrem Endergebnis, der explorativen Datenanalyse basierend auf den Maschinensteuerungsdaten des Fertigungsprozesses ist eine zunächst für sich alleinstehende Phase der Methodik. Basierend auf den Ergebnissen zu den Korrelationen der Prozess- und Fertigungsparameter können schon hier entscheidende Zusammenhänge für die Arbeitsvorbereitung und den extrusionsbasierten Fertigungsprozess gefunden, analysiert und sogar optimiert werden. Die Ergebnisse der explorativen Datenanalyse sind bereits an dieser Stelle genauso aufschlussreich wie eine konventionelle experimentelle Studie und ermöglichen es durch händische Einstellungen den Fertigungsprozess im Sinne der Arbeitsvorbereitung zu optimieren.

Die Phase B ist ebenfalls eine Phase, die auch unabhängig vom Rahmenwerks der Methodik betrachtet werden könnte. Innerhalb des Rahmenwerks basiert sie jedoch auf den herausgearbeiteten zusätzlich notwendigen Informationen aus der Phase A. Mit ihrer methodischen Vorgehensweise für die systematische Auswahl von Sensortechnik nach LÖPELT gibt sie Nutzenden eine Systematik vor um zielgerichtet Sensortechnik auszuwählen und anschließend in den Fertigungsprozess zu integrieren. Das darauf basierende Datenfusionsmodell bildet eine Lösung zur gemeinsamen Auswertung, Weiterverarbeitung und Visualisierung der Maschinensteuerungs- und Sensordaten.

Phase C sichert die Verarbeitung, Aufbereitung und Visulisierung der aus Phase A und B generierten Daten. Sie kann nicht alleinstehend betrachtet werden, da sie das Datenfusionsmodell aus Phase B zunächst validiert und anschließend im Rahmen der Methodik vorbereitend für die Phase D agiert. Die Echtzeitüberwachung und der anschließende Aufbau des Trainingsdatensets gehen sowohl inhaltlich und methodisch, als auch im Sinne der Datenverarbeitung direkt in die Phase der Prozessoptimierung über. Die Phase D nutzt ausschließlich den Input aus Phase C und kann mit Hilfe der Prozessanalyse in Echtzeit den Fertigungsprozess im Sinne der Arbeitsvorbereitung optimieren. Die verwendeten Methoden und Vorgehensweisen des Maschinellen Lernens können von den Nutzenden so genutzt werden, dass eine Optimierung des G-Codes und der Prozessparameter in die Maschinensteuerung des Fertigungsprozesses zurückgeführt werden kann. Ausgehend von dieser Phase D schließt die Methodik mit dem Informationsfluss aus der Phase D in die Arbeitsvorbereitung ab.

Zusammenfassend lässt sich sagen, dass die Echtzeitüberwachung und Fehler Vorhersage durch Anwendung von ML-Algorithmen für den extrusionsbasierten additiven Fertigungsprozesses möglich ist. Vor allem bei ausreichend großen Datensätzen aus einem gleichen Bauteil kann eine sehr gute Performance für die Prozessoptimierung im Sinne der Arbeitsvorbereitung erreicht werden. Die Zusammenhänge zwischen den einzelnen Phasen und Schritten verdeutlichen, dass eine Arbeitsvorbereitung extrusionsbasierter additiver Verfahren nur durch die Anwendung aller Phasen und ihrer jeweiligen Schritte zuverlässig erreicht werden kann. Als Zwischenfazit kann festgehalten werden, dass die entwickelte Methodik die anwendende und entwickelnde Nutzende dazu befähigt die Arbeitsvorbereitung für extrusionsbasierte additive Verfahren im Sinne der Kalibrierung der Anlagentechnik und der empirischen Prozessentwicklung zu optimieren. Im Zuge dessen ist zu betonen, dass die einzelnen Phasen und Schritte durch die Nutzenden auf die jeweilige Unternehmenssituation übertragen und ausgestaltet werden müssen. Die in der vorliegenden Arbeit entwickelte und präsentierte Methodik stellt in ihrer Summe ein geschlossenes Hilfsmittel für den kunststoffverarbeitenden Teil der additiven Fertigungsbranche dar. Jedoch kann erst die Validierung der Methodik am jeweiligen Fallbeispiel der Nutzenden, deren Bauteilen, Anlagentechnik und resultierenden Daten den Mehrwert dieser Methodik für die additive Fertigungsbranche final validieren.

6 Validierung der Methodik

Die Validierung der Methodik zur Arbeitsvorbereitung extrusionsbasierter additiver Verfahren mittels Maschinensteuerungs- und Sensordaten entspricht den letzten beiden Phasen der Strategie angewandter Forschung nach ULRICH[344] und erfolgt durch deren Anwendung in zwei Fallbeispielen aus der industriellen Praxis. Repräsentativ für die Nutzenden dieser Methodik werden zunächst ein Dienstleister und anschließend ein Anlagenhersteller ausgewählt. Dabei handelt es sich um die Dienstleister A GmbH einen internen Dienstleister innerhalb eines global agierenden Automobilherstellers und um Creative Polymer als Anlagenhersteller großformatiger extrusionsbasierter additiver Anlagentechnik. Das Vorgehen für die Validierung der Methodik zur Arbeitsvorbereitung extrusionsbasierter additiver Verfahren mittels Maschinensteuerungs- und Sensordaten ist in Abbildung 6.1 dargestellt. Dabei wird zunächst mittels des internen Dienstleisters die Anwendung der Methodik mit ihren einzelnen Phasen validiert. Anschließend wir die Weiterentwicklung und Industrialisierung der Methodik mittels des Anlagenherstellers Creative Polymer validiert. Dabei wird für diesen entwickelnden Nutzenden auch der Einfluss der Anwendung der Methodik auf die Industrialisierung und das weiterzuentwickelnde Geschäftsmodell validiert.

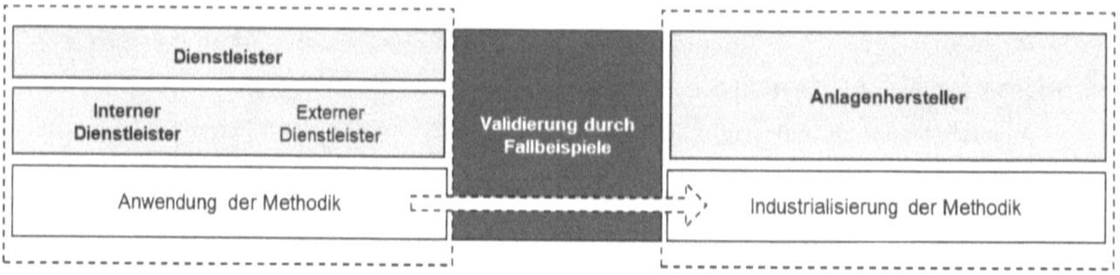

Abbildung 6.1: Vorgehen zur Validierung der Methodik zur Arbeitsvorbereitung extrusionsbasierter additiver Verfahren mittels Maschinensteuerungs- und Sensordaten

6.1 Fallbeispiel 1: Dienstleister A

Dienstleister A ist die europäische Tochtergesellschaft eines international agierenden Automobilherstellers. Dienstleister A bedient den europäischen Markt. Der Hauptsitz des Dienstleister A ist verantwortlich für die Vermarktung, den Verkauf und die Distribution Fahrzeugen des Konzerns in Europa. Dienstleister A produziert und verkauft jährlich eine bedeutende Anzahl von Fahrzeugen auf und für den europäischen Kontinent. Im Jahr 2022 lag die Produktionskapazität in Europa bei etwa 700.000 Fahrzeugen. Diese Produktion findet hauptsächlich in den Werken in Großbritannien, Frankreich und der Tschechischen Republik statt.[345]

---

[344] P. Ulrich, E. Fluri (2007), Management, S. S192

[345] Vgl. Int. agierender Automobilhersteller, (2024)

In Bezug auf den Verkauf hat der Mutterkonzern in den letzten Jahren in Europa einen stetigen Anstieg der Verkaufszahlen verzeichnet. Im Jahr 2022 wurden rund 1,1 Millionen Fahrzeuge verkauft, was dem Automobilhersteller einen Marktanteil von etwa 5,7 % in der EU einbrachte. Besonders beliebt sind die Modelle aus den Bereichen Hybrid und Elektrofahrzeuge, da der Automobilhersteller stark auf alternative Antriebstechnologien setzt. Dienstleister A setzt außerdem auf Innovationen in der Mobilität, einschließlich vernetzter Fahrzeuge und automatisierter Fahrtechnologien, um den sich wandelnden Anforderungen der Verbraucher gerecht zu werden. Das Unternehmen verfolgt eine langfristige Strategie zur Förderung von Nachhaltigkeit und sozialer Verantwortung in der Automobilbranche.[346]

Dienstleister A spielt vor allem eine zentrale Rolle bei der Anpassung von Produkten und Dienstleistungen an die spezifischen Bedürfnisse des europäischen Marktes. Dazu gehört die Entwicklung emissionsarmer und elektrifizierter Fahrzeuge, um den europäischen Umweltvorschriften gerecht zu werden. Dienstleister A investiert besonders in Forschung und Entwicklung sowie in Produktionsstätten, um eine nachhaltige und effiziente Produktion zu gewährleisten. Daher erfolge die Validierung dieser Arbeit im Zusammenhang mit gemeinsamen Forschungs- und Entwicklungsaktivitäten über das ACAM Aachen Center for Additive Manufacturing GmbH (ACAM). Dienstleister A und der Lehrstuhl für Produktionssystematik des Werkzeugmaschinenlabors der RWTH Aachen erarbeiten im Rahmen dieser Kooperation seit vielen Jahren gemeinsame Themenfelder bezogen auf die additive Fertigungstechnik und deren verschiedenen Technologien und ihre jeweiligen aktuellen Fragestellungen. Die direkte Zusammenarbeit erfolgt mit der Innovationsabteilung des Dienstleisters A, die für das Scouting, die Implementierung und die Weiterentwicklung von Lösungen mit und mittels additiver Fertigungstechnologien innerhalb des Automobilherstellers sowohl in Europa, als auch die Übertragung dieser Erkenntnisse konzernweit zuständig ist.

6.1.1 Ausgangssituation

Zur Validierung der Methodik anhand des Dienstleisters A erfolgt die Anwendung der Phasen A bis D mittels eines beispielhaften Bauteils des Dienstleisters A. Das Bauteil stammt ebenfalls aus einer Zusammenarbeit von mit einem niederländischen Forschungsinstitut. Dieses betreibt Grundlagenforschung zu Materialien, Prozessen und Systemen im Bereich der globalen nachhaltigen Energieinfrastruktur. Gemeinsam mit Dienstleister A startete das Forschungsinstitut eine Zusammenarbeit zur Abscheidung von CO^2 aus der Luft. Das Forschungsinstitut und der Dienstleister A arbeiten seit 2016 gemeinsam an Lösungen zur CO^2-Reduzierung im Rahmen der Energiewende, wie z. B. der Erzeugung von Wasserstoff mit Hilfe von Sonnenlicht und Wasser. Inspiriert von der Arbeit an Wasserstoff wurde das Konzept mit den entsprechenden Modifikationen

[346] Vgl. Int. agierender Automobilhersteller, (2024)

auf Geräteebene erweitert, um CO^2 aus der Atmosphäre zu extrahieren und mit Sonnenlicht als Antriebskraft zu speichern. Der neue Reaktor kombiniert lichtunterstützte Prozesse und Membrantechnologie, die den Prozess in einem einzigen Gerät vereinfachen und eine Steigerung der Effizienz versprechen. Der Reaktor soll in verschiedenen Größen aufgebaut und anschließend im Betrieb validiert werden.[347]

Abbildung 6.2: Außengehäuse des Reaktors - Bauteil zur Validierung der Methodik

Abbildung 6.2 zeigt das Bauteil zur Validierung dieser Methodik. Dabei handelt es sich um das Außengehäuse einer kleineren Version des Reaktors. Innerhalb des Gehäuses müssen ein aktives Modul, eine Pumpe und die zugehörige Elektronik untergebracht werden. Langfristig soll das Gehäuse witterungsbeständig ausgelegt werden. Das Bauteil soll zunächst für Tests verwendet werden und auf Betriebs- und Witterungsbeständigkeit geprüft werden. Das Originalbauteil soll langfristig mit einer Breite von 1,5 m hergestellt werden, daher eignet sich das großformatige extrusionsbasierte additive Verfahren für die exemplarische Fertigung und die Iteration des Bauteils. Dienstleister A möchte langfristig das Bauteil aus rezyklierten Thermoplasten fertigen. Aus diesem Grund wird zunächst für die Fertigung des Bauteils ein rezykliertes Polyethylen Granulat mit durchsichtiger Farbgebung verwendet.

6.1.2 Anwendung der Methodik

Zur Validierung der Methodik anhand des Bauteils des Dienstleisters A werden die vier Phasen A bis D für die Fertigung des Bauteils angewendet. In einem abschließenden Fazit wird darauf eingegangen, in wie fern die Arbeitsvorbereitung mit ihren Schritten der Kalibrierung der Anlagentechnik und der empirischen Prozessentwicklung für dieses spezifische Bauteil mit Hilfe der Maschinensteuerungs- und Sensordaten optimiert werden konnte und in wie fern die Methodik zukünftigen Anwendungen des Dienstleisters A einen Mehrwert leisten kann.

[347] Vgl. DIFFER, (2024)

Zur Fertigung des Bauteils wird die extrusionsbasierte additive Anlagentechnik auf die, für das PETG notwendige Fertigungstemperatur aufgeheizt. Tabelle 6.1 zeigt eingestellten Prozessparameter.

Tabelle 6.1: Eingestellte Prozessparameter zur Fertigung des Außengehäuses

Prozessparameter	
Temperatur der oberen Heizwendel	200 °C
Temperatur der unteren Heizwendel	220 °C
Extrusionstemperatur	230 °C
Bauplattformtemperatur	75 °C
Schneckenumdrehungsgeschwindigkeit	1 Umdrehung pro Minute
Düsendurchmesser	0,8 mm
Schichthöhe	0,4 mm
Verfahrgeschwindigkeit	150 mm/s
Materialablagegeschwindigkeit	100 mm/s

Für die Anwendung der Methodik lassen sich die einzelnen Methodikschritte A bis D nicht direkt voneinander abgrenzen, sondern gehen ineinander über und interagieren miteinander. Während des gesamten Fertigungsprozesses des Bauteils erfolgt die Aufnahme der Maschinensteuerungsdaten und die Aufnahme der Daten aus der integrierten Sensortechnik. Für die Fertigung des Gehäuses werden vom Dienstleister A keine Anforderungen an zusätzlich benötigte Sensortechnik gestellt. Da es sich zusätzlich um ein, für die Größe der Anlagentechnik, standardisiert großes Bauteil handelt, wird ebenfalls auf die Integration von zusätzlicher Sensortechnik verzichtet. Die Fertigung erfolgt also mit Hilfe der bereits in Kapitel 5.2 detaillierten Sensortechnik aus Temperatur- und den Positionssensoren. Entscheidend für die Arbeitsvorbereitung ist besonders die erste Schicht des Bauteils. Für die Fertigung der ersten Schicht wird zunächst die Verfahrgeschwindigkeit 150 mm/s eingestellt. Aufgrund der datengetriebenen Prozessoptimierung wird diese jedoch anschließend auf einen erlernten Wert runter geregelt. In diesem Fall auf 50 mm/s. Erst mit Abschluss der ersten Schichten kann die Anlagentechnik und ihre Prozessoptimierung sicher den eingestellten Wert von 150 mm/s für die Verfahrgeschwindigkeit realisieren. Mit Hilfe der Echtzeitüberwachung lässt sich besonders der Aufbau dieser ersten Schicht kontinuierlich verfolgen. Abbildung 6.3 zeigt eine Bildschirmaufnahme der Benutzeroberfläche der Echtzeitüberwachung während der Fertigung der ersten Schicht.

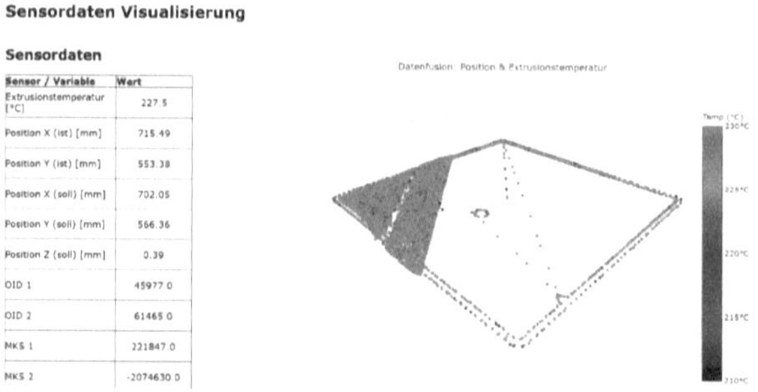

Sensor / Variable	Wert
Extrusionstemperatur [°C]	227.5
Position X (ist) [mm]	715.49
Position Y (ist) [mm]	553.38
Position X (soll) [mm]	702.05
Position Y (soll) [mm]	566.36
Position Z (soll) [mm]	0.39
OID 1	45977.0
OID 2	61465.0
MKS 1	221847.0
MKS 2	-2074630.0

Abbildung 6.3: Bildschirmaufnahme der Benutzeroberfläche während der Fertigung der ersten Schicht

Schon hier, sind dabei die Temperaturschwankungen, die immer wieder durch das Optimierungssystem ausgeglichen werden müssen, deutlich zu erkennen. Während des gesamten Fertigungsprozesses wird kein signifikanter Positionsfehler, durch die Echtzeitüberwachung festgestellt. Die Positionsgenauigkeit des Extruders scheint sich also mit Hilfe der Phasen C und D verbessert zu haben. Zusätzliche Schritte der Arbeitsvorbereitung, wie eine Anpassung der Düsengeometrie sind für dieses Fallbeispiel nicht notwendig.

Die genaue Datenanalyse der Extrusionstemperatur über den Schichtweisen Aufbau ist in Abbildung 6.4 dargestellt. Die Datenanalyse erkennt weiterhin starke Ausreißer der Extrusionstemperatur, korrigiert diese jedoch schnellstmöglich auf die eingestellten 230° C zurück. Damit zeigt die Optimierung der Arbeitsvorbereitung bereits signifikante Verbesserungen für den Verlauf der Extrusionstemperatur über den Schichtweisen Fertigungsprozess. Es ist deutlich zu erkennen, dass die Abweichung anschließend auf 220°C runter regelt wird. Diese Abweichung kann jedoch im Sinne des Verlaufs über die Schicht nicht als signifikant bewertet werden. Die Sinnhaftigkeit des Abfalls der Temperatur im abschließenden Verlauf des Fertigungsprozesses lässt sich nur durch das Bauteil selber validieren. Direkt damit verknüpft erfolgt daher im nächsten Schritt die genaue Validierung der Methodik zur Arbeitsvorbereitung mittels Maschinensteuerungs- und Sensordaten durch die optische Analyse des gefertigten Bauteils. Nur diese optische Validierung durch die Nutzenden kann eine abschließende Aussage darüber geben, ob die Arbeitsvorbereitung mittels Maschinensteuerungs- und Sensordaten für die Nutzenden selber erfolgreich durchgeführt wurde.

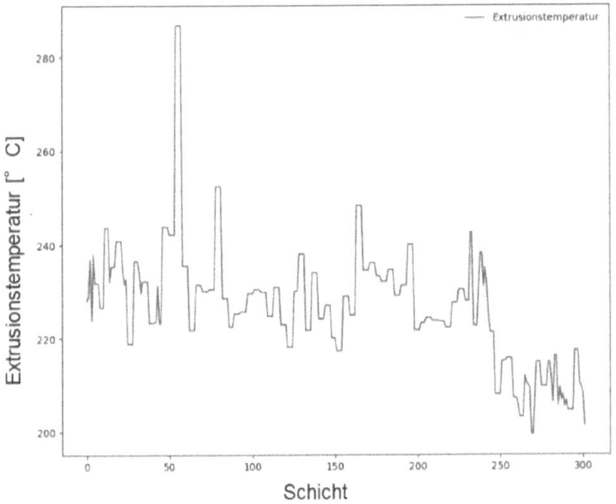

Abbildung 6.4:Verlauf der Extrusionstemperatur über den schichtweisen Fertigungsprozess

Abbildung 6.5 zeigt Auszüge aus der optischen Analyse des Bauteils. Auffällig ist die saubere Kontur der Außengeometrie. Auch Details wie die Aussparungen der Bohrungen und Befestigungen lassen sich sauber mit den ersten Schichten abbilden. Der Temperaturabfall lässt sich jedoch anhand des Bauteils nicht erkennen und ist auch nicht in negativen optischen Erscheinungen in der Geometrie des Bauteils wieder zu finden.

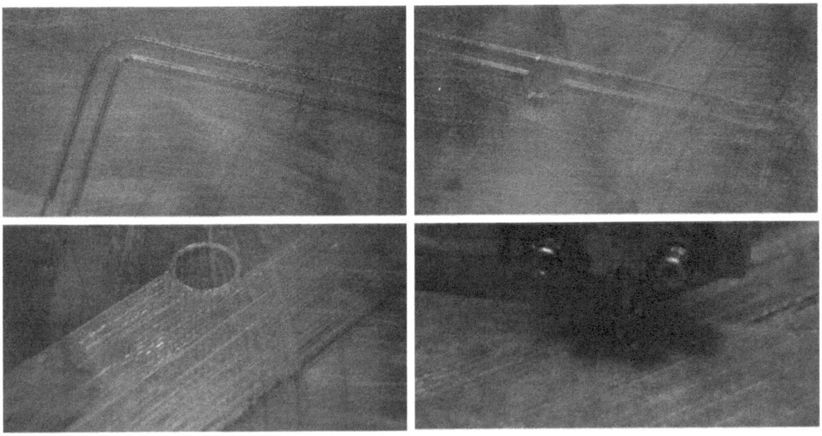

Abbildung 6.5:Optische Analyse des Bauteils

6.1.3 Fazit zum Fallbeispiel

Die experimentelle Demonstration der Arbeitsvorbereitung mittels Maschinensteuerungs- und Sensordaten für extrusionsbasierte additive Verfahren zeigt anhand der Fertigung des Demonstrator Bauteils des Dienstleisters A statistisch signifikante Verbesserungen. Die Schwankungen der Fertigungstemperatur zu Beginn des Fertigungsprozesses nehmen sichtbar ab. Auch optimiert die Methodik die Extrusionstemperatur während der Fertigung im Sinne der Abweichungen in X-, Y- und Z- Richtung. Mit Hilfe der Methodik ist es möglich ein vergleichsweise großes Bauteil in einem ersten Versuch ohne signifikante Positionsfehler zu fertigen. Die Echtzeitüberwachung erlaubt es, die empirische Prozessentwicklung ohne eine signifikante Menge an Fertigungsversuchen durchzuführen und saubere Konturen bereits im ersten Fertigungsversuch zu erzielen.

6.2 Fallbeispiel 2: Creative Polymer

Creative Polymer ist ein Start-up-Unternehmen, mit Sitz in Bochum, das sich der Herstellung von Teilen und Komponenten in großem Maßstab mit unterschiedlichen additiven Fertigungsverfahren widmet. Das Motto von Creative Polymer lautet: „Wir drucken größer". Creative Polymer agiert außerdem als Anlagenhersteller für großformatige extrusionsbasierte additive Fertigungstechnologien im Polymerbereich. Dazu entwickelt, fertigt und betreibt Creative Polymer eigene polymerbasierte FDM-Anlagentechnik (1 m x 1 m x 2 m), sowie eigene Anlagentechnik. Bis zum Jahr 2024 fertigte die Creative Polymer GmbH 30 großformatige FDM-Anlagen. Davon sind 26 FDM-Anlagen im eigenen Betrieb im Einsatz. In Summe haben diese über 100.000 Fertigungsstunden

Die Validierung erfolgte im Zusammenhang mit einem zuvor durchgeführten bilateralen Industrieprojekt zwischen Creative Polymer und dem Lehrstuhl für Produktionssystematik des Werkzeugmaschinenlabors der RWTH Aachen. Zielsetzung des bilateralen Industrieprojekts war die gemeinsame Entwicklung eines Granulat verarbeitenden Extruders, für den Bauraum der bestehenden FDM Anlagentechnik (1 m x 1 m x 2 m) zu entwickeln. Ein weiterer Aspekt dieser Entwicklung ist der Einsatz eines Granulat verarbeitenden Extruders, der eine gesteigerte Fertigungsgeschwindigkeit und eine größere Auswahl an verwendbaren Materialien ermöglicht. Dies soll dazu beitragen, die Effizienz der Produktion und die Kosteneffektivität, insbesondere bei der Herstellung großformatiger Bauteile für Creative Polymer, zu steigern.

6.2.1 Ausgangssituation

Der Bauraum der Anlagentechnik ermöglicht die Fertigung von großen Werkstücken, die aufgrund ihrer Größe und Komplexität die Prozesskontrolle des Verfahrens vor besondere Herausforderungen stellt. Lange Fertigungszeiten, die für solche Werkstücke erforderlich sind, erfordern eine umso präzisere und frühzeitigere Fehlererkennung. Bei einem Werkstück, das eine mehrtägige Fertigungszeit in Anspruch nimmt, könnte ein spät erkannter Fehler schwerwiegende Folgen nach sich ziehen. Wie z.B. die komplette Neuanfertigung und ein beträchtlicher Materialverlust. Beides führt wiederum zu signifikant erhöhten Fertigungskosten. Creative Polymer möchte seinen Kunden genau diese langen Fertigungszeiten und späte Fehlererkennung ersparen und mit seiner Anlagentechnik für eine optimierte Arbeitsvorbereitung im Sinne der Kalibrierung der Anlagentechnik und der empirischen Prozessfindung, bei möglichst hohen Fertigungsgeschwindigkeiten, garantieren. Um das mögliche Umsatzpotential der Anlagentechnik zu steigern und gleichzeitig die Zeit zwischen Auftragsannahme bis zur Fertigstellung der Bauteile zu verkürzen, wäre es wünschenswert die erzielbaren Aufbauraten der zu vertreibenden Anlagentechnik deutlich zu erhöhen und schneller mit Hilfe Methodik die optimalen Prozessfenster zur Kalibrierung der Anlagentechnik zu erhalten.

Die Firma Creative Polymer plant 2025 die Umsetzung und den Vertrieb von zehn neuen Anlagen entsprechend der zuvor durchgeführten gemeinsamen Anlagenentwicklung mit dem integrierten Extruder. Um die Möglichkeiten dieser Technologie auch für ihre Kunden zu erweitern und die Wirtschaftlichkeit der Fertigung von großen Bauteilen zu verbessern, konzentriert sich die Creative Polymer GmbH stark auf die Entwicklung von Hardware, Verfahren und Prozessüberwachung und -steuerung. Dabei steht im Fokus, dass auch unter Einbindung der Methodik und der damit verknüpften Optimierungsmethoden auf Basis von Maschinensteuerungs- und Sensordaten, der Verkaufspreis der Anlagentechnik nicht signifikant gesteigert wird, sondern durch den Einsatz von kostengünstiger Sensortechnik, für die Kunden von Creative Polymer ein Mehrwert entsteht.

Ziel ist es mit Hilfe der Methodik Creative Polymer dazu zu befähigen eine Anlagentechnik zu vertreiben, die es internen und externen Dienstleistern ermöglicht ihre Arbeitsvorbereitung im Sinne der Kalibrierung der Anlagentechnik und der empirischen Prozessentwicklung zu optimieren. Im Sinne dieser Zielstellung wird in Kapitel 6.2.2 die Industrialisierung bezogen auf das Innovationspotenzial der Integration der Methodik in das Geschäftsmodell von Creative Polymer validiert.

6.2.2 Weiterentwicklung und Industrialisierung der Methodik

Die Weiterentwicklung und Industrialisierung der Methodik zur Arbeitsvorbereitung extrusionsbasierter additiver Verfahren mittels Maschinensteurerungs- und Sensordaten wird zunächst im Sinne des Innovationspotentials der Integration der Methodik in das Geschäftsmodell von Creative Polymer betrachtet. Diese Betrachtung bezieht sich auf die drei Innovationsbereiche Technologie-, Prozess- und Geschäftsmodellinnovation. Abbildung 6.6 zeigt das Innovationspotenzial über die Zeit und ordnet die Methodik zur Arbeitsvorbereitung mittels Maschinensteuerungs- und Sensordaten für Creative Polymer ein. Die Methodik ist mit ihrer gezielten Analyse von internen Maschinensteuerungsdaten und der Integration des Echtzeitüberwachungs, im Vergleich zum vorherigen Produkt, der reinen Anlagentechnik inklusive ihrer Steuerungseinheit eine klassische Produktinnovation für die Firma Creative Polymer. Gleichzeitig wird mit der Optimierung der Arbeitsvorbereitung, bezogen auf die Kalibrierung der Anlagentechnik und die empirische Prozessfindung, eine Technologieinnovation für die Technologie der extrusionsbasierten additiven Verfahren umgesetzt. Zunächst kann die Methodik bezogen auf ihre technologische und physische Integration in das Produkt, in diesem Fall die extrusionsbasierte additive Anlagentechnik von Creative Polymer, als Produkt-/ Technologieinnovation somit als eine Produkt-/ Technologieinnovation eingeordnet werden.

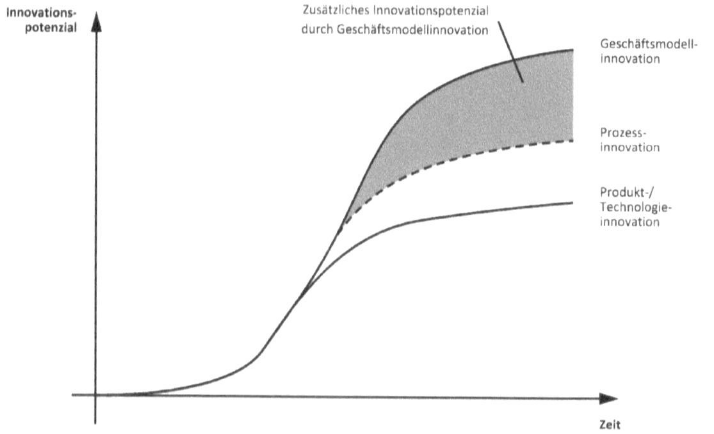

Abbildung 6.6: Innovationspotential durch Technologie-, Prozess- und Geschäftsmodellinnovationen[348]

Dem schließt sich die Fragestellung an, ob es sich bei der Methodik für Creative Polymer auch um eine Prozessinnovation handelt. Eine Prozessinnovation definiert die Einführung einer deutlich verbesserten Produktions- oder Dienstleistungsmethode mit dem Ziel der stetigen Verbesserung und effizienteren Gestaltung bereits bestehender Methoden und Abläufe innerhalb eines Unternehmens.[349] Ausgehend von der Zielsetzung, die Aufbaurate der zu vertreibenden Anlagentechnik deutlich zu erhöhen und schneller mit Hilfe der Methodik die optimalen Prozessfenster zur Kalibrierung der Anlagentechnik zu erhalten, bietet die Datenanalyse aus Phase A, aber auch die Echtzeitüberwachung aus Phase C der Methodik eine Lösungsmöglichkeit zur Reduzierung eben dieser Aufbaurate. Anhand eines beispielhaften Bauteils eines Kundenauftrags von Creative Polymer wird deutlich, dass mit Hilfe der Methodik das optimale Prozessfenster zur Kalibrierung der Anlagentechnik mit geringem Zeitaufwand gefunden werden kann. Abbildung 6.7 zeigt die ersten, für die Arbeitsvorbereitung ausschlaggebenden, Schichten eines beispielhaften Kundenbauteils von Creative Polymer. Auffällig ist, dass mit Hilfe der gedrosselten Verfahrgeschwindigkeit eine solide Ausgangssituation für das zu fertigende Bauteil erstellt werden kann und in kurzen Iterationen das optimale Prozessfenster zu finden ist, ohne die Anlagentechnik mit langwierigen Versuchen einzufahren. Damit lässt sich die Methodik zur Arbeitsvorbereitung mittels Maschinensteuerungs- und Sensordaten für die Firma Creative Polymer ebenfalls als Prozessin-

[348] Vgl. Gassman et al. (2013), Geschäftsmodelle entwickeln: 55 innovative Konzepte mit dem St. Galler business model navigator, S. 101

[349] Vgl. Gassman et al. (2013), Geschäftsmodelle entwickeln: 55 innovative Konzepte mit dem St. Galler business model navigator, S. 101

novation definieren, welche es ermöglicht in kurzen Aufbauzyklen neue Anlagentechnik zu kalibrieren und optimale Prozessfenster zu bestimmen. Anzumerken ist, dass die Methodik damit auch Rückschlüsse auf eventuelle Fehler beim Aufbau der Anlagentechnik geben kann und diese damit schneller aufzufinden sind während der Endmontage der einzelnen Komponenten.

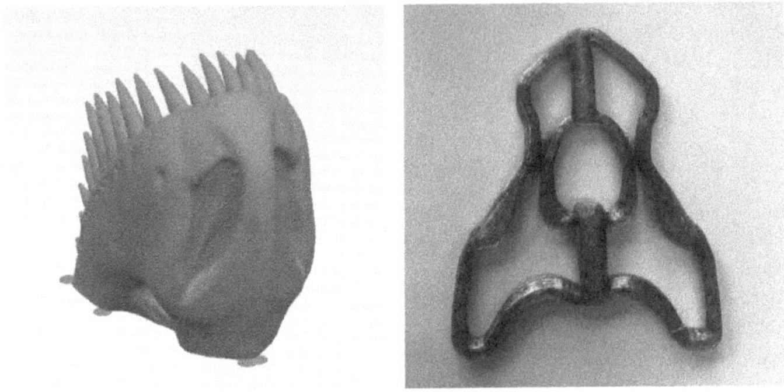

Abbildung 6.7: Bauteil der Firma Creative Polymer zur Kalibrierung der Anlagentechnik

Abschließend lässt sich für die Industrialisierung der Methodik noch validieren, ob die Methodik für Creative Polymer auch eine Geschäftsmodellinnovation darstellt. Eine Geschäftsmodellinnovation liegt vor, wenn mittels einer Innovation das Hervorbringen neuer oder die Weiterentwicklung bestehender Geschäftsmodelle ermöglicht wird, um Wettbewerbsvorteile zu erlangen.[350] Wie in Abbildung 6.6 dargestellt, kann eine Geschäftsmodellinnovation ein höheres Innovationspotenzial als die Prozessinnovation bieten. Das Innovationspotenzial einer Geschäftsmodellinnovation lässt sich über den Neuheitsgrad der Markterkenntnisse und den Neuheitsgrad der, in diesem Fall, Technologie ermitteln. Der Neuheitsgrad der Markterkenntnisse lässt sich zunächst anhand Taktfrequenz der jeweiligen Industrie, in diesem Fall der additiven Fertigungs Branche evaluieren. Zusätzlich spielt die generelle Zielsetzung in Bezug auf den industriellen Stand der Technik eine Rolle, in diesem Fall je zielstrebiger und weiter entfernt die neue Entwicklung vom Kerngeschäft des Marktes, also der additiven Fertigungs Branche entfernt ist. Die Anlagenhersteller von additiven Fertigungsverfahren insgesamt vor der Herausforderung stehen, technologische Innovationen voranzutreiben, um die Leistungsfähigkeit ihrer Systeme zu verbessern, gleichzeitig aber auch die Hürden zu überwinden, die einer breiteren Akzeptanz und Integration in industrielle Fertigungsprozesse im Wege stehen. Bisherige Lösungen zur Optimierung der Arbeitsvorbereitung und zum schnelleren Finden der optimalen Parameter, sind mit kostenintensiver Sensortechnik verbunden, welche bei dem hohen Preisdruck auf dem Markt eigentlich nicht an die Kunden und Nutzer weitergegeben werden sollte. Aufgrund dieser Situation lässt sich der Neuheitsgrad der Marktkenntnisse mit Hilfe der Methodik als mittel einordnen. Der Neuheitsgrad der Technologie

[350] Vgl. Gassman et al. (2013), Geschäftsmodelle entwickeln: 55 innovative Konzepte mit dem St. Galler business model navigator, S. 102

jedoch, grenzt sich von dem Stand der Technik, wie in Kapitel 3 hergeleitet, ab. Durch die Verwendung von Maschinensteuerungsdaten und der anschließenden Integration von kostengünstiger Sensortechnik, kann der Technologieneuheitsgrad für Creative Polymer als hoch eingestuft werden. Abbildung 6.8 zeigt die daraus resultierende Einordnung der Methodik in die Geschäftsmodellinnovation von Creative Polymer.

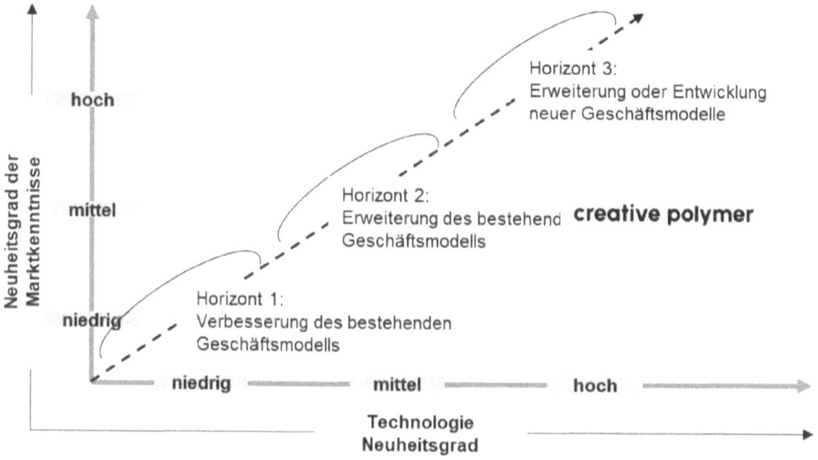

Abbildung 6.8: Einordnung der Methodik in Geschäftsmodellinnovationen der Creative Polymer[351]

6.2.3 Fazit zum Fallbeispiel

Das Beispiel zeigt, wie sich die Methodik zur Arbeitsvorbereitung mittels Maschinensteuerungs- und Sensordaten auf das Geschäftsmodell eines Anlagenherstellers auswirken kann. Die Methodik zur Arbeitsvorbereitung mittels Maschinensteuerungs- und Sensordaten ermöglicht es der Creative Polymer, durch den Einsatz von kostengünstiger Sensortechnik und die daraus resultierende Echtzeitüberwachung das bestehende Geschäftsmodell zu verbessern und sogar weiter zu entwickeln. Creative Polymer ist bei Weiterentwicklung und Industrialisierung der Methodik in der Lage die Sensortechnik zu vertreiben und die Echtzeitüberwachung System als zusätzliche Komponente der Anlagentechnik anzubieten. Damit kann sowohl der erste als auch der zweite Horizont, also die Verbesserung und die Erweiterung des bestehenden Geschäftsmodells erreicht werden. Die Prozessoptimierung im Sinne der Arbeitsvorbereitung bietet darüber hinaus weiteres Potential zur Erweiterung und Entwicklung neuer Geschäftsmodelle. Aufgrund ihrer softwaresei-

[351] Vgl. Baghai et al., (2000), The Alchemy Of Growth: Practical Insights for Building the Enduring Enterprise, S. 21

tigen Lösung könnte ein Anlagenhersteller wie Creative Polymer diese nutzen, um eigene Produkte im Bereich der Prozessoptimierung über die Arbeitsvorbereitung hinaus zu entwickeln und weiter zu vertreiben.

7 Fazit

Die kunststoffverarbeitende Industrie befindet sich in einem Paradigmenwechsel zu einer nachhaltigen Produktion. Extrusionsbasierte additive Fertigungsverfahren haben das Potential der zentrale Wegbereiter der kunststoffverarbeitenden Industrie zu dieser nachhaltigen Produktion zu werden. Die additive Fertigungsbranche steht jedoch selbst mit dem Reifegrad ihrer Technologien kurz vor der Schwelle zur seriellen Produktion. Dafür ist zunächst eine erhebliche Produktivitätssteigerung der Verfahren unabdingbar. Die Produktivität und das Potential zur Produktivitätssteigerung von additiven Fertigungsverfahren werden maßgeblich durch die Arbeitsvorbereitung beeinflusst. Diese setzt sich für extrusionsbasierte additive Verfahren aus zwei Teilbereichen der Kalibrierung der Anlagentechnik und der empirischen Prozessentwicklung zusammen. Extrusionsbasierte additive Verfahren weisen nicht nur eine große Anzahl an Parametern auf, die für die Arbeitsvorbereitung eine entscheidende Rolle spielen, sondern es fallen während des Fertigungsprozesses auch eine große Anzahl an Daten an, welche im Sinne der Arbeitsvorbereitung genutzt werden können. Der Ausgangspunkt dieser Arbeit ist die Möglichkeit der systematischen Verarbeitung dieser Daten aus dem Fertigungsprozess mittels Methoden des maschinellen Lernens zur Optimierung der Arbeitsvorbereitung. Deswegen konzentriert sich diese Arbeit auf die Entwicklung einer Methodik zur Arbeitsvorbereitung mittels Maschinensteuerungs- und Sensordaten für extrusionsbasierte additive Verfahren.

7.1 Zusammenfassung

Zur Vertiefung dieses Problemverständnisses beschreibt die Arbeit die Grundlagen der additiven Fertigung mit ihrer Branchenstruktur und der üblichen Prozesskette additiver Fertigungsverfahren. Die Arbeitsvorbereitung, als signifikanter Teil der Produktivitätssteigerung ist stark von den komplexen Zusammenhängen aus Prozess- und Fertigungsparametern abhängig. Ein tiefergehendes Verständnis für extrusionsbasierte additive Fertigungsverfahren im Sinne der Kunststoffverarbeitung liefern die prozesstechnischen Grundlagen mit Hilfe der Zusammenhänge zwischen Fertigungs- und Prozessparametern, sowie der empirischen Prozessentwicklung. Die empirische Prozessentwicklung beschreibt zusätzlich das bisher hauptsächlich manuelle Vorgehen zur Festlegung des optimalen Prozessfensters mit Hilfe von experimentellen Versuchen und dazugehörigen Versuchsplänen. Die Methoden des maschinellen Lernens beleuchten ein ähnliches Vorgehen auf digitaler Ebene. Die Datengewinnung und -verarbeitung kann im industriellen Umfeld mittels des KDD Prozesses umgesetzt werden. Abschließend spielt die Multi-Sensordatenfusion eine zentrale Rolle, um den Erfassungsbereich einer bestehenden Anlagentechnik und ihrer Maschinensteuerung zu erweitern. Die komplementäre, kooperative und konkurrierende Fusion bilden die Fusionsprinzipien.

In der Praxis stehen interne und externe Dienstleister, sowie Anlagenhersteller für die Anwendung und Industrialisierung extrusionsbasierter additiver Verfahren vor der Herausforderung mit ihren Technologien zuverlässigere Ergebnisse zu realisieren. Die wirtschaftliche Fertigung eines großen, komplexen Bauteils, das in jeder Hinsicht strukturell einwandfrei ist oder die Fertigung von mehreren Bauteilen im Bauraum, die alle den geforderten Qualitäten entspricht, erfordert langjähriges Expertenwissen. Für interne und externe Dienstleister ist die Gewährleistung der Bauteilqualität und -konsistenz bei gleichzeitig wirtschaftlicher Fertigung eine große Herausforderung. Internen und externen Dienstleistern fehlen die technologischen Lösungen, um die Produktivität ihrer Anlagentechnik zu steigern, ihre Produktionskapazitäten zu erweitern und wettbewerbsfähig zu bleiben. Anlagenhersteller stehen unter enormen Druck neue Technologien zu entwickeln und bereits bestehende Anlagentechnik in ihrer Leistungsfähigkeit zu optimieren. Ihnen fehlt es an systematischen Vorgehensweisen zur Entwicklung und Weiterentwicklung ihrer Anlagentechnik, welche den notwendigen technologischen Stand für die Marktreife ihrer Produkte ermöglichen könnten. Ziel ist es langfristig eine breitere Akzeptanz für ihre Anlagentechnik zu schaffen und die Integration in die industrielle Fertigung zu meistern.

In der Wissenschaft wird die Optimierung extrusionsbasierter additiver Verfahren für verschiedene Problemstellungen adressiert. Im Fokus steht dabei die Realisierung einer Echtzeitüberwachung und die anschließende Lösung des jeweiligen Optimierungsproblems mittels Methoden des maschinellen Lernens. Gegenstand der wissenschaftlichen Ansätze ist der Einsatz von, teils kostenintensiver und komplexer Sensortechnik oder aber der Aufbau von Optimierungsarchitekturen. Während diese experimentellen Ansätze eine Datenlage für relevante Prozessparameter, Echtzeitüberwachung und dem maschinellen Lernen innerhalb von unterschiedlichen Optimierungsarchitekturen liefern, fehlen methodische Lösungen für ein systematisches Vorgehen nicht nur zur Arbeitsvorbereitung extrusionsbasierter additiver Verfahren, sondern auch für weitere mögliche Problemstellungen.

Ein systematisches Vorgehen zur Arbeitsvorbereitung extrusionsbasierter additiver Fertigungsverfahren sollte daher auf einem etablierten Vorgehen zur Prozessoptimierung bestehender Anlagentechnik aufbauen und mit den spezifischen Erkenntnissen aus bestehender wissenschaftlicher Theorie des Fertigungsprozesses vereint werden. Darauf aufbauend entwickelt sich das Rahmenwerk der Methodik zur Arbeitsvorbereitung mittels Maschinensteuerungs- und Sensordaten. Rund um die Schnittstelle aus der Arbeitsvorbereitung und dem extrusionsbasierten additiven Fertigungsprozess gliedern sich die Phasen der Aufnahme von prozessinternen Daten, der Integration von Sensortechnik, der Prozessanalyse und abschließend der Prozessoptimierung. Zuletzt fundiert die Methodik aus der Interaktion ihrer Phasen miteinander und dem Kreislauf des Informationsflusses aus der Schnittstelle von Arbeitsvorbereitung und extrusionsbasiertem additiven Fertigungsprozess in das Rahmenwerk und wieder zurück. Das Ziel ist es die übergeordnete Forschungsfrage zum Aufbau einer datengetriebenen Methodik zur Prozessoptimierung in der Arbeitsvorbereitung für extrusionsbasierte Verfahren mit Hilfe der Umsetzung der Methodik zu beantworten.

In der Phase der Erfassung und Analyse von Prozessdaten steht zunächst die Datenerfassung von Maschinensteuerungsdaten des extrusionsbasierten additiven Fertigungsprozesses im Vordergrund. Das Ergebnis ist eine generierte Datengrundlage aus den bestehenden Rohdaten der verwendeten Anlagentechnik. Anschließend wird diese Datengrundlage aufbereitet und die wichtigsten zu extrahierenden Informationen wie Zeitpunkt, G-Code, X,Y,Z- Position, sowie Extruder-

und Betttemperatur entnommen. Mit Hilfe einer explorativen Datenanalyse können erste Zusammenhänge zwischen den einzelnen Parametern gefunden werden, sowie fehlende, aber notwendige Parameter definiert werden.

In der Phase der Integration von Sensortechnik wird basierend auf einer bestehen Methode zur systematischen Sensorauswahl ein Encoder zur Positionsmessung und zusätzliche Thermoelemente am Austritt der Schmelze integriert. Diese Auswahl beruht auf einer Anforderungsliste an die gewählte Sensortechnik, die sich in die Überkategorien sowie jeweilige Unterkategorien gliedert. Im Anschluss wird die ausgewählte Sensortechnik in die Anlagentechnik integriert und die Daten der zusätzlichen Sensortechnik mittels Methoden der Sensor-Data-Fusion fusioniert. Mit Hilfe eines Sensordaten-CAN-Moduls werden die Daten zu einer einheitlichen Datenmenge fusioniert und anschließend mit Hilfe einer Sensordaten Visualisierung für Nutzende visualisiert.

Die Phase der Prozessanalyse inkludiert die Erprobung und erste Validierung der Sensordatenfusion und der Benutzeroberfläche als kontinuierlichen Überwachungsmechanismus während der Fertigung unterschiedlicher Bauteile. Die Echtzeitüberwachung erkennt Ausreißer in den Daten der Extrusionstemperatur und führt eine Positionskontrolle der X,Y,Z- Richtung des Extruders durch. Es ist möglich den Nutzenden über die Benutzeroberfläche diese Ausreißer während des Fertigungsprozesses anzuzeigen, sowie den Fertigungsprozess aufgrund von signifikanten Ausreißern frühzeitig abzubrechen. Eine anschließende explorative Datenanalyse der fusionierten Datenmengen aus Maschinensteuerungs- und Sensordaten.

Die Vorhersage und Optimierung der Arbeitsvorbereitung extrusionsbasierter additiver Verfahren setzt sich zusammen aus der Entwicklung von Teilmodellen zur Modellierung der zugrundeliegenden Problemstellung, sowie dem Aufbau von unterschiedlichen Prädiktionsmodellen. Für diese Modelle werden die Klassifikation und die Regression gewählt. Mit Hilfe unterschiedlicher Methoden des maschinellen Lernens wie des Entscheidungsbaums, der K-Nächste-Nachbarn Methode und der Support-Vektor-Maschine werden die Optimierungsergebnisse der Modelle ermittelt und abschließend miteinander verglichen. Auf Basis dieser Ergebnisse ist es mittels der Methodik möglich das beste Optimierungsmodell für die Arbeitsvorbereitung extrusionsbasierter additiver Fertigungsprozesse auszuwählen und dieses anschließend anhand von Fallbeispielen zu validieren.

Ergebnis dieser Arbeit ist eine systemorientierte Methodik zur Arbeitsvorbereitung mittels Maschinensteuerungs- und Sensordaten für extrusionsbasierte additive Verfahren. Die industrielle Praxis aus internen und externen Dienstleistern, sowie Anlagenherstellern soll mit Hilfe dieser Methodik abschließend dazu befähigt werden, einen signifikanten Anteil der benötigten Produktivitätssteigerung für großformatige extrusionsbasierte additive Verfahren umzusetzen. Der wissenschaftliche Beitrag dieser Arbeit besteht in der Entwicklung eines ganzheitlichen und systematischen Lösungsansatzes zur Arbeitsvorbereitung mittels Maschinensteuerungs- und Sensordaten. Die wissenschaftliche Fragestellung, wie eine solche Methodik aufgebaut werden kann, wird damit grafisch und semantisch beantwortet. Gleichzeitig ermöglicht die Detaillierung der Methodik mit ihren einzelnen Phasen und untergeordneten Schritten die Antwort auf die entwickelten Teilforschungsfragen. Abschließend validieren zwei Fallbeispiele die Methodik für die industrielle Praxis aus internen Dienstleistern und Anlagenherstellern

7.2 Ausblick

Aus Sicht der Praxis benötigt die additive Fertigungsbranche neue Lösungen, um die Leistungsfähigkeit der Systeme zu verbessern, gleichzeitig aber auch die Hürden zu überwinden, die einer breiteren Akzeptanz und Integration in industrielle Fertigungsprozesse im Wege stehen. Eng damit verknüpft ist, dass das größte Wachstumspotential der Technologien weiterhin in zuverlässigen Technologien gesehen wird. Externe und interne Dienstleister, sowie Anlagenhersteller aller Technologien verfolgen weiterhin die Zielstellung zu konventionellen Fertigungsverfahren aufzuschließen und mit ihren additiven Fertigungsverfahren für bestimmte Anwendungen eine Alternative oder sogar neue Lösungsräume zu schaffen. Großformatige extrusionsbasierte additive Anlagentechnik eignet sich besonders für den Einsatz in der Serienfertigung und hat das Potential alleinstehend oder in hybrider Form seriell zu fertigen. Aus diesem Grund müssen die Fertigungsverfahren in Zukunft ihre bestehenden Produktivitätspotentiale voll ausschöpfen und verschiedene Lösungen methodisch industriell umgesetzt werden, um diese Potentiale zur Steigerung der Produktivität zu nutzen.

Die Arbeitsvorbereitung mit ihren Teilbereichen der Kalibrierung der Anlagentechnik und der empirischen Prozessfindung ist nur ein Teil der Lösungsbausteine auf dem Weg zur Umsetzung dieser Zielstellung. Für kunststoffverarbeitende Verfahren, wie den extrusionsbasierten additiven Verfahren, spielt sie jedoch die zentrale Rolle. Einer erfolgreichen Anwendung und Industrialisierung steht eine ausreichende und aufbereitete Datengrundlage entgegen. Die Datenerfassung in Kapitel 5.1 und 5.3 stellt nur die Mindestmenge an notwendigen Daten dar und kann daher als Ausgangspunkt für eine weitere Datenerfassung zur Arbeitsvorbereitung extrusionsbasierter additiver Verfahren genutzt werden. Insofern kann die Methodik zukünftig als Leitfaden für weitere experimentelle Studien genutzt werden.

Die Phasen der Methodik sind so gestaltet, dass sie aufeinander aufbauend umgesetzt werden können und dennoch kann nicht ausgeschlossen werden, dass in der Realität weitere Aspekte auftreten, die nicht durch die Methodik abgedeckt werden. Die adressierten Unternehmen der internen und externen Dienstleister, sowie Anlagenhersteller müssen die Phasen und Lösungsbausteine für ihre eigenen untergeordneten Zielstellungen und Rahmenbedingungen anpassen, anwenden und industrialisieren. Weiter eröffnet diese Arbeit Perspektiven für weitere wissenschaftliche Untersuchungen, um nicht nur die Arbeitsvorbereitung zu optimieren, sondern allgemein die Produktivität von extrusionsbasierten additiven Verfahren zu steigern. Potenziale können auch in der Kombination von technologischen Anpassungen und Neuentwicklungen mit den in der Methodik entwickelten datengetriebenen Lösungen liegen. Die Nutzung dieser Potenziale birgt Chancen zur Steigerung der Leistungsfähigkeit und Wirtschaftlichkeit von sowohl internen und externen Dienstleistern als auch Anlagenherstellern der additiven Fertigungsbranche.

V Literaturverzeichnis

DIN 8580:2003-09, Fertigungsverfahren_- Begriffe, Einteilung. Berlin: Beuth Verlag GmbH.

DIN EN ISO/ASTM 52900:2022-03, Additive Fertigung_- Grundlagen_- Terminologie (ISO/ASTM 52900:2021); Deutsche Fassung EN_ISO/ASTM 52900:2021. Berlin: DIN Media GmbH.

Akhavan, Javid, Jiaqi **Lyu, and** Souran **ManoochehriAkhavan**, Javid**;** **Lyu**, Jiaqi; **Manoochehri**, Souran. 2024. "A Deep Learning Solution for Real-Time Quality Assessment and Control in Additive Manufacturing Using Point Cloud Data." *J Intell Manuf* 35 (3): 1389–1406.

Alafaghani, Ala'aldin, Ala **Qattawi,** Buraaq **Alrawi, and** Arturo **GuzmanAlafaghani**, Ala'aldin**;** **Qattawi**, Ala**;** **Alrawi**, Buraaq; **Guzman**, Arturo. 2017. "Experimental Optimization of Fused Deposition Modelling Processing Parameters: A Design-for-Manufacturing Approach." *Procedia Manufacturing* 10:791–803.

Amini, Mohammadhossein, and Shing I. **ChangAmini**, Mohammadhossein; **Chang**, Shing I. 2018. "MLCPM: A Process Monitoring Framework for 3D Metal Printing in Industrial Scale." *Computers & Industrial Engineering* 124:322–30.

Antón, J. de, D. **Poza,** A. **López-Paredes, and** F. **VillafáñezAntón**, J. de**;** **Poza**, D.**;** **López-Paredes**, A.; **Villafáñez**, F. 2023. "Defining Production Planning Problems in Additive Manufacturing." In *Industry 4.0: The Power of Data*, edited by Luis R. Izquierdo, José I. Santos, Juan J. Lavios, and Virginia Ahedo, 193–201. Lecture Notes in Management and Industrial Engineering. Cham: Springer International Publishing.

Armillotta, Antonio, Mattia **Bellotti, and** Marco **CavallaroArmillotta**, Antonio; **Bellotti**, Mattia; **Cavallaro**, Marco. 2018. "Warpage of FDM Parts: Experimental Tests and Analytic Model." *Robotics and Computer-Integrated Manufacturing* 50:140–52.

Azcárate, Sabino, and Stefan Dimov, eds. 2013. *Proceedings of the 10th International Conference on Multi-Material Micro Manufacture.* Singapore: Research Publishing Services.

Baechler, Christian, Matthew **DeVuono, and** Joshua M. **PearceBaechler**, Christian; **DeVuono**, Matthew; **Pearce**, Joshua M. 2013. "Distributed Recycling of Waste Polymer into RepRap Feedstock." *Rapid Prototyping Journal* 19 (2): 118–25.

Baetge, Jörg, ed. 1975. *Grundlagen Der Wirtschafts- Und Sozialkybernetik.* Wiesbaden: VS Verlag für Sozialwissenschaften.

Béreaux, Y., J.-Y. **Charmeau, and** M. **MoguedetBéreaux**, Y.**;** **Charmeau**, J.-Y.; **Moguedet**, M. 2009. "A Simple Model of Throughput and Pressure Development for Single Screw." *Journal of Materials Processing Technology* 209 (1): 611–18.

BERGELT, René, Matthias **VODEL, AND** Wolfram **HARDTBERGELT**, René; **VODEL**, Matthias; **HARDT**, Wolfram. 2012. "Generische Datenerfassung und Aufbereitung im Kontext verteilter, heterogener Sensor-Aktor-Systeme." Chemnitzer Informatik-Berichte CSR-12-03.

BHALODI, Deep Vinodbhai, Karan Satishbhai **ZALAVADIYA, AND** Pavan Kumar **GURRALABHALODI**, Deep Vinodbhai; **ZALAVADIYA**, Karan Satishbhai; **GURRALA**, Pavan Kumar. 2018. "Parametric Study to Predict the Bond Formation in FDM Process." *IJMMM* 6 (4): 313–16.

BLUM, Lothar B., ed. 2023. *Angewandte Data Science: Projekte, Methoden, Prozesse.* Wiesbaden, Germany: Springer Vieweg.

BOSHOF, JulianBOSHOF, Julian. "Definition und Auslegung von datenbasierten Dienstleistungen im Werkzeugbau." Dissertation, Rheinisch-Westfälische Technische Hochschule Aachen.

CARNAP, RudolfCARNAP, Rudolf. 1935. "Formalwissenschaft Und Realwissenschaft." *Erkenntnis* 5 (1): 30–37.

CHEN, Xi, Fanrong **KONG,** Youheng **FU,** Xushan **ZHAO,** Runsheng **LI,** Guilan **WANG, AND** Haiou **ZHANGCHEN**, Xi; **KONG**, Fanrong; **FU**, Youheng; **ZHAO**, Xushan; **LI**, Runsheng; **WANG**, Guilan; **ZHANG**, Haiou. 2021. "A Review on Wire-Arc Additive Manufacturing: Typical Defects, Detection Approaches, and Multisensor Data Fusion-Based Model." *Int J Adv Manuf Technol* 117 (3-4): 707–27.

CHOUDHARY, A. K., J. A. **HARDING, AND** M. K. **TIWARICHOUDHARY**, A. K.; **HARDING**, J. A.; **TIWARI**, M. K. 2009. "Data Mining in Manufacturing: A Review Based on the Kind of Knowledge." *J Intell Manuf* 20 (5): 501–21. https://doi.org/10.1007/s10845-008-0145-x.

COMPTON, Brett G., Brian K. **POST,** Chad E. **DUTY,** Lonnie **LOVE, AND** Vlastimil **KUNCCOMPTON**, Brett G.; **POST**, Brian K.; **DUTY**, Chad E.; **LOVE**, Lonnie; **KUNC**, Vlastimil. 2017. "Thermal Analysis of Additive Manufacturing of Large-Scale Thermoplastic Polymer Composites." *Additive Manufacturing* 17:77–86.

DAWES, JohnDAWES, John. 2008. "Do Data Characteristics Change According to the Number of Scale Points Used? An Experiment Using 5-Point, 7-Point and 10-Point Scales." *International Journal of Market Research* 50 (1): 61–104.

DEY, Arup, and Nita **YODODEY**, Arup; **YODO**, Nita. 2019. "A Systematic Survey of FDM Process Parameter Optimization and Their Influence on Part Characteristics." *JMMP* 3 (3): 64.

DILBEROGLU, Ugur M., Seyda **SIMSEK, AND** Ulas **YAMANDILBEROGLU**, Ugur M.; **SIMSEK**, Seyda; **YAMAN**, Ulas. 2019. "Shrinkage Compensation Approach Proposed for ABS Material in FDM Process." *Materials and Manufacturing Processes* 34 (9): 993–98.

DROTMAN, Dylan, Mamadou **DIAGNE,** Robert **BITMEAD, AND** Miroslav **KRSTICDROTMAN**, Dylan; **DIAGNE**, Mamadou; **BITMEAD**, Robert; **KRSTIC**, Miroslav. 2016. "Control-Oriented Energy-Based Modeling of a Screw Extruder Used for 3D Printing." In *Volume 2: Mechatronics; Mechatronics and Controls in Advanced Manufacturing; Modeling* *and Control of Automotive Systems and Combustion Engines; Modeling and Validation; Motion and Vibration Control Applications; Multi-Agent and Networked Systems; Path Planning and Motion Control; Robot Manipulators; Sensors and Actuators; Tracking Control Systems; Uncertain Systems and Robustness; Unmanned, Ground and Surface Robotics; Vehicle Dynamic Controls; Vehicle Dynamics and Traffic Control*: American Society of Mechanical Engineers.

DUFFNER, Eberhard**DUFFNER**, Eberhard. 2016. "Industrielle Additive Fertigung Funktionsfähiger Kunststoffteile." *Lightweight Design* 9 (2): 22–27.

DURRANT-WHYTE, Hugh, and Thomas C. **HENDERSONDURRANT-WHYTE**, Hugh; **HENDERSON**, Thomas C. 2008. "Multisensor Data Fusion." In *Springer Handbook of Robotics*, edited by Bruno Siciliano and Oussama Khatib, 585–610. Berlin, Heidelberg: Springer Berlin Heidelberg.

EMMELMANN, Claus, Jan-Peer **RUDOLPH, Felix GÜNTZER, AND** Sandra **ZÜHLKEEMMELMANN**, Claus; **RUDOLPH**, Jan-Peer; **GÜNTZER**, Felix; **ZÜHLKE**, Sandra. 2018. "Automatisierte Arbeitsplanung Und Fertigungssteuerung Für Die Additive Produktion." *Zeitschrift für wirtschaftlichen Fabrikbetrieb* 113 (6): 398–401.

EVERSHEIM, Walter**EVERSHEIM**, Walter. 2002. "Ziele Und Gliederung Der Arbeitsvorbereitung." In *Organisation in Der Produktionstechnik 3*, edited by Walter Eversheim, 1–16. Berlin, Heidelberg: Springer Berlin Heidelberg.

FERRARIS, E., J. **ZHANG, AND** B. **VAN HOOREWEDERFERRARIS**, E.; **ZHANG**, J.; **VAN HOOREWEDER**, B. 2019. "Thermography Based in-Process Monitoring of Fused Filament Fabrication of Polymeric Parts." *CIRP Annals* 68 (1): 213–16.

GRABERG, Tim**GRABERG**, Tim. "Operationalisierung von digitalen Schatten im Werkzeugbau." Dissertation, Rheinisch-Westfälische Technische Hochschule Aachen.

GROGER, Christoph, Florian **NIEDERMANN,** Holger **SCHWARZ, AND** Bernhard **MITSCHANGGROGER**, Christoph; **NIEDERMANN**, Florian; **SCHWARZ**, Holger; **MITSCHANG**, Bernhard. 2012. "Supporting Manufacturing Design by Analytics, Continuous Collaborative Process Improvement Enabled by the Advanced Manufacturing Analytics Platform." In *Proceedings of the 2012 IEEE 16th International Conference on Computer Supported Cooperative Work in Design (CSCWD)*, 793–99: IEEE.

GRÖGER, Christoph**GRÖGER**, Christoph. 2015. "Advanced Manufacturing Analytics." Zugl. Stuttgart, Univ., Diss., 2015, Universität Stuttgart.

HALL, D. L., and J. **LLINASHALL**, D. L.; **LLINAS**, J. 1997. "An Introduction to Multisensor Data Fusion." *Proc. IEEE* 85 (1): 6–23.

HEYN, Markus, ed. 1999. *Methodik zur schnittstellenorientierten Gestaltung von Entwicklungskooperationen.* Als Ms. gedr. Berichte aus der Produktionstechnik Bd. 99,6. Aachen: Shaker. Zugl. Aachen, Techn. Hochsch., Diss., 1998.

HOHENSTEIN, Steffen**HOHENSTEIN**, Steffen. "Multidirektionaler Aufbau in der additiven Fertigung von Kunststoffen." Dissertation, Rheinisch-Westfälische Technische Hochschule Aachen.

Hompel, Michael ten, ed. 2020. *Handbuch Industrie 4.0: Band 3: Logistik.* 3. Auflage 2020. Berlin: Springer Berlin; Springer Vieweg.

Izquierdo, Luis R., José Ignacio Santos, Juan José Lavios, and Virginia Ahedo, eds. 2023. *Industry 4.0: The Power of Data.* Lecture Notes in Management and Industrial Engineering. Cham: Springer International Publishing.

Jin, Zeqing, Zhizhou **Zhang, and** Grace X. **GuJin**, Zeqing; **Zhang**, Zhizhou; **Gu**, Grace X. 2019. "Autonomous in-Situ Correction of Fused Deposition Modeling Printers Using Computer Vision and Deep Learning." *Manufacturing Letters* 22:11–15.

John, Christopher**John**, Christopher. 2018. "Additive Herstellung Von Kunststoffbauteilen Im High-Speed-Verfahren Unter Einsatz Von Standardgranulat.".

Kechagias, John D., Stephanos P. **Zaoutsos,** Dimitrios **Chaidas, and** Nectarios **Vidakis Kechagias**, John D.; **Zaoutsos**, Stephanos P.; **Chaidas**, Dimitrios; **Vidakis**, Nectarios. 2022. "Multi-Parameter Optimization of PLA/Coconut Wood Compound for Fused Filament Fabrication Using Robust Design." *Int J Adv Manuf Technol* 119 (7-8): 4317–28.

Kim, Jung Sub, Chang Su **Lee,** Sung-Min **Kim, and** Sang Won **LeeKim**, Jung Sub; **Lee**, Chang Su; **Kim**, Sung-Min; **Lee**, Sang Won. 2018. "Development of Data-Driven in-Situ Monitoring and Diagnosis System of Fused Deposition Modeling (FDM) Process Based on Support Vector Machine Algorithm." *Int. J. of Precis. Eng. and Manuf.-Green Tech.* 5 (4): 479–86.

Klaus, Ferdinand**Klaus**, Ferdinand. 2006. "Einführung in Techniken Und Methoden Der Multisensor-Datenfusion.".

Li, Longmei, Qian **Sun,** Celine **Bellehumeur, and** Peihua **GuLi**, Longmei; **Sun**, Qian; **Bellehumeur**, Celine; **Gu**, Peihua. 2002. "Investigation of Bond Formation in FDM Process.".

Li, Yongxiang, Wei **Zhao,** Qiushi **Li,** Tongcai **Wang, and** Gong **WangLi**, Yongxiang; **Zhao**, Wei; **Li**, Qiushi; **Wang**, Tongcai; **Wang**, Gong. 2019. "In-Situ Monitoring and Diagnosing for Fused Filament Fabrication Process Based on Vibration Sensors." *Sensors (Basel, Switzerland)* 19 (11).

Lichtenthäler, Kolja**Lichtenthäler**, Kolja. "Ressourcenschonende additive Fertigung von Schweißvorrichtungen im Karosseriebau." Dissertation, Rheinisch-Westfälische Technische Hochschule Aachen.

Liu, Wei, Zicheng **Zhu, and** Songhe **YeLiu**, Wei; **Zhu**, Zicheng; **Ye**, Songhe. 2019. "Industrial Case Studies of Design for Plastic Additive Manufacturing for End-Use Consumer Products." *3D Printing and Additive Manufacturing* 6 (6): 281–92.

Löpelt, Martin, Philipp **Wilsky,** Jörg **Ruffert,** Nadine **Göhlert,** Riccardo **Prielipp, and** Ralph **RiedelLöpelt**, Martin; **Wilsky**, Philipp; **Ruffert**, Jörg; **Göhlert**, Nadine; **Prielipp**, Riccardo; **Riedel**, Ralph. 2019. "Sensorauswahl Für Bestandsanlagen." *Zeitschrift für wirtschaftlichen Fabrikbetrieb* 114 (5): 273–76.

Lukas , Gerret. "Gestaltungsmodell zur thermischen Auslegung additiver Prototypenwerkzeuge aus Kunststoff." Dissertation, Rheinisch-Westfälische Technische Hochschule Aachen.

Lyu, Jiaqi, and Souran **ManoochehriLyu**, Jiaqi; **Manoochehri**, Souran. 2021. “Online Convolutional Neural Network-Based Anomaly Detection and Quality Control for Fused Filament Fabrication Process.” *Virtual and Physical Prototyping* 16 (2): 160–77.

Mälzer, Mauritz, Marco **Petersohn**, Jonas **Arndt**, Lukas **Zimmermann**, **and** Steffen **Ihlenfeldt****Mälzer**, Mauritz; **Petersohn**, Marco; **Arndt**, Jonas; **Zimmermann**, Lukas; **Ihlenfeldt**, Steffen. 2022. “Konzept Und Erfahrungsbericht Zur Nutzung Künstlicher Intelligenz Im Fertigungsmanagement.” *Zeitschrift für wirtschaftlichen Fabrikbetrieb* 117 (5): 332–37.

Mitra, S., S. K. **Pal**, **and** P. **MitraMitra**, S.; **Pal**, S. K.; **Mitra**, P. 2002. “Data Mining in Soft Computing Framework: A Survey.” *IEEE transactions on neural networks* 13 (1): 3–14.

Mohan, N., P. **Senthil**, S. **Vinodh**, **and** N. **JayanthMohan**, N.; **Senthil**, P.; **Vinodh**, S.; **Jayanth**, N. 2017. “A Review on Composite Materials and Process Parameters Optimisation for the Fused Deposition Modelling Process.” *Virtual and Physical Prototyping* 12 (1): 47–59

Moretti, Michele, Federico **Bianchi**, **and** Nicola **SeninMoretti**, Michele; **Bianchi**, Federico; **Senin**, Nicola. 2020. “Towards the Development of a Smart Fused Filament Fabrication System Using Multi-Sensor Data Fusion for in-Process Monitoring.” *Rapid Prototyping Journal* 26 (7): 1249–61.

Mudalamane, Rajath, and David I. **BigioMudalamane**, Rajath; **Bigio**, David I. 2003. “Process Variations and the Transient Behavior of Extruders.” *AIChE Journal* 49 (12): 3150–60.

Neuhausen, Jörn**Neuhausen**, Jörn. 2001. “Methodik zur Gestaltung modularer Produktionssysteme für Unternehmen der Serienproduktion.” Aachen, Techn. Hochsch., Diss., 2001 (Nicht für den Austausch), Rheinisch-Westfälische Technische Hochschule Aachen.

Ning, Fuda, Weilong **Cong**, Jingjing **Qiu**, Junhua **Wei**, **and** Shiren **WangNing**, Fuda; **Cong**, Weilong; **Qiu**, Jingjing; **Wei**, Junhua; **Wang**, Shiren. 2015. “Additive Manufacturing of Carbon Fiber Reinforced Thermoplastic Composites Using Fused Deposition Modeling.” *Composites Part B: Engineering* 80:369–78.

Nofar, Mohammadreza, Julia **Utz**, Nico **Geis**, Volker **Altstädt**, **and** Holger **Ruckdäschel****Nofar**, Mohammadreza; **Utz**, Julia; **Geis**, Nico; **Altstädt**, Volker; **Ruckdäschel**, Holger. 2022. “Foam 3D Printing of Thermoplastics: A Symbiosis of Additive Manufacturing and Foaming Technology.” *Advanced science (Weinheim, Baden-Wurttemberg, Germany)* 9 (11): e2105701.

Oettmeier, Katrin, and Erik **HofmannOettmeier**, Katrin; **Hofmann**, Erik. 2016. “Impact of Additive Manufacturing Technology Adoption on Supply Chain Management Processes and Components.” *JMTM* 27 (7): 944–68.

Oleff, Alexander, Benjamin **Küster**, Malte **Stonis**, **and** Ludger **OvermeyerOleff**, Alexander; **Küster**, Benjamin; **Stonis**, Malte; **Overmeyer**, Ludger. 2021. “Process

Monitoring for Material Extrusion Additive Manufacturing: A State-of-the-Art Review." *Prog Addit Manuf* 6 (4): 705–30.

PENG, Anhua, Xingming **XIAO, AND** Rui **YUEPENG**, Anhua; **XIAO**, Xingming; **YUE**, Rui. 2014. "Process Parameter Optimization for Fused Deposition Modeling Using Response Surface Methodology Combined with Fuzzy Inference System." *Int J Adv Manuf Technol* 73 (1-4): 87–100.

PIGNATELLI, Francesco, and Gianluca **PERCOCOPIGNATELLI**, Francesco; **PERCOCO**, Gianluca. 2022. "An Application- and Market-Oriented Review on Large Format Additive Manufacturing, Focusing on Polymer Pellet-Based 3D Printing." *Prog Addit Manuf* 7 (6): 1363–77.

RAO, Prahalad K., Jia **LIU,** David **ROBERSON,** Zhenyu **KONG, AND** Christopher **WILLIAMSRAO**, Prahalad K.; **LIU**, Jia; **ROBERSON**, David; **KONG**, Zhenyu; **WILLIAMS**, Christopher. 2015. "Online Real-Time Quality Monitoring in Additive Manufacturing Processes Using Heterogeneous Sensors." *Journal of Manufacturing Science and Engineering* 137 (6).

RAYNA, Thierry, and Ludmila **STRIUKOVARAYNA**, Thierry; **STRIUKOVA**, Ludmila. 2016. "From Rapid Prototyping to Home Fabrication: How 3D Printing Is Changing Business Model Innovation." *Technological Forecasting and Social Change* 102:214–24.

RUDOLPH, Jan-Peer, and Claus **EMMELMANNRUDOLPH**, Jan-Peer; **EMMELMANN**, Claus. 2018. "Organisation Von Nachbearbeitungsprozessen in Additiven Produktionsstrukturen." *Zeitschrift für wirtschaftlichen Fabrikbetrieb* 113 (11): 738–41.

SARDON, Haritz, Timothy **LONG, AND** Hortense **LE FERRANDSARDON**, Haritz; **LONG**, Timothy; **LE FERRAND**, Hortense. 2022. "Sustainable Additive Manufacturing of Plastics." *ACS Sustainable Chem. Eng.* 10 (6): 1983–85.

SCHUPPERT, Andreas, and Rainer **PERNESCHUPPERT**, Andreas; **PERNE**, Rainer. 2005. "Data Mining Mit Prozessdaten (Data Mining with Process Data)." *Automatisierungstechnik* 53 (7): 342–49.

SEVCIK, Max J., Gabriel **BJERKE,** Finnegan **WILSON,** Dylan J. **KLINE,** Rodrigo Chavez **MORALES,** Hannah E. **FLETCHER,** Kelly **GUAN** et al.**SEVCIK**, Max J.; **BJERKE**, Gabriel; **WILSON**, Finnegan; **KLINE**, Dylan J.; **MORALES**, Rodrigo Chavez; **FLETCHER**, Hannah E.; **GUAN**, Kelly; **GRAPES**, Michael D.; **SEETHARAMAN**, Sridhar; **SULLIVAN**, Kyle T.; **BELOF**, Jonathan L.; **ELIASSON**, Veronica. 2024. "Extrusion Parameter Control Optimization for DIW 3D Printing Using Image Analysis Techniques." *Prog Addit Manuf* 9 (2): 517–28.

SHAKERI, Zohreh, Khaled **BENFRIHA,** Mohammadali **SHIRINBAYAN,** Mohammad **AHMADIFAR, AND** Abbas **TCHARKHTCHISHAKERI**, Zohreh; **BENFRIHA**, Khaled; **SHIRINBAYAN**, Mohammadali; **AHMADIFAR**, Mohammad; **TCHARKHTCHI**, Abbas. 2021. "Mathematical Modeling and Optimization of Fused Filament Fabrication (FFF) Process Parameters for Shape Deviation Control of Polyamide 6 Using Taguchi Method." *Polymers* 13 (21).

SICILIANO, Bruno, and Oussama Khatib, eds. 2008. *Springer Handbook of Robotics.* Berlin, Heidelberg: Springer Berlin Heidelberg.

Spoerk, Martin, Joamin **Gonzalez-Gutierrez,** Janak **Sapkota,** Stephan **Schuschnigg, and** Clemens **HolzerSpoerk**, Martin; **Gonzalez-Gutierrez**, Joamin; **Sapkota**, Janak; **Schuschnigg**, Stephan; **Holzer**, Clemens. 2018. "Effect of the Printing Bed Temperature on the Adhesion of Parts Produced by Fused Filament Fabrication." *Plastics, Rubber and Composites* 47 (1): 17–24.

Sukindar, Nor Aiman, M. K. A. **Ariffin,** B. T. Hang Tuah **Baharudin,** Che Nor Aiza **Jaafar, and** Mohd Idris Shah **IsmailSukindar**, Nor Aiman; **Ariffin**, M. K. A.; **Baharudin**, B. T. Hang Tuah; **Jaafar**, Che Nor Aiza; **Ismail**, Mohd Idris Shah. 2016. "ANALYZING the EFFECT of NOZZLE DIAMETER in FUSED DEPOSITION MODELING for EXTRUDING POLYLACTIC ACID USING OPEN SOURCE 3D PRINTING." *Jurnal Teknologi* 78 (10).

Tomczak, TorstenTomczak, Torsten. 1992. "Forschungsmethoden in der Marketingwissenschaft - Ein Plädoyer für den qualitativen Forschungsansatz." *Marketing ZFP* 2: 77–87.

Ulrich, HansUlrich, Hans. 1975. "Der Allgemeine Systembegriff." In *Grundlagen Der Wirtschafts- Und Sozialkybernetik*, edited by Jörg Baetge, 33–39. Wiesbaden: VS Verlag für Sozialwissenschaften.

Ulrich, Peter, and Wilhelm **HillUlrich**, Peter; **Hill**, Wilhelm. 1976. "Wissenschaftstheoretische Grundlagen der Betriebswirtschaftslehre." *Wirtschaftswissenschaftliches Studium : Zeitschrift für Ausbildung und Hochschulkontakt* 5 (7+8): 304–9.

Valerga, Ana Pilar, Moisés **Batista,** Jorge **Salguero, and** Frank **GirotValerga**, Ana Pilar; **Batista**, Moisés; **Salguero**, Jorge; **Girot**, Frank. 2018. "Influence of PLA Filament Conditions on Characteristics of FDM Parts." *Materials (Basel, Switzerland)* 11 (8).

Valkenaers, H., F. **Vogeler,** E. **Ferraris,** A. **Voet, and** J.-P. **KruthValkenaers**, H.; **Vogeler**, F.; **Ferraris**, E.; **Voet**, A.; **Kruth**, J.-P. 2013. "A Novel Approach to Additive Manufacturing: Screw Extrusion 3D-Printing." In *Proceedings of the 10th International Conference on Multi-Material Micro Manufacture*, edited by Sabino Azcárate and Stefan Dimov, 235–38. Singapore: Research Publishing Services.

Vergnes, Bruno, and Pierre G. Lafleur, eds. 2014. *Polymer Extrusion.* Materials science series. London: ISTE-Wiley.

Wang, X. Z., and C. **McGreavyWang**, X. Z.; **McGreavy**, C. 1998. "Automatic Classification for Mining Process Operational Data." *Ind. Eng. Chem. Res.* 37 (6): 2215–22.

Weflen, Eric, and Matthew Charles **FrankWeflen**, Eric; **Frank**, Matthew Charles. 2021. "Hybrid Additive and Subtractive Manufacturing of Multi-Material Objects." *Rapid Prototyping Journal* 27 (10): 1860–71.

Wu, Haixi, Yan **Wang, and** Zhonghua **YuWu**, Haixi; **Wang**, Yan; **Yu**, Zhonghua. 2016. "In Situ Monitoring of FDM Machine Condition via Acoustic Emission." *Int J Adv Manuf Technol* 84 (5): 1483–95.

Yang, Jimeng, Yi **Chen,** Weidong **Huang, and** Yun **LiYang**, Jimeng; **Chen**, Yi; **Huang**, Weidong; **Li**, Yun. 2017. "Survey on Artificial Intelligence for Additive Manufacturing."

In *2017 23rd International Conference on Automation and Computing (ICAC)*, 1–6: IEEE.

Zeller, Franz-Josef, ed. 1995. *Sensorplanung Und Schnelle Sensorregelung Für Industrieroboter.* Fertigungstechnik - Erlangen 51. München, Wien: Hanser. Zugl. Erlangen, Nürnberg, Univ., Diss., 1995

VI Anhang

Programmcode Integration der Sensortechnik

Programmcode Python

```
import os
import can
import math
import time

os.system('sudo /sbin/ip link set can0 up type can bitrate 500000')
os.system('sudo ifconfig can0 up')  # Enable can0

bus = can.interface.Bus(channel='can0', bustype='socketcan')  # socketcan_native

data_file_path = '/home/pi/Desktop/CAN/CAN_Data/data_file.txt'

def reverse_hex(hex_string):
    hex_list = hex_string.split()
    reversed_hex_list = hex_list[::-1]
    reversed_hex_string = " ".join(reversed_hex_list)
    return reversed_hex_string

def hex_to_decimal(hex_string):
    hex_list = hex_string.split()
    hex_value = "".join(hex_list)
    decimal_value = int(hex_value, 16)
    return decimal_value

MKS_1 = 0
MKS_2 = 0
MKS_3 = 0
OID_1 = 0
OID_2 = 0
NTC = 0

X_ist = 0
Y_ist = 0
Z_ist = 0

X_soll = 0
Y_soll = 0
Z_soll = 0

r_Sensorwelle = 12
getriebe = 0.1061
korrekturfaktor = 0.009275

phi_1 = 0
phi_2 = 0
phi_3 = 0
phi_4 = 0
```

```
phi_5 = 0

# IP-Adresse des Raspberry Pi mit Moonraker
moonraker_ip = 'spiderman.local'  # Beispiel-IP-Adresse, bitte anpassen

# API-Endpunkt für die Temperaturabfrage
api_endpoint = f'http://{moonraker_ip}/server/temperature_store'

def main_loop(bus, api_endpoint):
    global MKS_X, MKS_Y, MKS_Z, OID_X, OID_Y
    last_print_time = time.time()  # Initialisierung von last_print_time
    while True:
        message = bus.recv()
        hex_data = " ".join("{:02x}".format(byte) for byte in message.data)
        reversed_hex_data = reverse_hex(hex_data)
        decimal_data = hex_to_decimal(reversed_hex_data)
        can_id = message.arbitration_id & 0x7FF # Mask to get the lower 11 bits
        formatted_can_id = "{:04X}".format(can_id)  # Format CAN-ID as "0111"

        # Zuweisung der empfangenen Daten entsprechend der aufsteigenden CAN-ID
        if formatted_can_id == "0001":
            NTC = decimal_data / 10
        elif formatted_can_id == "0101":
            OID_1 = decimal_data
        elif formatted_can_id == "0102":
            OID_2 = decimal_data
        elif formatted_can_id == "0111":
            MKS_1 = decimal_data
        elif formatted_can_id == "0112":
            MKS_2 = decimal_data
        elif formatted_can_id == "0113":
            MKS_3 = decimal_data

        # Berechnung der Ist-Positionen
            phi_1 = OID_1 * 0.36
            phi_2 = OID_2 * 0.36
            X_ist = 0.5 * (phi_1 + phi_2) * r_Sensorwelle * korrekturfaktor
            Y_ist = 0.5 * (phi_2 - phi_1) * r_Sensorwelle * korrekturfaktor

        # Berechnung der Soll-Positionen
            phi_3 = MKS_1 * (360 / 65535)
            phi_4 = MKS_2 * (360 / 65535)
            phi_5 = MKS_3 * (360 / 65535)
            X_soll = 0.5 * (phi_3 - phi_4) * r_Sensorwelle * korrekturfaktor
            Y_soll = -0.5 * (phi_3 + phi_4) * r_Sensorwelle * korrekturfaktor
            Z_soll = phi_5 * ((2 * math.pi * r_Sensorwelle) / 360) * getriebe

        # Zeitüberprüfung für das Abspeichern der Daten
        current_time = time.time()

        if current_time - last_print_time >= 0.1:
            with open(data_file_path, 'w') as f:
                f.write("X_ist: {:.2f}\n".format(X_ist))
                f.write("Y_ist: {:.2f}\n".format(Y_ist))
                f.write("X_soll: {:.2f}\n".format(X_soll))
                f.write("Y_soll: {:.2f}\n".format(Y_soll))
                f.write("Z_soll: {:.2f}\n".format(Z_soll))
```

```
                f.write("OID_1: {:.2f}\n".format(OID_1))
                f.write("OID_2: {:.2f}\n".format(OID_2))
                f.write("MKS_1: {:.2f}\n".format(MKS_1))
                f.write("MKS_2: {:.2f}\n".format(MKS_2))
                f.write("MKS_3: {:.2f}\n".format(MKS_3))
                f.write("Extrusionstemperatur: {:.2f} °C\n".format(NTC))

            last_print_time = time.time()  # Aktualisierung der Zeit des letzten
Abspeicherns

# Hauptfunktion
def main():
    try:
        # Hauptprogrammschleife ausführen
        main_loop(bus)
    except KeyboardInterrupt:
        pass
    finally:
        os.system('sudo ifconfig can0 down')  # Deaktiviere can0

# Eintrittspunkt
if __name__ == "__main__":
    main()
```

Programmcode HTML/Javaskript

```
.
<!DOCTYPE html>
<html lang="en">
<head>
  <meta charset="utf-8">
  <title>Sensordaten Visualisierung</title>
  <!-- Include D3.js library -->
  <script src="https://d3js.org/d3.v7.min.js"></script>
  <!-- Include Plotly.js library -->
  <script src="https://cdn.plot.ly/plotly-latest.min.js"></script>
  <style>
    body {
      font-family: Verdana;
      font-size: 14px;
    }
    h1 {
      font-size: 24px;
    }
    .container {
      display: flex;
      margin-top: 20px;
    }
    .table-container {
      width: 30%;
    }
    .plot-container {
      width: 100%;
      display: flex;
      flex-direction: column;
```

```
      align-items: center;
    }
    #plotContainer {
      width: 100%;
      height: 600px;
    }
    #buttonsContainer {
      display: flex;
      justify-content: center;
      width: 100%;
      margin-top: 20px;
    }
    .button {
      padding: 10px 20px;
      margin: 0 10px;
      cursor: pointer;
      display: inline-block;
      width: 150px;
      text-align: center;
    }
    table {
      border-collapse: collapse;
      width: 100%;
    }
    th, td {
      border: 1px solid black;
      padding: 0px;
      text-align: left;
    }
    th {
      background-color: #f2f2f2;
    }
  </style>
</head>
<body>
  <h1>Sensordaten Visualisierung</h1>
<div class="container">
  <div class="table-container">
    <h2>Sensordaten</h2>
  <table border="1">
      <thead>
          <tr>
              <th>Sensor / Variable</th>
              <th>Wert</th>
    </tr>
  </thead>
  <tbody>
    <tr>
      <td>Extrusionstemperatur [°C]</td>
      <td style="text-align: center">
        <p id="extrusionTemp">Daten laden...</p>
      </td>
    </tr>
    <tr>
      <td>Position X (ist) [mm]</td>
      <td style="text-align: center">
        <p id="X_ist">Daten laden...</p>
```

```
      </td>
    </tr>
    <tr>
      <td>Position Y (ist) [mm]</td>
      <td style="text-align: center">
        <p id="Y_ist">Daten laden...</p>
      </td>
    </tr>
    <tr>
      <td>Position X (soll) [mm]</td>
      <td style="text-align: center">
        <p id="X_soll">Daten laden...</p>
      </td>
    </tr>
    <tr>
      <td>Position Y (soll) [mm]</td>
      <td style="text-align: center">
        <p id="Y_soll">Daten laden...</p>
      </td>
    </tr>
    <tr>
      <td>Position Z (soll) [mm]</td>
      <td style="text-align: center">
        <p id="Z_soll">Daten laden...</p>
      </td>
    </tr>
    <tr>
      <td>OID 1</td>
      <td style="text-align: center">
        <p id="OID_1">Daten laden...</p>
      </td>
    </tr>
    <tr>
      <td>OID 2</td>
      <td style="text-align: center">
        <p id="OID_2">Daten laden...</p>
      </td>
    </tr>
    <tr>
      <td>MKS 1</td>
      <td style="text-align: center">
        <p id="MKS_1">Daten laden...</p>
      </td>
    </tr>
    <tr>
      <td>MKS 2</td>
      <td style="text-align: center">
        <p id="MKS_2">Daten laden...</p>
      </td>
    </tr>
    <tr>
      <td>MKS 3</td>
      <td style="text-align: center">
        <p id="MKS_3">Daten laden...</p>
      </td>
    </tr>
```

```
    <tr>
      <td>Time</td>
      <td style="text-align: center">
        <p id="timeStamp">Loading...</p>
      </td>
    </tr>
  </tbody>
</table>
  </div>
  <div class="plot-container">
    <div id="plotContainer"></div>
    <div id="buttonsContainer">
      <button id="togglePlotting" class="button">Plotten pausieren</button>
      <button id="setHome" class="button">Home</button>
    </div>
  </div>
</div>

  <script>

  // Globale Offset-Variablen
  let offsetXHome = 0;
  let offsetYHome = 0;
  let offsetZHome = 0;
  let offsetXIstHome = 0;
  let offsetYIstHome = 0;

  // Funktion zum Setzen der Home-Offsets
  function setHome() {
    // Holen Sie die aktuellen Werte
    const currentXSoll = parseFloat(document.getElementById('X_soll').textContent);
    const currentYSoll = parseFloat(document.getElementById('Y_soll').textContent);
    const currentZSoll = parseFloat(document.getElementById('Z_soll').textContent);
    const currentXIst = parseFloat(document.getElementById('X_ist').textContent);
    const currentYIst = parseFloat(document.getElementById('Y_ist').textContent);

    // Setzen des Home-Offsets, wenn die aktuellen Werte gültig sind
    if (!isNaN(currentXSoll)) offsetXHome = currentXSoll;
    if (!isNaN(currentYSoll)) offsetYHome = currentYSoll;
    if (!isNaN(currentZSoll)) offsetZHome = currentZSoll;
    if (!isNaN(currentXIst)) offsetXIstHome = currentXIst;
    if (!isNaN(currentYIst)) offsetYIstHome = currentYIst;
  }

  let dataSet = [];
  let plottingActive = true;
  let isUserInteracting = false;
  let latestCameraPosition;

  // Ort der CGI-Ausgabe-HTML
  const remotePageURL = "cgi-bin/live_plot_cgi.py";

  const extrusionTempElement = document.getElementById("extrusionTemp");
  const timeElement = document.getElementById("timeStamp");
  const oid1Element = document.getElementById("OID_1");
  const oid2Element = document.getElementById("OID_2");
  const mks1Element = document.getElementById("MKS_1");
```

```
const mks2Element = document.getElementById("MKS_2");
const mks3Element = document.getElementById("MKS_3");
const xIstElement = document.getElementById("X_ist");
const yIstElement = document.getElementById("Y_ist");
const xSollElement = document.getElementById("X_soll");
const ySollElement = document.getElementById("Y_soll");
const zSollElement = document.getElementById("Z_soll");

// Funktion zum Umschalten des Plotting-Status
function togglePlotting() {
    plottingActive = !plottingActive;
    document.getElementById('togglePlotting').textContent = plottingActive ? "Plot-
ten pausieren" : "Plotten fortsetzen";
}

document.getElementById('togglePlotting').addEventListener('click', togglePlotting);

// Funktion zur Initialisierung des 3D-Scatter-Plots
  function initPlot() {
    const trace = {
      x: [],
      y: [],
      z: [],
      type: 'scatter3d',
      mode: 'markers',
      marker: {
        size: 3,
        color: [],
        colorscale: 'Viridis',
        cmin: 190,
        cmax: 210,
        showscale: true,
        colorbar: {
          title: 'Temp (°C)',
          tickvals: [190.0, 195.0, 200.0, 205.0, 210.0],
          ticktext: ['190°C', '195°C', '200°C', '205°C', '210°C']
        }
      }
    };

    const layout = {
        title: {
            text: 'Datenfusion: Position & Extrusionstemperatur',
            font: {
              family: 'Verdana, sans-serif',
              size: 14,
              weight: 'bold'
            },
          },
          autosize: false,
          width: 800,
          height: 600,
          scene: {
            xaxis: {
              title: 'X Position [mm]',
              range: [-1, 1000],
```

```
            autorange: false
          },
          yaxis: {
            title: 'Y Position [mm]',
            range: [-1, 1000],
            autorange: false
          },
          zaxis: {
            title: 'Z Position [mm]',
            range: [-1, 1000],
            autorange: false
          }
        }
    };

      const plotContainer = document.getElementById('plotContainer');
      Plotly.newPlot(plotContainer, [trace], layout);

      plotContainer.addEventListener('plotly_relayout', function(eventData) {
        if(eventData['scene.camera']) {
          isUserInteracting = true;
          latestCameraPosition = eventData['scene.camera'];
        }
      });
    }

  function updateValues() {
    // Die aktuelle Zeit erhalten (Raspberry Pi-Uhr in ms seit dem 1. Januar 1970)
    const d = new Date();
    let time = d.getTime();
    timeElement.textContent = time;

    fetch(remotePageURL)
      .then(response => response.text())
      .then(data => {
        //console.log("Fetched Data:",data);
        const inputData = document.createElement("div");
        inputData.innerHTML = data;

        // Wert aus dem CGI-Ausgabe-HTML erhalten
        const extrusionTemp = inputData.querySelector("Extrusionstemperatur").textCon-
tent; // Stellen Sie sicher, dass die ID korrekt ist
        const oid1Position = inputData.querySelector("OID_1").textContent; // Stellen
Sie sicher, dass die ID korrekt ist
        const oid2Position = inputData.querySelector("OID_2").textContent; // Stellen
Sie sicher, dass die ID korrekt ist
        const mks1Position = inputData.querySelector("MKS_1").textContent; // Stellen
Sie sicher, dass die ID korrekt ist
        const mks2Position = inputData.querySelector("MKS_2").textContent; // Stellen
Sie sicher, dass die ID korrekt ist
        const mks3Position = inputData.querySelector("MKS_3").textContent; // Stellen
Sie sicher, dass die ID korrekt ist
        const xSoll = parseFloat(inputData.querySelector("X_soll").textContent) - off-
setXHome;
        const ySoll = parseFloat(inputData.querySelector("Y_soll").textContent) - off-
setYHome;
        const zSoll = parseFloat(inputData.querySelector("Z_soll").textContent) - off-
setZHome;
```

```
        const xIst = parseFloat(inputData.querySelector("X_ist").textContent) - off-
setXIstHome;
        const yIst = parseFloat(inputData.querySelector("Y_ist").textContent) - off-
setYIstHome;

        // Aktualisiere den Textinhalt jedes Elements mit den neuen Werten
        document.getElementById('extrusionTemp').textContent = (extrusion-
Temp).toFixed(1);
        document.getElementById('OID_1').textContent = oid1Position;
        document.getElementById('OID_2').textContent = oid2Position;
        document.getElementById('MKS_1').textContent = mks1Position;
        document.getElementById('MKS_2').textContent = mks2Position;
        document.getElementById('MKS_3').textContent = mks3Position;
        document.getElementById('X_soll').textContent = xSoll.toFixed(2);
        document.getElementById('Y_soll').textContent = ySoll.toFixed(2);
        document.getElementById('Z_soll').textContent = zSoll.toFixed(2);
        document.getElementById('X_ist').textContent = xIst.toFixed(2);
        document.getElementById('Y_ist').textContent = yIst.toFixed(2);

        // Diagramm mit den neuen Werten aktualisieren
        updatePlot(xIst, yIst, zSoll, extrusionTemp);
      })
      .catch(error => {
        console.error("Error fetching data: ", error);
      });
  }

  function updatePlot(xIst, yIst, zSoll, extrusionTemp) {
    if (plottingActive) {
      // Hier aktualisieren wir den Plot mit der Extruderposition und der Extrusions-
temperatur
      const update = {
        x: [[xIst]],
        y: [[yIst]],
        z: [[zSoll]],
        'marker.color': [[extrusionTemp]]  // Farbe des Punktes bestimmen
      };

      // Aktualisieren Sie nur den ersten Trace
      Plotly.extendTraces('plotContainer', update, [0])
        .then(() => {
          // Nachdem der Trace aktualisiert wurde, Achsenbereiche explizit setzten
          const updatedLayout = {
            'scene.xaxis.range': [0, 1000],
            'scene.yaxis.range': [0, 1000],
            'scene.zaxis.range': [0, 1000]
          };
          Plotly.relayout('plotContainer', updatedLayout);
        })
        .catch(error => console.error("Error updating the plot: ", error));
    }

    // Wenn der Benutzer interagiert, aktualisiere die Kameraposition
    if (isUserInteracting && latestCameraPosition) {
      const updatedLayout = {
        'scene.camera': latestCameraPosition
```

```
      };
      Plotly.relayout('plotContainer', updatedLayout)
        .then(() => {
          isUserInteracting = false;
        })
        .catch(error => console.error("Fehler bei Kameraposition: ", error));
    }
  }

  // Initialisiere das Diagramm beim Laden der Seite
  document.addEventListener('DOMContentLoaded', () => {
    initPlot();
    setInterval(updateValues, 200); // Update values every second
  });

  // Ereignislistener zum Festlegen der Ausgangsposition
  document.getElementById('setHome').addEventListener('click', setHome);

  </script>
</body>
</html>
```

Programmcode Prozessanalyse

Python Code Datenaufbereitung

Datenaufbereitung - Anlagendaten

```
import pandas as pd
from math import nan
import numpy as np

df = pd.read_excel(r'C:\Users\V DanDu\Desktop\Uni-Sachen\MA Ordner Ko-
pie\50_Arbeitsinhalt\Datengrundlage\Anlagendaten\Probekörper 4\Probekör-
per 4 Anlagendaten.xlsx')

Datum = nan
time = nan
x_pos = nan
y_pos = nan
z_pos = "0"
nozi = nan
nozs = nan
bedi = nan
beds = nan
number = nan
e_rate = "0"

df = df.dropna(thresh = 6)
df = df.reset_index(drop=True)
```

Informationen extrahieren

```
df_sorted = pd.DataFrame(columns=['Datum','Zeit', 'gCode Nr.', 'x-
Pos.','y-Pos.','z-Pos.','Feed rate' ,'Ex.Temp-Ist','Ex.Temp-Soll','Bett
Temp-Ist','Bett Temp-Soll','Delta Zeit', 'Delta x', 'Delta y'])
df = df.astype('str')
```

```
for index, row in df.iterrows():

    if row['Column5'].startswith('N') == True:
        df_sorted.at[index, 'Datum'] = row['Column1']
        df_sorted.at[index, 'gCode Nr.'] = row['Column5']
        df_sorted.at[index, 'z-Pos.'] = z_pos.split("*")[0]
        if row['Column2'].find(".") == -1:
            df_sorted.at[index, 'Zeit'] = row['Column2'] + ".000000"
        else:
            df_sorted.at[index, 'Zeit'] = row['Column2']

    if row['Column7'].startswith('X') == True:
        x_pos = row['Column7'].lstrip("X")
        df_sorted.at[index, 'x-Pos.'] = x_pos.split("*")[0]
    if row['Column8'].startswith('X') == True:
        x_pos = row['Column8'].lstrip("X")
        df_sorted.at[index, 'x-Pos.'] = x_pos.split("*")[0]

    if row['Column8'].startswith('Y') == True:
        y_pos = row['Column8'].lstrip("Y")
        df_sorted.at[index, 'y-Pos.'] = y_pos.split("*")[0]
    if row['Column9'].startswith('Y') == True:
        y_pos = row['Column9'].lstrip("Y")
        df_sorted.at[index, 'y-Pos.'] = y_pos.split("*")[0]

    if row['Column10'].startswith('Z') == True:
        z_pos = row['Column10'].lstrip("Z")
        df_sorted.at[index, 'z-Pos.'] = z_pos.split("*")[0]
    if row['Column8'].startswith('Z') == True:
        z_pos = row['Column8'].lstrip("Z")
        df_sorted.at[index, 'z-Pos.'] = z_pos.split("*")[0]


    if row['Column8'].startswith('E') == True:
        e_rate = row['Column8'].lstrip("E")
        df_sorted.at[index, 'Feed rate'] = e_rate.split("*")[0]
    if row['Column9'].startswith('E') == True:
        e_rate = row['Column9'].lstrip("E")
        df_sorted.at[index, 'Feed rate'] = e_rate.split("*")[0]
    if row['Column10'].startswith('E') == True:
        e_rate = row['Column10'].lstrip("E")
        df_sorted.at[index, 'Feed rate'] = e_rate.split("*")[0]

df_sorted = df_sorted.dropna(thresh = 6)
df_sorted = df_sorted.reset_index(drop=True)
```

Berechnung der Differenzen Zeit und Position

```
from datetime import datetime

df_sorted['x-Pos.'] = df_sorted['x-Pos.'].astype(float)
df_sorted['y-Pos.'] = df_sorted['y-Pos.'].astype(float)

i = 0
while i <= df_sorted.index.stop-2:
    a = datetime.strptime(df_sorted.at[i+1, 'Zeit'], '%H:%M:%S.%f') -
datetime.strptime(df_sorted.at[i,'Zeit'], '%H:%M:%S.%f')
    df_sorted.at[i+1, 'Delta Zeit'] = (a.microseconds+a.sec-
onds*1000000)/1000000
```

```
    df_sorted.at[i+1, 'Delta x'] = df_sorted.at[i+1, 'x-Pos.'] -
df_sorted.at[i, 'x-Pos.']
    df_sorted.at[i+1, 'Delta y'] = df_sorted.at[i+1, 'y-Pos.'] -
df_sorted.at[i, 'y-Pos.']
    i += 1

Erstellung eines neuen Dataframes für die Temperaturen

df_temp = pd.DataFrame(columns=['Datum', 'Zeit', 'Ex.Temp-Ist','Ex.Temp-
Soll','Bett Temp-Ist','Bett Temp-Soll'])

nozi = nan
nozs = nan
bedi = nan
beds = nan

for index, row in df.iterrows():

    if row['Column5'].startswith('T') == True:
        df_temp.at[index, 'Datum'] = row['Column1']
        df_temp.at[index, 'Ex.Temp-Ist'] = row['Column5'].lstrip("T0:")
        df_temp.at[index, 'Zeit'] = row['Column2']
    if row['Column6'].startswith('T') == True:
        df_temp.at[index, 'Ex.Temp-Ist'] = row['Column6'].lstrip("T0:")
        df_temp.at[index, 'Zeit'] = row['Column2']

    if row['Column6'].startswith('/') == True:
        df_temp.at[index, 'Ex.Temp-Soll'] = row['Column6'].lstrip("/")
    if row['Column7'].startswith('/') == True:
        df_temp.at[index, 'Ex.Temp-Soll'] = row['Column7'].lstrip("/")

    if row['Column11'].startswith('B') == True:
        df_temp.at[index, 'Bett Temp-Ist'] = row['Column11'].lstrip("B:")
    if row['Column12'].startswith('B') == True:
        df_temp.at[index, 'Bett Temp-Ist'] = row['Column12'].lstrip("B:")

    if row['Column12'].startswith('/') == True:
        df_temp.at[index, 'Bett Temp-Soll'] = row['Column12'].lstrip("/")
    if row['Column13'].startswith('/') == True:
        df_temp.at[index, 'Bett Temp-Soll'] = row['Column13'].lstrip("/")

df_temp = df_temp.dropna()
df_temp = df_temp.reset_index(drop=True)

Zusammenführen der Dataframes

df_final = df_sorted.merge(df_temp, how = 'outer')
df_final.sort_values(['Datum', 'Zeit'], inplace = True)
df_final.reset_index(drop=True, inplace = True)

Lineare Interpolation der Temperaturen

import math

t0 = datetime.strptime("00:00:00.000000", '%H:%M:%S.%f')
df_final['Ex.Temp-Ist'] = df_final['Ex.Temp-Ist'].astype(float)
df_final['Bett Temp-Ist'] = df_final['Bett Temp-Ist'].astype(float)

for index, row in df_final.iterrows():
    if math.isnan(row['Ex.Temp-Ist']) == False:
        T1e = row['Ex.Temp-Ist']
        T1b = row['Bett Temp-Ist']
```

```
        E_s = row['Ex.Temp-Soll']
        B_s = row['Bett Temp-Soll']

        if row['Zeit'].find(".") == -1:
            t1 = datetime.strptime(df_final.at[index, 'Zeit'] +
".000000", '%H:%M:%S.%f')-t0
        else:
            t1 = datetime.strptime(df_final.at[index, 'Zeit'],
'%H:%M:%S.%f')-t0
    else:
        if row['Zeit'].find(".") == -1:
            ti = datetime.strptime(df_final.at[index, 'Zeit'] +
".000000", '%H:%M:%S.%f')-t0
        else:
            ti = datetime.strptime(df_final.at[index, 'Zeit'],
'%H:%M:%S.%f')-t0

        i = index
        while i != df_final.index.stop:
            if math.isnan(df_final.at[i, 'Ex.Temp-Ist']) == False:
                T2e = df_final.at[i, 'Ex.Temp-Ist']
                T2b = df_final.at[i, 'Bett Temp-Ist']

                if df_final.at[i, 'Zeit'].find(".") == -1:
                    t2 = datetime.strptime(df_final.at[i, 'Zeit'] +
".000000", '%H:%M:%S.%f')-t0
                else:
                    t2 = datetime.strptime(df_final.at[i, 'Zeit'],
'%H:%M:%S.%f')-t0
                a = t1.microseconds + t1.seconds*1000000
                b = ti.microseconds + ti.seconds*1000000
                c = t2.microseconds + t2.seconds*1000000

                df_final.at[index, 'Ex.Temp-Ist'] = T1e + ((T2e-T1e)/(c-
a))*(b - a)
                df_final.at[index, 'Bett Temp-Ist'] = T1b + ((T2b-
T1b)/(c-a))*(b - a)
                df_final.at[index, 'Ex.Temp-Soll'] = E_s
                df_final.at[index, 'Bett Temp-Soll'] = B_s
                break
            i += 1

df_final['Ex.Temp-Soll'] = df_final['Ex.Temp-Soll'].astype(float)
df_final['Bett Temp-Soll'] = df_final['Bett Temp-Soll'].astype(float)
df_final['Delta Ex.Temp.'] = df_final['Ex.Temp-Ist'] - df_final['Ex.Temp-
Soll']
df_final['Delta Bett Temp.'] = df_final['Bett Temp-Ist'] - df_final['Bett
Temp-Soll']

df_final.dropna(inplace=True)
df_final.sort_values(['Datum', 'Zeit'], inplace = True)
df_final.reset_index(drop=True, inplace=True)
```

Datenaufbereitung - G-Code

```
df_gcode = pd.read_csv(r'C:\Users\V DanDu\Desktop\Uni-Sachen\MA Ordner
Kopie\50_Arbeitsinhalt\Datengrundlage\Bauteil\Probekörper 4\Probekörper 4
GCode txt.txt', sep= ' ', engine='python', encoding = "UTF-8")
df_gcode = df_gcode.astype(str)
```

```
typ = 'n.d.'
z = 0

for i, row in df_gcode.iterrows():
    if row['Spalte1'].startswith(';TYPE') == True:
        typ = row['Spalte1'].split(':')[1]

    if row['Spalte2'].startswith('X') == True and row['Spalte1']!= 'G0':
        df_gcode_extrahiert.at[i, 'x-Pos.'] =
row['Spalte2'].split('X')[1]
    if row['Spalte3'].startswith('X') == True and row['Spalte1']!= 'G0':
        df_gcode_extrahiert.at[i, 'x-Pos.'] =
row['Spalte3'].split('X')[1]

    if row['Spalte3'].startswith('Y') == True and row['Spalte1']!= 'G0':
        df_gcode_extrahiert.at[i, 'y-Pos.'] =
row['Spalte3'].split('Y')[1]
    if row['Spalte4'].startswith('Y') == True and row['Spalte1']!= 'G0':
        df_gcode_extrahiert.at[i, 'y-Pos.'] =
row['Spalte4'].split('Y')[1]

    if row['Spalte3'].startswith('Z') == True:
        z = row['Spalte3'].split('Z')[1]
        df_gcode_extrahiert.at[i, 'z-Pos.'] = z
    if row['Spalte5'].startswith('Z') == True:
        z = row['Spalte5'].split('Z')[1]
        df_gcode_extrahiert.at[i, 'z-Pos.'] = z

    df_gcode_extrahiert.at[i, 'Type'] = typ
    df_gcode_extrahiert.at[i, 'z-Pos.'] = z

df_gcode_extrahiert.dropna(inplace=True)
df_gcode_extrahiert.reset_index(drop=True, inplace=True)

df_gcode_extrahiert['x-Pos.'] = df_gcode_extrahiert['x-Pos.'].as-
type(float).round(decimals=3)
df_gcode_extrahiert['y-Pos.'] = df_gcode_extrahiert['y-Pos.'].as-
type(float).round(decimals=3)
df_gcode_extrahiert['z-Pos.'] = df_gcode_extrahiert['z-Pos.'].as-
type(float).round(decimals=3)
```

Hinzufügen der Type-Information zu aufbereiteten Daten und Entfernung der nicht relevanten Punkte

```
df_final['x-Pos.'] = df_final['x-Pos.'].astype(float).round(decimals=3)
df_final['y-Pos.'] = df_final['y-Pos.'].astype(float).round(decimals=3)
df_final['z-Pos.'] = df_final['z-Pos.'].astype(float).round(decimals=3)

df_gcode_extrahiert.drop_duplicates(inplace = True)
df_gcode_extrahiert.reset_index(inplace=True, drop= True)

df_koord = df_final[['x-Pos.', 'y-Pos.', 'z-Pos.']]
df_dupl = pd.DataFrame(df_koord.duplicated().to_numpy(dtype= bool))
df_final = pd.concat([df_final, df_dupl],axis=1, join="inner")
df_final.drop(df_final[df_final[0] == True].index, inplace=True)
df_final.reset_index(inplace=True, drop=True)

df_mix = pd.merge(df_final, df_gcode_extrahiert, on=['x-Pos.', 'y-Pos.',
'z-Pos.'],  how='inner')

df_mix.drop(df_mix[df_mix['Type'] == 'SKIRT'].index, inplace=True)
```

```
df_mix.drop(columns=['Datum', 'Zeit', 'gCode Nr.', 'Ex.Temp-Soll', 'Bett
Temp-Soll', 'Type', 0], inplace = True)
df_mix.dropna(inplace = True,)
df_mix.reset_index(drop=True, inplace=True)

df_mix['x-Pos.'] = df_mix['x-Pos.']-df_mix['x-Pos.'].min()
df_mix['y-Pos.'] = df_mix['y-Pos.']-df_mix['y-Pos.'].min()
```

Datenaufbereitung - GOM-Daten

```
df_gom = pd.read_csv(r'C:\Users\V DanDu\Desktop\Uni-Sachen\MA Ordner
Kopie\50_Arbeitsinhalt\Datengrundlage\GOM-Daten\Probekörper 4\Flächen-
vergleich 4 txt.txt', sep= ' ', engine='python', encoding = "UTF-8",
names=['x-Pos.', 'y-Pos.', 'z-Pos.', 'Nx', 'Ny', 'Nz', 'Dx', 'Dy', 'Dz',
'Dges'])

df_gom['x-Pos.'] = df_gom['x-Pos.']-df_gom['x-Pos.'].min()
df_gom['y-Pos.'] = df_gom['y-Pos.']-df_gom['y-Pos.'].min()
df_gom['z-Pos.'] = df_gom['z-Pos.']-df_gom['z-Pos.'].min()

df_koord = df_gom[['x-Pos.', 'y-Pos.', 'z-Pos.']]
df_dupl = pd.DataFrame(df_koord.duplicated().to_numpy(dtype= bool))
df_einzel = pd.concat([df_gom, df_dupl],axis=1, join="inner")
df_dupl = pd.concat([df_gom, df_dupl],axis=1, join="inner")
df_einzel.drop(df_einzel[df_einzel[0] == True].index, inplace=True)
df_dupl.drop(df_dupl[df_dupl[0] == False].index, inplace=True)
df_einzel.drop(columns=[0], inplace=True, axis=1)
df_dupl.drop(columns=[0], inplace=True, axis=1)
df_dupl.rename(columns={"Nx": "Nx2", "Ny": "Ny2", "Nz": "Nz2", "Dx":
"Dx2", "Dy": "Dy2", "Dz": "Dz2", "Dges": "Dges2"}, inplace=True)

df_gom = pd.merge(df_einzel, df_dupl, on=['x-Pos.', 'y-Pos.', 'z-Pos.'],
how='left')
df_gom.drop_duplicates(['x-Pos.', 'y-Pos.', 'z-Pos.'], inplace=True)
df_gom.reset_index(inplace=True, drop=True)

df_gom['Dges'] = df_gom['Dges'].astype(float)
df_gom['Dges2'] = df_gom['Dges2'].astype(float)
df_gom.fillna(value=0, inplace=True)

for i, row in df_gom.iterrows():
    if (row['Dges'] < 0 and row['Dges2'] < 0) or (row['Dges'] < 0 and
row['Dges2'] == 0):
        df_gom.at[i, 'Vorzeichen'] = -1
    else:
        df_gom.at[i,'Vorzeichen'] = 1

df_gom['Abweichung'] = df_gom['Vorzei-
chen']*((df_gom['Dges']**2+df_gom['Dges2']**2)**(1/2))
df_gom.drop(columns=['Nx', 'Ny', 'Nz', 'Dx', 'Dy', 'Dz', 'Dges', 'Nx2',
'Ny2', 'Nz2', 'Dx2', 'Dy2', 'Dz2', 'Dges2', 'Vorzeichen'], inplace =
True)
```

Zusammenführen der Datenpunkte

```
import open3d as o3d
import numpy as np
import matplotlib as mpl
import matplotlib.pyplot as plt
import copy
```

```
list_gom = df_gom[["x-Pos.", "y-Pos.", "z-Pos."]].to_numpy()
list_mix = df_mix[["x-Pos.", "y-Pos.", "z-Pos."]].to_numpy()

pcd_gom = o3d.geometry.PointCloud()
pcd_gom.points = o3d.utility.Vector3dVector(list_gom)
pcd_mix = o3d.geometry.PointCloud()
pcd_mix.points = o3d.utility.Vector3dVector(list_mix)

o3d.visualization.draw_geometries([pcd_gom], zoom=0.45999999999999952,
                                  front=[ -0.49307270381473789, -
0.31559371096359878, 0.81072801749603318 ],
                                  lookat=[21.607064553243401,
162.21592262723232, 111.98812328347996 ],
                                  up=[ 0.18351399506762245,
0.87318643923788997, 0.45151750347619485 ])

o3d.visualization.draw_geometries([pcd_mix], zoom=0.45999999999999952,
                                  front=[ -0.49307270381473789, -
0.31559371096359878, 0.81072801749603318 ],
                                  lookat=[21.607064553243401,
162.21592262723232, 111.98812328347996 ],
                                  up=[ 0.18351399506762245,
0.87318643923788997, 0.45151750347619485 ])

def draw_registration_result(source, target, transformation):
    source_temp = copy.deepcopy(source)
    target_temp = copy.deepcopy(target)
    source_temp.paint_uniform_color([1, 0.706, 0])
    target_temp.paint_uniform_color([0, 0.651, 0.929])
    source_temp.transform(transformation)
    o3d.visualization.draw_geometries([source_temp, target_temp],
zoom=0.45999999999999952,
                                  front=[ -0.49307270381473789, -
0.31559371096359878, 0.81072801749603318 ],
                                  lookat=[21.607064553243401,
162.21592262723232, 111.98812328347996 ],
                                  up=[ 0.18351399506762245,
0.87318643923788997, 0.45151750347619485 ])
    return source_temp

source = pcd_mix
target = pcd_gom
threshold = 40

trans_init = np.asarray([[1.0, 0.0, 0.0, 0.0],
                         [0.0, 1.0, 0.0, 0.0],
                         [0.0, 0.0, 1.0, 0.0], [0.0, 0.0, 0.0, 1.0]])
draw_registration_result(source, target, trans_init)
print("Initial alignment")
evaluation = o3d.pipelines.registration.evaluate_registration(
    source, target, threshold, trans_init)
print(evaluation)
print("Apply point-to-point ICP")
reg_p2p = o3d.pipelines.registration.registration_icp(
    source, target, threshold, trans_init,
    o3d.pipelines.registration.TransformationEstimationPointToPoint(),
    o3d.pipelines.registration.ICPConvergenceCriteria(max_itera-
tion=2000))

print(reg_p2p)
print("Transformation is:")
```

```
print(reg_p2p.transformation)
draw_registration_result(source, target, reg_p2p.transformation)

pcd_verschoben = draw_registration_result(source, target, reg_p2p.trans-
formation)
verschoben_array = np.asarray(pcd_verschoben.points)
df_verschoben = pd.DataFrame(verschoben_array, columns=['x-Pos.', 'y-
Pos.', 'z-Pos.'])
df_verschoben['z-Pos.'] = df_mix['z-Pos.']
draw_registration_result(pcd_verschoben, target, trans_init)

df_dist1 = pd.DataFrame()
dist1 = pcd_verschoben.compute_point_cloud_distance(pcd_gom)
df_dist1 = pd.DataFrame(dist1)
df_dist1.rename(columns={0: "Dist 1"}, inplace=True)
df_mix['Dist 1'] = df_dist1['Dist 1']

kdtree = o3d.geometry.KDTreeFlann(pcd_gom)

for i in range(df_verschoben.last_valid_index()+1):
    a = kdtree.search_knn_vector_3d(pcd_verschoben.points[i], 1)
    df_a = pd.DataFrame(a)
    b = int(str(df_a.at[1, 0]).lstrip('IntVector[').split(']')[0])
    df_mix.at[i, 'Index Ziel'] = b

df_mix.sort_values(['Dist 1'], inplace=True)
df_mix.drop_duplicates(['Index Ziel'], inplace=True)
df_mix.drop(df_mix[df_mix['Dist 1'] > 2].index, inplace=True)

df_mix['Index Ziel'] = df_mix['Index Ziel'].astype(int)
df_mix = pd.merge(df_mix, df_gom, left_on= 'Index Ziel', right_in-
dex=True, how='inner')

df_mix.drop(columns=['x-Pos._y', 'y-Pos._y', 'z-Pos._y', 'Index Ziel',
'Dist 1'], inplace=True)
df_mix.rename(columns={'x-Pos._x': 'x-Pos.', 'y-Pos._x': 'y-Pos.', 'z-
Pos._x': 'z-Pos.'}, inplace=True)

list_ende = df_mix[["x-Pos.", "y-Pos.", "z-Pos."]].to_numpy()

pcd_ende = o3d.geometry.PointCloud()
pcd_ende.points = o3d.utility.Vector3dVector(list_ende)

o3d.visualization.draw_geometries([pcd_ende], zoom=0.45999999999999952,
                                  front=[ -0.49307270381473789, -
0.31559371096359878, 0.81072801749603318 ],
                                  lookat=[21.607064553243401,
162.21592262723232, 111.98812328347996 ],
                                  up=[ 0.18351399506762245,
0.87318643923788997, 0.45151750347619485 ])
```

Python Code Machine Learning

```
Importieren und zusammenführen der aufbereiteten Daten

import pandas as pd
import time
```

```
df_aufbereitet1 = pd.read_excel(r'C:\Users\V DanDu\Desktop\Uni-Sachen\MA
Ordner Kopie\50_Arbeitsinhalt\Datengrundlage\Fertig aufbereitete Datens-
ätze\Probekörper 1 komplett aufbereitet NACH Dist löschen.xlsx', in-
dex_col=0)
df_aufbereitet1.reset_index(inplace=True, drop=True)
df_aufbereitet2 = pd.read_excel(r'C:\Users\V DanDu\Desktop\Uni-Sachen\MA
Ordner Kopie\50_Arbeitsinhalt\Datengrundlage\Fertig aufbereitete Datens-
ätze\Probekörper 2 komplett aufbereitet NACH Dist löschen.xlsx', in-
dex_col=0)
df_aufbereitet2.reset_index(inplace=True, drop=True)
df_aufbereitet3 = pd.read_excel(r'C:\Users\V DanDu\Desktop\Uni-Sachen\MA
Ordner Kopie\50_Arbeitsinhalt\Datengrundlage\Fertig aufbereitete Datens-
ätze\Probekörper 3 komplett aufbereitet NACH Dist löschen.xlsx', in-
dex_col=0)
df_aufbereitet3.reset_index(inplace=True, drop=True)
df_aufbereitet4 = pd.read_excel(r'C:\Users\V DanDu\Desktop\Uni-Sachen\MA
Ordner Kopie\50_Arbeitsinhalt\Datengrundlage\Fertig aufbereitete Datens-
ätze\Probekörper 4 komplett aufbereitet NACH Dist löschen.xlsx', in-
dex_col=0)
df_aufbereitet4.reset_index(inplace=True, drop=True)
df_gesamt = pd.merge(df_aufbereitet1.merge(df_aufbereitet2.merge(df_auf-
bereitet3, how='outer'), how='outer'), df_aufbereitet4, how='outer')

Erstellung der Klassen

GW_innen = 0.2
GW_außen = 1.0

for i, row in df_aufbereitet1.iterrows():
    if row['Abweichung'] < -GW_außen:
        df_aufbereitet1.at[i, "Klasse"] = 1
    if row['Abweichung'] > -GW_außen and row['Abweichung'] < -GW_innen:
        df_aufbereitet1.at[i, "Klasse"] = 2
    if row['Abweichung'] > -GW_innen and row['Abweichung'] < GW_innen:
        df_aufbereitet1.at[i, "Klasse"] = 3
    if row['Abweichung'] > GW_innen and row['Abweichung'] < GW_außen:
        df_aufbereitet1.at[i, "Klasse"] = 4
    if row['Abweichung'] > GW_außen:
        df_aufbereitet1.at[i, "Klasse"] = 5

for i, row in df_aufbereitet2.iterrows():
    if row['Abweichung'] < -GW_außen:
        df_aufbereitet2.at[i, "Klasse"] = 1
    if row['Abweichung'] > -GW_außen and row['Abweichung'] < -GW_innen:
        df_aufbereitet2.at[i, "Klasse"] = 2
    if row['Abweichung'] > -GW_innen and row['Abweichung'] < GW_innen:
        df_aufbereitet2.at[i, "Klasse"] = 3
    if row['Abweichung'] > GW_innen and row['Abweichung'] < GW_außen:
        df_aufbereitet2.at[i, "Klasse"] = 4
    if row['Abweichung'] > GW_außen:
        df_aufbereitet2.at[i, "Klasse"] = 5

for i, row in df_aufbereitet3.iterrows():
    if row['Abweichung'] < -GW_außen:
        df_aufbereitet3.at[i, "Klasse"] = 1
    if row['Abweichung'] > -GW_außen and row['Abweichung'] < -GW_innen:
        df_aufbereitet3.at[i, "Klasse"] = 2
    if row['Abweichung'] > -GW_innen and row['Abweichung'] < GW_innen:
        df_aufbereitet3.at[i, "Klasse"] = 3
    if row['Abweichung'] > GW_innen and row['Abweichung'] < GW_außen:
        df_aufbereitet3.at[i, "Klasse"] = 4
    if row['Abweichung'] > GW_außen:
```

```
        df_aufbereitet3.at[i, "Klasse"] = 5

for i, row in df_aufbereitet4.iterrows():
    if row['Abweichung'] < -GW_außen:
        df_aufbereitet4.at[i, "Klasse"] = 1
    if row['Abweichung'] > -GW_außen and row['Abweichung'] < -GW_innen:
        df_aufbereitet4.at[i, "Klasse"] = 2
    if row['Abweichung'] > -GW_innen and row['Abweichung'] < GW_innen:
        df_aufbereitet4.at[i, "Klasse"] = 3
    if row['Abweichung'] > GW_innen and row['Abweichung'] < GW_außen:
        df_aufbereitet4.at[i, "Klasse"] = 4
    if row['Abweichung'] > GW_außen:
        df_aufbereitet4.at[i, "Klasse"] = 5

for i, row in df_gesamt.iterrows():
    if row['Abweichung'] < -GW_außen:
        df_gesamt.at[i, "Klasse"] = 1
    if row['Abweichung'] > -GW_außen and row['Abweichung'] < -GW_innen:
        df_gesamt.at[i, "Klasse"] = 2
    if row['Abweichung'] > -GW_innen and row['Abweichung'] < GW_innen:
        df_gesamt.at[i, "Klasse"] = 3
    if row['Abweichung'] > GW_innen and row['Abweichung'] < GW_außen:
        df_gesamt.at[i, "Klasse"] = 4
    if row['Abweichung'] > GW_außen:
        df_gesamt.at[i, "Klasse"] = 5
```

Zuweisung der Features und Output, Aufteilung Training/Testen

```
from sklearn.model_selection import train_test_split

Xges = df_gesamt.drop(['Abweichung', 'Klasse'], axis=1).copy()
yges = df_gesamt['Klasse'].copy()
Xges_train, Xges_test, yges_train, yges_test = train_test_split(Xges,
yges, random_state=42)
```

Klassifikation - Entscheidungsbaum

```
from sklearn import tree
from sklearn.tree import DecisionTreeClassifier
from sklearn.tree import plot_tree
from sklearn.model_selection import cross_val_score
from sklearn.metrics import confusion_matrix
from sklearn.metrics import plot_confusion_matrix

clf_dt = DecisionTreeClassifier(criterion='entropy', splitter='best',
ccp_alpha=0.0, random_state=42)
clf_dt = clf_dt.fit(Xges_train, yges_train)

path = clf_dt.cost_complexity_pruning_path(Xges_train_sc, yges_train)
ccp_alphas = path.ccp_alphas
ccp_alphas = ccp_alphas[:-1]

clf_dts = []

for ccp_alpha in ccp_alphas:
    clf_dt = DecisionTreeClassifier(criterion='entropy', splitter='best',
ccp_alpha=ccp_alpha, random_state=42)
    clf_dt.fit(Xges_train, yges_train)
    clf_dts.append(clf_dt)
```

```
train_scores = [clf_dt.score(Xges_train, yges_train) for clf_dt in
clf_dts]
test_scores = [clf_dt.score(Xges_test, yges_test) for clf_dt in clf_dts]

fig, ax = plt.subplots()
ax.set_xlabel("Alpha")
ax.set_ylabel("Klassifizierungsgenauigkeit")
ax.set_title("Klassifizierungsgenauigkeit vs. Alpha")
ax.plot(ccp_alphas, train_scores, label="Train", drawstyle="steps-post")
ax.plot(ccp_alphas, test_scores, label="Test", drawstyle="steps-post")
ax.legend()
plt.show()

print('Max. Klassifizierungsgenauigkeit:             ',
round(max(test_scores),5))
print('Alpha bei max. Klassifizierungsgenauigkeit: ', round(ccp_al-
phas[test_scores.index(max(test_scores))],6))

alpha_max = ccp_alphas[test_scores.index(max(test_scores))]
clf_dt = DecisionTreeClassifier(criterion='entropy', splitter='best',
ccp_alpha=alpha_max, random_state=42)
clf_dt.fit(Xges_train, yges_train)
```

Klassifikation - K-Nächste-Nachbarn

```
from sklearn.neighbors import KNeighborsClassifier

clf_knn = KNeighborsClassifier(n_neighbors=7, weights='distance', algo-
rithm='auto')
clf_knn.fit(Xges_train, yges_train)
print(clf_knn.score(Xges_test, yges_test))

import numpy as np
import matplotlib.pyplot as plt

train_score = []
test_score = []
nachbarn = []
i = 0

for i in range(1,15):
    clf_knn = KNeighborsClassifier(n_neighbors=i, weights='distance', al-
gorithm='brute')
    clf_knn.fit(Xges_train, yges_train)
    nachbarn.append(i)
    train_score.append(clf_knn.score(Xges_train, yges_train))
    test_score.append(clf_knn.score(Xges_test, yges_test))
    i += 1

test_score = np.array(test_score)
train_score = np.array(train_score)
nachbarn = np.array(nachbarn)

fig, ax = plt.subplots()
ax.set_xlabel("Anzahl Nachbarn")
ax.set_ylabel("Klassifizierungsgenauigkeit")
ax.set_title("Klassifizierungsgenauigkeit vs. Anzahl Nachbarn")
ax.plot(nachbarn, train_score, label="Train", drawstyle="steps-post")
ax.plot(nachbarn, test_score, label="Test", drawstyle="steps-post")
ax.grid()
ax.legend()
plt.show()
```

```
print('Max. Klassifizierungsgenauigkeit:           ',
round(test_score.max(),5))
print('Anzahl Nachbarn bei max. Klassifizierungsgenauigkeit: ', nach-
barn[test_score.argmax()])
```

Klassifikation - Support-Vektor-Maschine

```
from sklearn.svm import SVC
from sklearn.preprocessing import scale

Xges_train_sc = scale(Xges_train)
Xges_test_sc = scale(Xges_test)

clf_svm = SVC(C=1.0, kernel='rbf', gamma='auto', random_state=42,
cache_size=1000)
clf_svm.fit(Xges_train_sc, yges_train)
print('Klassifizierungsgenauigkeit:', round(clf_svm.score(Xges_test_sc,
yges_test),5))

c_var = [0.5, 1, 10, 100, 1000]
gamma_var = ['auto', 1, 0.1, 0.01, 0.001]
kernel_var = ['linear', 'poly', 'rbf', 'sigmoid']

for c in c_var:
    for gamma in gamma_var:
        for kernel in kernel_var:
            clf_svm = SVC(C=c, kernel=kernel, gamma=gamma, ran-
dom_state=42, cache_size=1000)
            clf_svm.fit(X4_train_sc, y4_train)
            print('Parameter C:', c, '; Parameter gamma:', gamma,'; Ker-
nel:',kernel,'; Klassifizierungsgenauigkeit:',
round(clf_svm.score(X4_test_sc, y4_test),5))
```

Laden und vorbereiten der Daten für die Regression

```
import pandas as pd
import time
from sklearn.model_selection import train_test_split

df_aufbereitet1 = pd.read_excel(r'C:\Users\V DanDu\Desktop\Uni-Sachen\MA
Ordner Kopie\50_Arbeitsinhalt\Datengrundlage\Fertig aufbereitete Datens-
ätze\Probekörper 1 komplett aufbereitet NACH Dist löschen.xlsx', in-
dex_col=0)
df_aufbereitet1.reset_index(inplace=True, drop=True)
df_aufbereitet2 = pd.read_excel(r'C:\Users\V DanDu\Desktop\Uni-Sachen\MA
Ordner Kopie\50_Arbeitsinhalt\Datengrundlage\Fertig aufbereitete Datens-
ätze\Probekörper 2 komplett aufbereitet NACH Dist löschen.xlsx', in-
dex_col=0)
df_aufbereitet2.reset_index(inplace=True, drop=True)
df_aufbereitet3 = pd.read_excel(r'C:\Users\V DanDu\Desktop\Uni-Sachen\MA
Ordner Kopie\50_Arbeitsinhalt\Datengrundlage\Fertig aufbereitete Datens-
ätze\Probekörper 3 komplett aufbereitet NACH Dist löschen.xlsx', in-
dex_col=0)
df_aufbereitet3.reset_index(inplace=True, drop=True)
df_aufbereitet4 = pd.read_excel(r'C:\Users\V DanDu\Desktop\Uni-Sachen\MA
Ordner Kopie\50_Arbeitsinhalt\Datengrundlage\Fertig aufbereitete Datens-
ätze\Probekörper 4 komplett aufbereitet NACH Dist löschen.xlsx', in-
dex_col=0)
df_aufbereitet4.reset_index(inplace=True, drop=True)
```

```
df_gesamt = pd.merge(df_aufbereitet1.merge(df_aufbereitet2.merge(df_auf-
bereitet3, how='outer'), how='outer'), df_aufbereitet4, how='outer')

Xges = df_gesamt.drop(['Abweichung'], axis=1).copy()
yges = df_gesamt['Abweichung'].copy()
Xges_train, Xges_test, yges_train, yges_test = train_test_split(Xges,
yges, random_state=42)
```

Regression Entscheidungsbaum

```
from sklearn import tree

reg_dt = tree.DecisionTreeRegressor(criterion='mse', splitter='best',
max_depth=None,
                                    min_samples_leaf=2, random_state=42)
reg_dt.fit(Xges_train, yges_train)
reg_dt.score(Xges_test, yges_test)

criterion = ["mse", "friedman_mse", "mae"]
splitter = ["best", "random"]
max_depth = [10,11,12,13,14,15,16,17]
min_sample_leaf = [4,5,6,7,8]

scores = []

for c in criterion:
    for s in splitter:
        for md in max_depth:
            for ms in min_sample_leaf:
                reg_dt = tree.DecisionTreeRegressor(criterion=c, split-
ter=s, max_depth=md,
                                    min_samples_leaf=ms, random_state=42)
                reg_dt.fit(Xges_train, yges_train)
                scores.append([c,s,md,ms,reg_dt.score(Xges_test,
yges_test)])

df_scores = pd.DataFrame(scores, columns=['criterion', 'splitter',
'max_depth', 'min_sample_leaf','score'])
df_scores['score'].argmax()

print("Höchstes Bestimmtheitsmaß: ", round(df_scores['score'].max(),4))
print("_______________________________________________")
print("criterion:
",df_scores.at[df_scores['score'].argmax(), "criterion"])
print("splitter:
",df_scores.at[df_scores['score'].argmax(), "splitter"])
print("max_depth:
",df_scores.at[df_scores['score'].argmax(), "max_depth"])
print("min_sample_leaf:
",df_scores.at[df_scores['score'].argmax(), "min_sample_leaf"])
```

Regression - K-Nächste-Nachbarn

```
from sklearn.neighbors import KNeighborsRegressor

reg_knn = KNeighborsRegressor(n_neighbors=5, weights='uniform', p=2)
reg_knn.fit(Xges_train, yges_train)
reg_knn.score(Xges_test, yges_test)

weights = ['uniform', 'distance']
p_ = [1, 2]
```

```
scores = []

for i in range(1,10):
    for w in weights:
        for p in p_:
            reg_knn = KNeighborsRegressor(n_neighbors=i, weights=w, p=p)
            reg_knn.fit(Xges_train, yges_train)
            scores.append([i,w,p,reg_knn.score(Xges_test, yges_test)])

df_scores = pd.DataFrame(scores, columns=['Nachbarn', 'weights',
'p','score'])

print("Höchstes Bestimmtheitsmaß: ", round(df_scores['score'].max(),4))
print("____________________________")
print("Anzahl Nachbarn:
",df_scores.at[df_scores['score'].argmax(), "Nachbarn"])
print("weights:
",df_scores.at[df_scores['score'].argmax(), "weights"])
print("p:
",df_scores.at[df_scores['score'].argmax(), "p"])
```

In der Reihe **Ergebnisse aus der Produktionstechnik** zuletzt erschienen:

Bergs, Christian:
Untersuchung von Werkzeugschnittstellen für Fräsmaschinen unter Betriebsbedingungen
ISBN: 978-3-98555-320-4
Erscheinungsdatum: 13.01.2026

Niwar, Lea:
Methodik zur Arbeitsvorbereitung mittels Maschinensteuerungs- und Sensordaten für extrusionsbasierte additive Verfahren
ISBN: 978-3-98555-315-0
Erscheinungsdatum: 13.01.2026

Maetschke, Jan:
Wirtschaftliche Leistungssteigerung von Produktionslinien
ISBN: 978-3-98555-316-7
Erscheinungsdatum: 09.12.2025

Slawik, Viktor:
Datenbasierte Analyse vernetzter natürlich sprachlicher Anforderungen in der Produktentwicklung
ISBN: 978-3-98555-313-6
Erscheinungsdatum: 24.11.2025

de Oliveira Löhrer, Patrícia:
Influence of Material Removal Mechanisms on Thermo-Mechanical Loads in Continuous Generating Gear Grinding
ISBN: 978-3-98555-309-9
Erscheinungsdatum: 17.11.2025

Dehn, Mathias:
Korrektur des thermo-elastischen Maschinenfehlers von Fräsmaschinen mithilfe von künstlichen neuronalen Netzen und maschineninternen Daten
ISBN: 978-3-98555-326-6
Erscheinungsdatum: 13.01.2026

Wiesch, Marian:
Lernende Prozesskraftmodellierung zur Planung und Überwachung in der Einzelteilfertigung für Fräsanwendungen
ISBN: 978-3-98555-324-2
Erscheinungsdatum: 13.01.2026

Blanke, Philipp:
Temporäre Automatisierung von Werkzeugmaschinen
ISBN: 978-3-98555-314-3
Erscheinungsdatum: 24.11.2025

Beckschulte, Sebastian:
Gestaltungsmodell zur Systematisierung der Fehlerdatenerfassung im manuellen Montageprozess
ISBN: 978-3-98555-311-2
Erscheinungsdatum: 17.11.2025

Zalfen, Moritz:
Einfluss der Dehnrate auf die Zahnfußtragfähigkeit schnelllaufender Zahnradgetriebe
ISBN: 978-3-98555-308-2
Erscheinungsdatum: 03.11.2025

Edition Wissenschaft
Apprimus

Lossie, Karl:
Decision Model for Performance-Driven Prioritization of Operational Decisions on the Manufacturing Shop Floor
ISBN: 978-3-98555-305-1
Erscheinungsdatum: 29.09.2025

Klee, Lukas:
Auslegung des Druckprozesses beim Binder Jetting zur Herstellung von Verzahnungen mit hoher Zahnfußtragfähigkeit
ISBN: 978-3-98555-299-3
Erscheinungsdatum: 02.09.2025

Lee, Tae Hun:
Messung und Modellierung der thermo-elastischen Abweichungen von fünfachsigen Werkzeugmaschinen
ISBN: 978-3-98555-294-8
Erscheinungsdatum: 12.08.2025

Welschof, Lukas:
Ermüdungsfestigkeit drahtfunken-erodierter Nickelbasiswerkstoffe für Triebwerksanwendungen
ISBN: 978-3-98555-287-0
Erscheinungsdatum: 10.06.2025

Mendl-Heinisch, Michael:
Bewertung technischer Produktänderungen mittels prädiktiver Datenanalyse
ISBN: 978-3-98555-267-2
Erscheinungsdatum: 24.03.2025

Pullen, Thomas Wilhelm:
Überwachung des Verschleißzustandes von Bohrwerkzeugen mithilfe von Körperschallsignalen
ISBN: 978-3-98555-268-9
Erscheinungsdatum: 04.03.2025

Schäfer, Niklas:
Regelbasierte Planungsautomatisierung für die Digitale Fabrik
ISBN: 978-3-98555-304-4
Erscheinungsdatum: 29.09.2025

Trisjono, Julian Andreas:
Methodik zur Einführung datengetriebener Geschäftsmodelle im Werkzeugbau
ISBN: 978-3-98555-298-6
Erscheinungsdatum: 02.09.2025

Schollemann, Alexander:
Strategische Ausrichtung nachhaltiger Produktionsnetzwerke
ISBN: 978-3-98555-293-1
Erscheinungsdatum: 15.07.2025

Spindler, Sarah:
Multi-Source Energy Harvesting for Wireless IIoT Sensors
ISBN: 978-3-98555-285-6
Erscheinungsdatum: 02.06.2025

Chhor, Jimmy:
Cyclic Procedure Model for the Continuous Optimization of Digital Business Processes
ISBN: 978-3-98555-271-9
Erscheinungsdatum: 24.03.2025

Lauf, Hendrik:
Identifizierung von Innovationspotenzialen durch die semantische Modellierung des Produktumfelds
ISBN: 978-3-98555-251-1
Erscheinungsdatum: 24.02.2025

Edition Wissenschaft
Apprimus

FSC
www.fsc.org
MIX
Papier | Fördert gute Waldnutzung
FSC® C083411

Kolibri 360 GmbH
Ferdinand-Jühlke-Straße 7
99095 Erfurt, Deutschland
produktsicherheit@kolibri360.de